# 颐和园长廊彩画溯源研究

北京市颐和园管理处 主编

天津大学出版社
TIANJIN UNIVERSITY PRESS

**图书在版编目 (CIP) 数据**

颐和园长廊彩画溯源研究 / 北京市颐和园管理处主
编 . -- 天津： 天津大学出版社 , 2023.11
ISBN 978-7-5618-7637-4

Ⅰ . ①颐⋯ Ⅱ . ①北⋯ Ⅲ . ①颐和园－古建筑－彩绘
－研究 Ⅳ . ① TU-851

中国国家版本馆 CIP 数据核字 (2023) 第 223267 号

图书策划　荣　华　金　磊
策划编辑　韩振平工作室　韩振平　朱玉红
责任编辑　刘　焱
美术编辑　朱有恒　刘仕悦


出版发行　天津大学出版社
地　　址　天津市卫津路 92 号天津大学内（邮编：300072）
电　　话　发行部：022-27403647
网　　址　www.tjupress.com.cn
印　　刷　北京盛通印刷股份有限公司
经　　销　全国各地新华书店
开　　本　635mm×965mm　1/8
印　　张　48
字　　数　694 千
版　　次　2023 年 11 月第 1 版
印　　次　2023 年 11 月第 1 次
定　　价　198.00 元

# 编 委 会

民国时期彩色老照片

民国时期彩色老照片

# 序

　　颐和园是中国现存最完整、规模最大的皇家园林。它集历代皇家园林技艺之大成，更荟萃南北私家园林之精华。其博采各地造园手法的精巧别致，令中外人士赞叹。颐和园于 1998 年入选《世界遗产名录》。如果说历史建筑能让人穿越时空，那么颐和园除山水文化外，在万寿山南麓至昆明湖北岸间的长廊，更以其曲折多变的形态和极负盛名的彩画而令人叫绝。我感慨由《中国建筑文化遗产》编辑部策划的《颐和园长廊彩画溯源研究》一书，它是在北京市颐和园管理处组织下，十多位古建园林专家的研究成果。翻阅样书，我除敬佩专家们以科学精神对颐和园长廊风物、人文及保护的挖掘，也有万般世象阅中来之感。我由衷祝贺《颐和园长廊彩画溯源研究》一书的出版！

　　记得 2017 年 10 月我曾为北京市颐和园管理处主编的《光幻湖山：颐和园夜景灯光艺术鉴赏》一书作序，那是一本特色鲜明的书，可贵的是编者还遵循《保护世界文化和自然遗产公约》条款，编研了《世界遗产地保护与利用照明设计管理条例》。初读《颐和园长廊彩画溯源研究》一书，我至少发现其有三个特点。其一，项目选题体现了北京建设四个中心的文化坚守。"三山五园"中的颐和园文脉绵延，要舒展其画卷，颐和园中最具特点的是掩映在湖光山色下的气势恢宏的长廊，它不仅精巧灵动，更是视觉盛宴，各式匾额及数不胜数的彩画，流光溢彩。其二，长廊是中国古典建筑艺术瑰宝的代表，它在世界上也是罕见的，足以说明中华民族文化的创造性。当下领悟习近平文化思想的世界观与方法论，要找寻中华文化艺术在造园上的实践，颐和园长廊乃是最有说服力之美园。颐和园长廊既是一幅长卷，更是一首长诗。感谢所有研究者、编撰者、建筑摄影师的通力合作，他们让读者可读到文化内涵与造园手法，开卷有得。其三，要擦亮中华文化的城市文化底色。颐和园长廊的多重属性决定了其不同的出圈路径和方式。《颐和园长廊彩画溯源研究》一书在多维融合的研究实践下，从宏观上赋予长廊文旅发展的新思路，即要融合场景、功能、经济，催生人文胜景内涵下的文旅新业态，这样不仅使遗产文博服务沉浸式文旅，还可创造"风物长宜放眼量"的体验点。

　　从颐和园以及长廊的世界文化遗产价值看，我一直认为，风景既是对人栖居的描绘，更是一种面向国际的中国文化意象。长廊作为世界上最长的游廊，它连接山水桥、夺天空之贡献，必通过令人惊叹的古建与彩画的结合，带给观者奇妙的感受。愿《颐和园长廊彩画溯源研究》既是颐和园科技文化设计研究者的著述，也成为更多愿走进长廊且感悟其中保护利用天地的"教材"。谢谢每一位贡献者，特此为序。

中国文物学会会长
故宫博物院学术委员会主任
2023 年 10 月

# 编者的话

《中国建筑文化遗产》编辑部

背山抱水是中国古代城市普遍遵循的营造意象。如果说北京南北中轴线是北京城的脊梁与文脉线，那么作为世界文化遗产的颐和园长廊不仅是世界上最长的游廊，更是集人物、山水、花鸟及风景于一身的景随步移的彩画"长卷"。

2021年4月，文化和旅游部在《"十四五"文化和旅游发展规划》中提出，要健全现代公共文化服务体系。由此联想到皇家园林颐和园长廊既是面向国际的承载文化旅游活动的有形空间，也是新时代下服务遗产文旅的具象化表达。对其进行研究与传播更体现世界文化遗产传承与发展需要"文化张力"的现代思考与价值，确需要如《颐和园长廊彩画溯源研究》一书作者研究团队对颐和园文化的守护与传承的全情投入。

北京有一系列古建园林中的"廊"，不同的廊在园林中起到划分景区、变换空间、引导观赏流线之作用，更是园林美学的体现。中山公园长廊是最年轻的长廊，2007年启动长廊彩画修复，共绘制了2231幅，形成一幅幅五光十色的画卷；北海长廊有造型最美之誉，其中仿江苏镇江金山寺（江

# 第六章　彩画与微环境　165

一、长廊彩画色彩监测　166

二、寄澜亭微气候监测　168

三、监测数据与分析　175

# 第七章　保护修复试验　189

一、试验依据　190

二、试验位置　190

三、试验内容　193

四、试验过程　199

五、试验效果评估　249

# 第八章　长廊样品检测结果　253

一、邀月门　254

二、长廊　260

三、留佳亭　296

四、对鸥舫　303

五、寄澜亭　310

六、山色湖光共一楼　316

七、清遥亭　332

八、鱼藻轩　338

九、秋水亭　345

十、积尘样品　351

# 第九章　传统技艺与匠心传承　357

# 第十章　数字化创新与应用　365

一、不可移动文物数字化保护的现状和发展趋势　366

二、长廊彩画数字化保护技术创新　367

三、数字化保护的应用　374

四、部分数字化成果　379

天禅寺）的观景廊，成为园中颇具特色之景观；香山寺长廊的坡度最大，因它依山萦回而建即为环山廊，其整体坡度超 40 度，登临"青霞寄逸楼"上，确给人一种居高临下的感觉，可俯瞰全寺景观；天坛长廊历史最悠久，天坛始建于明永乐四年（1406 年），建成于永乐十八年（1420 年），其祈谷坛之东有一 350 米长的"七十二连房"长廊，它专用于存放祭器与祭品；而颐和园长廊是最长的长廊，长 728 米，始建于清乾隆十五年（1750 年），咸丰十年（1860 年）被英法联军焚毁，后于光绪十二年（1886 年）重新建造，其精美的建筑、极具内涵的彩画及"故事"，富

丽堂皇。为传承并守护好颐和园完整的世界文化遗产，在北京市文物局大力支持下，北京市颐和园管理处启动了对颐和园长廊全方位、系统的研究、勘察与科技检测，旨在进一步在前人研究基础上，找寻规律，为未来长廊修缮在建筑、彩绘、保护等方面积累基础数据。《中国建筑文化遗产》编辑部在接受《颐和园长廊彩画溯源研究》一书编辑任务后，从主编到编辑、从专业摄影师到美术编辑乃至历史信息的研究者都积极投入，从而使《颐和园长廊彩画溯源研究》一书做到"美园"与"美书"的统一，努力处理好长廊文化与文物、特色营造与借景、画理与造园、设计者与科研监测等方面的联系。

作为编者，在编研实践中确有"科研说"的亮点及突出体会：其一，颐和园长廊是世界文化遗产的重要组成部分，保护传承是第一要务，所有编研都要从世界遗产保护准则出发，要千方百计地留存中华民族灿烂文化的"基因"；其二，要形成令世界陶醉的怡人景观，就必须用"活态"方式打造长廊文化的独有光环，做到建筑与园林、长廊与彩画技艺、人文故事与自然的融合统一。虽然《中国建筑文化遗产》编辑部的工作旨在编好《颐和园长廊彩画溯源研究》一书，但全体编者一直抱有在"长廊"题材中，发掘可与现代文化共鸣、与北京乃至全国及世界对话的期许。也许《颐和园长廊彩画溯源研究》一书仅仅是颐和园文化传承的阶段性工作之一，但置身于颐和园长廊"匠人"技术大家勾画的蓝图，我们感悟到一种中华建筑与园林文化走出去的自豪感，感悟到海内外需要的关于颐和园长廊文化的多维度有机融通的使命担当。相信《颐和园长廊彩画溯源研究》会向世界诠释世界遗产的文化神韵，更可呈现北京留给世界的宝贵文化遗产。

执笔

中国文物学会传统建筑园林委员会副主任委员
《中国建筑文化遗产》《建筑评论》主编
2023 年 10 月

# 目　　录

**第一章　营缮史　19**

一、焚修：咸丰、光绪时期　20

二、衰败：民国期间　30

三、复兴：新中国成立后　32

**第二章　研究动态　43**

一、项目背景　44

二、价值评估　48

**第三章　调研·定级·评估　51**

一、颐和园长廊彩画概览　52

二、颐和园长廊彩画分区编号规则　53

三、颐和园长廊现存彩画类型　55

四、邀月门、四座八角亭、山色湖光共一楼、对鸥舫和鱼藻轩现存彩画类型　60

五、颐和园长廊彩画绘画技法　71

**第四章　病害调查及成因分析　79**

一、颐和园长廊彩画保存环境调查　80

二、颐和园长廊彩画样品分析检测　85

三、颐和园长廊彩画保存现状调查　96

**第五章　建筑空间规划设计与文化　155**

一、颐和园长廊规划设计浅析　156

二、颐和园长廊文化胜景　158

# 第一章　营缮史

乾隆十五年（1750年），乾隆皇帝借整治北京西郊水系之机，奉母礼佛祈福[1]，在颐和园（原名清漪园）建设高阁、长廊、长堤、大岛、长桥等一些大尺度且具有造景观赏性的园林建筑物。

颐和园长廊贯通于前山山麓临湖的平坦地带，北依万寿山，南临昆明湖，东起邀月门，西至石丈亭，全长728米，总共273间，是我国古典园林中最长的游廊。廊的中间建有留佳、寄澜、秋水、清遥4座八角重檐亭。东西两段又各有短廊伸向湖岸，衔接着对鸥舫和鱼藻轩[2]两座水榭。西长廊的地基随着万寿山南麓的地势高低而起伏，它的走向随着昆明湖北岸的凹凸而曲折。长廊的每根廊枋上都绘有苏式彩画。1990年，长廊以杰出的建筑和丰富绚丽的彩画被收入《吉尼斯世界纪录大全》[3]。据"乾隆十九年清册"可知，在该年之前长廊东段已全部完成，包括"自大报恩延寿寺至东边垂花门一带游廊、对鸥舫、敞厅、八方亭"，其中垂花门即现在的邀月门，敞厅和八方亭分别为寄澜亭和留佳亭；长廊西段早在乾隆十九年（1754年）前已全部完工，包括"自大报恩延寿寺至西边石丈亭一带游廊、鱼藻轩、敞厅、八方亭"，其中敞厅和八方亭分别为秋水亭和清遥亭。

嘉庆、道光年间国力愈下，但清漪园仍保持如初。道光三年（1823年）至二十一年（1841年），道光皇帝在园内活动，宫内为道光皇帝至清漪园备膳共计71次。道光皇帝在山水间游历，广润祠拈香，对鸥舫及鉴远堂侍皇太后用膳[4]；还曾在清漪园玉澜堂赐年老大臣宴，并与大臣咏诗联句，留下许多御制清漪园诗文。在此时期，国家战事纷乱，景况愈下，为节省园内开支，撤销了许多陈设并拆除了一些建筑。道光二十二年（1842年）后，道光皇帝不再入园，但每年遣派大臣至广润祠例行拈香祭龙神[5]。

# 一、焚修：咸丰、光绪时期

咸丰元年（1851年）至十年（1860年），咸丰皇帝在园中活动。英法联军入侵的八个月前，咸丰皇帝仍来清漪园游幸。宫内为咸丰皇帝入清漪园备膳共计12次。咸丰皇帝入园后，有时会在对鸥舫向皇贵太妃请安，再奉皇贵太妃玉澜堂、涵虚堂侍膳[6,7]。英法联军于咸丰六年（1856年）发动第二次鸦片战争。咸丰十年（1860年），英法联军将圆明园尽数劫掠焚毁，清漪园也遭遇了灭顶之灾。翌年，咸丰皇帝在承德避暑山庄去世，后同治皇帝继位。

---

1. 乾隆御制诗《万寿山新齐成》中有"济运疏名泉，延寿创刹宇"。转引：孙文起，等.乾隆皇帝咏万寿山风景诗[M].北京：北京出版社，1992：11.

2. 长廊西段的鱼藻轩往北游廊穿长廊与山色湖光共一楼（位于听鹂馆东南角，以爬山游廊相连）相接。

3. 颐和园老照片《长廊》。

4.1829年（道光九年）（三月初九日）道光帝奉皇太后幸清漪园对鸥舫进膳。来源：北京市颐和园管理处、颐和园大事记（1261—2013）[M].北京：五洲传播出版社，2014：63.

5. 北京市地方志编纂委员会.北京志.世界文化遗产卷.颐和园卷[M].北京：北京出版社,2004：373

6. 1851年（咸丰元年）10月19日（八月二十五日）咸丰帝幸清漪园，诣对鸥舫，问皇贵太妃安。北京市颐和园管理处,颐和园大事记（1261—2013）[M].北京：五洲传播出版社，2014：72.

7.1852年（咸丰二年）10月8日（八月二十五日）咸丰帝幸万寿山，诣对鸥舫，问皇贵太妃安；奉皇贵太妃幸玉澜堂，涵虚堂侍膳毕，跪送皇贵太妃还绮春园。颐和园管理处.颐和园志[M].北京：中国林业出版社，2006：19.

　　咸丰十年（1860年）除邀月门、寄澜亭、石丈亭以及游廊26间之外[8]，悉数被毁（图1-1、图1-2）。光绪十三年（1887年）修复环湖殿宇，长廊一线率先垂范，并于当年年底就已"除油饰彩画外均已修齐"[9]，而油饰彩画工程却一直到光绪十七年（1891年）才开始进行[10]。这也是光绪十三年（1887年）年底尚未结束的"阅操工程"存在的普遍现象，具体原因还有待进一步考察。目前，除陈设分位图样外，尚未发现长廊的相关设计画样。

　　重修时，长廊一线基本上是按照原有格局，对残留部分进行修整复原。故其应是乾隆时期格局的再现。

　　在"光绪十三年清单"上关于长廊工程记载如下："垂花门1座、留佳亭1座、寄澜亭1座、秋水亭1座、清遥亭1座、长廊276间。对鸥舫1座3间、鱼藻轩1座3间。"

　　根据一张老照片可以看出，长廊东段自大报恩延寿寺以东第一亭为大火之后幸存建筑之一，但现在第二亭仍有乾隆所题匾额"留佳亭"，故笔者推断可能当时第一亭为留佳亭，光绪重修重挂匾额时颠倒了顺序。重修时，长廊一线基本上是按照原有格局，对残留部分进行修整复原的。故其是乾隆时期格局的再现。

图1-1　火后残存的餐秀亭与长廊
（资料来源：2006年颐和园老照片展）

图1-2　火后万寿山老照片
（资料来源：David Havid, *Of Battle and Beauty：Felice Beato's Photographs of China*）

---

8. 根据同治十二年《三园现存坍塌殿宇空闲房间清册》能判断火后余存的建筑包括：云松巢3间（及前抱厦2间）、绿畦亭、延清赏楼、引绿敞厅、影镜亭、水乐亭、静佳斋3间、岫岚书屋4间、味闲斋5间、绮望轩3间、寒香阁3间、春风啜茗台上下6间、3间房、落膳房10间、长廊26间、又3间房、临河房3间、又临河房3间、2间房、临河楼两座上下12间、南穿堂3间、北穿堂3间、又2间、小有天房2间、转角铺面房10间、铺面房3间、又4间、又2间、知春堂房1间、南北楼上下12间、临河房4间、落膳房4间、军机房3间、2间房、船坞1间、谐趣园宫门3间、小库房3间、西船坞一座20间。

9. 舆1672万寿山后山全图附件. 中国第一历史档案馆。

10. 光绪十七年三月到八月的工程清单频繁出现"长廊柱木坐凳光红绿油"的记载。

光绪十四年（1888 年）[11]二月初一日，光绪帝颁布上谕："万寿山大报恩延寿寺，为高宗纯皇帝侍奉孝圣宪皇后三次祝嘏之所。敬踵前规，尤征祥洽其清漪园旧名，谨拟改为颐和园。殿宇一切亦量加葺治，以备慈舆临幸。"

重修工程公开后不久，紫禁城内贞度门[12]失火，言官屠侍御借机请停园工[13]，迫于舆论压力[14]，慈禧太后于光绪十四年（1888 年）十二月二十六日颁布懿旨："本月十六日，贞度门不戒于火，固属典守不慎，而遇灾知儆，修省宜先，所有颐和园工程，除佛宇暨正路殿座外，其余工作一律停止，以昭节俭而伤麻和[15]。"事实上，重修工程并未暂停。样式房这一阶段也正忙于绘制相关画样并会同算房编制《工程做法钱粮册》[16]，长廊部分仍在油饰[17]，相关承办厂商则在四处奔波为"慈舆临幸"采购建筑材料[18]。因此，与其说工程暂停，倒不如说"颐养工程"暂缓开始更为贴切。

光绪十六年（1890 年）京畿遭灾，御史吴兆泰奏请节省颐和园工程，九月二十一日光绪帝发布上谕："该御史备员台谏，乃辄以工作未停，有累圣德，并以畿辅被灾，河决未塞等词，撷拾渎陈，是于朕孝养之心，全未体会，实属冒昧已极。吴兆泰着交部严加议处。"[19]不仅重申了重修原因，又杀一儆百，使其他言官不敢再言停工，"慈舆临幸"的颐和园修缮工程全面开始[20]。据工程清单记载，

---

11. 迄至光绪十四年，万寿山已修齐及未修齐工程已有54处，包括垂花门1座、留佳亭1座、寄澜亭1座、秋水亭1座、清遥亭1座、长廊276间，对鸥舫1座3间、鱼藻轩1座3间，石丈亭1座15间。

12. 太和门右侧门。

13. "十二月十五日，太和门灾，亲救火。甫退，未还，即来宅属草折，一请停颐和园工；二请醇邸不与政事；三责宰相无状……四请宦寺勿预政事……皆国家第一大事，无人敢言者"。楼宇烈整理. 康南海自编年谱[M]. 北京：中华书局，1992：17.

14. 根据上一脚注中"皆国家第一大事，无人敢言者"可以判断反对园工的声音并不是很激烈，另外核查实录也未见相关反对园工的官方记载。

15. [ 清 ] 世续等. 清实录·德宗实录（影印本），第55 册，卷 263[M]. 北京：中华书局，1987：529.

16. 光绪十五年十月初一《含新亭重檐六方亭一座并挪堆点景太湖石剑石平垫道路等工丈尺做法钱粮底册》；十二月十三日《排云殿等处挪安铜狮、太湖立石卧石等工钱粮底册》；光绪十六年《颐和园内戏台、戏楼殿座看戏廊值房等工做法钱粮底册》；《石丈亭迤北垂花门院内添建各座房间并寄澜堂延清赏五圣祠各座房间墙垣等工做法钱粮底册》等。中国国家图书馆藏，均来自王道成先生摘抄。

17. 光绪十五年三月二十九日（1889 年 5 月 7 日）颐和园长廊子二百七十六间，内七十间下架柱木、坐凳均光绿油。养云轩正殿前后檐油饰柱木，前葫芦河安砌山石，三孔天桥铲磨砖券。八月初五日（9 月 7 日）颐和园排云殿前大宫门迤东长廊并随廊八方亭二座柱木、坐凳，横眉光红绿油。

18. 中国第一历史档案馆藏，光绪十六年（1890 年）正月二十日奉宸苑工程处回复海军衙门的文移中有："海军衙门恭修颐和园工程，采办大件木料应纳税银应自照章交纳，此项木税银不在钱粮之内，即由本工程处专款发给该商呈领，交木税局办理。"

19. [ 清 ] 世续等. 清实录·德宗实录（影印本），第55 册，卷 289[M]. 北京：中华书局，1987：849.

20. 光绪十六年十二月十一到十五日的工程清单中有："戏楼院迤北垂花门并后罩殿东西配殿东西值房暨看戏楼分位均起刨余土……佛香阁出运渣土，石丈亭迤北新建各殿座成做大木崭打石料，前升平署成作大木……大他坦并、步军统领衙门、颐和园档房、各项值房、銮仪卫库房、养花园、南花园均成作大木。"这是目前关于"颐养工程"的最早记载，根据上述工程进展，其开始时间应在十二月之前，初步分析其开工时间应在当年九月前后，故才有上文"御史吴兆泰奏请节省颐和园工程"一事。

自光绪十六年（1890年）开始，至光绪二十一年（1895年）结束[21]，工程历时六年，又有两年的前期准备，留下了丰富的建筑图档（图1-3）。

其间为方便慈禧太后往返乐寿堂[22]、德和园与长廊，又添修游廊、宫门、垂花门等，将宜芸馆、乐寿堂、德和园、长廊连成一体[23]。

德和园前身怡春堂，道光二十四年（1844年）正月初十被毁[24]，未重修。光绪十六年（1890年）在其基址上修建戏楼院；光绪十九年（1893年）一月将该组群定名为"德和园"；光绪二十一年（1895年）工程基本完竣[25]；嗣后，又将庆善堂两侧丁字游廊改建为敞厅[26]。乐寿堂、玉澜堂、宜芸馆于咸丰十年（1860年）被毁，光绪十三年（1887年）按清漪园时期的格局重修；光绪十四到十六年（1888—1890年），添建游廊将乐寿堂、水木自亲、邀月门等殿座相连；光绪十七年（1891年）后，玉澜门两侧添建值房[27, 28]，在乐寿堂东侧添建永寿斋[29]。由绘制于嘉庆年间的样式雷图可见清漪园时期乐寿堂组群部分格局。

---

21. 光绪二十一年五月二十一到二十五日工程清单载："德和园内东面群房并颐乐殿东面看戏廊暨庆善堂东西配殿、东西值房、两山丁字游廊、垂花门均接油饰彩画。"这是关于颐养工程的最后记录，虽尚未完全竣工，但其竣工时间应在光绪二十一年之内。

22. 清漪园时期的乐寿堂是具有居住意象的点景建筑，由于并不承担实际的居住功能，乐寿堂各殿宇间未有游廊连通。

23. 光绪十九年五月十六到二十日工程清单载："宜芸馆迤北宫门、两山廊子并西边拐角游廊地脚刨槽。"

24. 据总管内务府大臣文庆道光二十四年（1844年）一月十一日《奏为遵旨议处清漪园事务大臣奕纪等各员察失火事》："本月初十日丑刻，清漪园内怡春堂不戒于火。"中国第一历史档案馆。

25. 据工程清单记载，光绪十六年十二月十一日到十八日"戏楼院迤北垂花门并后罩殿东西配殿、东西值房暨看戏楼分位均起刨余土"；光绪十七年一月二十一到二十五日"看戏楼并后罩殿地脚均刨槽，戏楼西配殿后起刨山脚"；光绪十七年三月二十一到二十五日"看戏楼并两山顺山殿、后罩殿东西配殿地脚均筑打大夯碌灰土已齐，随斩打青白石柱顶等石；东西值房安砌土衬埋头等石；戏台并扮戏楼地脚刨槽已齐，东西看戏廊并转角游廊分位槽内筑打大夯碌灰土"；光绪十七年九月二十一到二十五日"颐乐殿地脚筑打灰土已齐，庆善堂头停苫背，东西配殿前廊炉坑成砌细砖"；光绪十九年一月二十一到二十五日"德和园上层檐签钉木望板，扮戏楼上层摆安斗科已齐；颐乐殿、庆善堂安顶隔棚壁，两山墙安护墙板，前后檐柱顶、压面等石扁光见细"；光绪十九年七月二十一到二十五日"德和园南面大门东山群房签钉椽木望板；东面看戏瓦已齐，西面看戏廊签钉椽木望板；戏台并扮戏楼均油饰彩画；颐乐殿庆善堂并东西配殿均油饰，庆善堂两山丁字游廊安钉坐凳已齐"；光绪二十一年五月二十一日到二十五日"德和园内东面群房并颐乐殿东面看戏廊暨庆善堂东西配殿、东西值房、两山丁字游廊、垂花门均接油饰彩画"。

26. 在光绪二十一年之前的工程清单中只有庆善堂两山丁字游廊的记载，未见两侧敞厅，但现状为敞厅，故丁字游廊改建为敞厅的时间应在光绪二十一年之后。

27. 光绪十七年八月初一到初五工程清单载："玉澜堂两山添建值房成砌埋深包砌台帮。"

28. 戊戌政变后，为囚禁光绪皇帝，玉澜堂、霞芬室、藕香榭内又砌墙体。

29. 据工程清单记载，光绪十七年二月十六到二十日"乐寿堂东院值房（永寿斋前殿）地脚刨槽已齐，筑打灰土"；光绪十九年二月十一到十五日"乐寿堂东跨院后院接修两卷房（永寿斋）安钉内檐装修"。

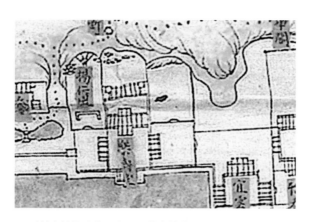

图1-3 《故宫博物院藏品大系：善本特藏编13——样式房图档》插图

宜芸馆后添修宫门、游廊、垂花门工程自光绪十三年（1887年）首次提出计划，到光绪十九年（1893年）实施，这期间留下大量图档，大致反映了两个方案[30]。

方案一仅有画样1件，即国356–1989颐和园宜芸馆后院添修福式楼地盘样[31]（图1-4），原题"万寿山颐和园内宜芸馆后院添修福式楼图样"，此方案与现状不符，未实施。方案二已知现存画样6件，其中国344–0710、0711、0712均为颐和园宜芸馆后添修游廊、垂花门、甬路等地盘样（图1-5），为重复的组群地盘样，均无题名；游廊、垂花门、甬路等朱绘，其格局与现状一致，应为最终实施方案。根据国344–0712的题字"光绪十九年七月二十三日奉旨改"和图纸背书"二十四日改准"可知这套图纸的准确绘制时间。而早在光绪十九年五月，宫门及其两山游廊已经开始施工[32]，说明上述画样中朱绘部分正是针对原设计方案在施工过程中进行的临时调整。方案中宜芸馆处游廊已与乐寿堂组群相连。

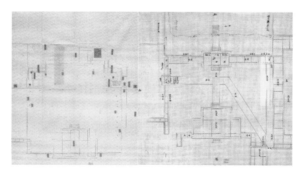

图1-4 国356–1989颐和园宜芸馆后院添修福式楼地盘样

30.另有一方案目前仅有文字记录，载于光绪十三年（1887年）《万寿山准底册》："宜芸馆后添修高台房一座三间，各面宽一丈进深……下出二尺一寸，台高三尺，东爬山游廊一座五间各面宽九尺二寸六分，进深八尺，西山平游廊一座五间各面宽八尺三寸二分，进深八尺；西接抱厦一间，见方八尺，下出一尺八寸；往南小游廊一座九间，北二间面宽各七尺七寸五分，又一间面宽九尺，南六间各面宽七尺三寸，俱进深四尺，宜芸馆后去树十二棵。"除高台房西侧游廊多一间抱厦，南向游廊无垂花门外，该方案与现状格局基本一致。

31.题名图签中有"不准底"（原题图签扫描时已脱落），现状格局也说明其的确为未获批准的设计方案。宜芸馆东侧已出现戏楼院、看戏廊的名称，结合戏楼院的建设时间，初步推断该画样应绘于光绪十六年（1890年）前后。

32.光绪十九年五月十六到二十日工程清单载："宜芸馆迤北宫门，两山廊子并西边拐角游廊地脚刨槽"。

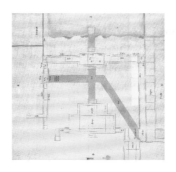

图 1-5　颐和园宜芸馆后添修游廊、垂花门、甬路等地盘样
（左）国 344-0710- 二函 05；（右）国 344-0711- 二函 04

与现状对比可知，国 350-1340 玉澜堂、宜芸馆地盘样（图 1-6）中玉澜门两侧有值房，宜芸馆后无宫门、游廊，反映了光绪十七年（1891 年）到光绪十九年（1893 年）之间的格局，由于该图样无图签、无字、无题名，其绘制目的尚无从考证。

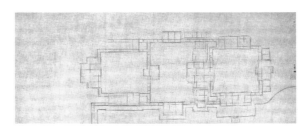

图 1-6　国 350-1340 颐和园玉澜堂、宜芸馆地盘样

国 344-0768 乐寿堂、扬仁风、养云轩地盘样（图 1-7）[33] 中，建筑除养云轩外，均在舆 1672 附件《万寿山等处已修齐未修齐工程》之列，因此可判断其应绘于光绪十三年（1887 年）前后。国 344-0773 颐和园扬仁风现状勘察地盘样（图 1-8）[34] 反映了清漪园时期的格局，应为光绪十三年（1887 年）对清漪园现状进行全面勘察时所绘，图中扬仁风迤南沿湖尚无游廊与遥月门相连。两图样均能反映光绪年间重修前乐寿堂、扬仁风、养云轩的组群格局。

图 1-7　国 344-0768 乐寿堂、扬仁　　图 1-8　国 344-
　　　　风、养云轩地盘样　　　　　　　　0773 颐和园扬仁
　　　　　　　　　　　　　　　　　　　风现状勘察地盘样

33. 色绘、线条工整，无题名，建筑名称题写在图签上。

34. 画样色绘、线条工整，无题名，建筑名称与相关尺寸直接题写在图面上。

国 341-0490 颐和园乐寿堂添修东院值房（永寿斋）地盘样（图 1-9）[35, 36] 被多次利用，再现了颐和园重修的多个阶段，也说明在光绪十三到十六年（1887—1890 年），仍有部分不在舆 1672 附件中的工程在进行。依据表现方法的不同，可按时间先后排序，将该图划分为四个阶段：一是图中墨绘部分反映了光绪十三年（1887 年）乐寿堂重修的内容，格局与国 344-0768（T-26）相似；二是朱绘游廊部分（图 1-10）反映了光绪十四到十六年（1888—1890 年）的改建和添建；三是乐寿堂东院贴页下反映的设计方案，与国 357-2002（T-27）的格局基本一致；四是贴页上的设计方案，即乐寿堂东院的第二设计方案，从现状来看，该方案也未实施，根据相关工程进展，贴页上的方案绘制时间应在光绪十六年（1890 年）。

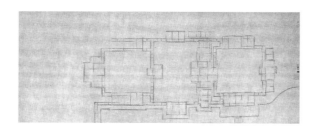

图 1-9　国 341-0490 颐和园乐寿堂添修东院值房（永寿斋）地盘样

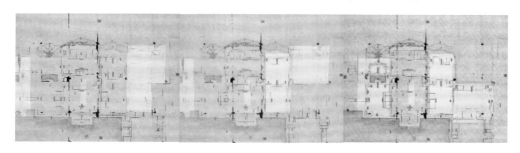

图 1-10　国 392-0058 颐和园乐寿堂内添修值房游廊地盘样

光绪十七年正月二十一日至二十九日工程清单[37]记载："长廊子二百七十六间，内五十间光绿油已齐"。光绪十七年七月十六日至十九日工程清单记载："排云殿前大宫门往东长廊并随廊八方亭二座下架柱木坐凳横楣油饰光红绿油"。（图 1-11）

---

35. 无题名，有贴页，部分游廊朱绘。国 357-2004 颐和园乐寿堂及东院值房地盘样（无题名、无题字、无图签，建筑格局与国 341-0490 最后反映的格局完全一致，绘制时间也应在光绪十六年前后）。

36. 目前，已知另一反映乐寿堂添修永寿斋（值房）工程画样为国 357-2002 颐和园乐寿堂东院值房（永寿斋）地盘样（周边环境墨绘，建筑朱绘，图中题有"乐寿堂东院废"且格局与现状不符，由此可知其应为设计过程画样，根据工程进展，该图应绘于光绪十六年前后）。

37. 排云殿前二宫门后金安钉屏门三槽，芳辉殿、紫霄殿各座压面柱顶埋头等石均扁光见细，玉华殿、云锦殿各座压面柱顶埋头等石均扁光见细，并两山前檐安钉榻板。看戏楼并后罩殿地脚均刨槽，戏楼西配殿后起刨土山。乐寿堂东院值房清理渣土。佛香阁起运渣土并拆卸前后山门游廊砖块。石丈亭迤北新建各座成作大木。后升平署东西厢房并前升平署正房成作大木。御膳房东西厢房安钉外檐装修。大他坦并步军统领衙门各座均刨槽成作大木。寿膳房、南花园、养花园、颐和园档房并各值房正房均成作大木。四月初一日至初五日工程清单记载："排云殿迤东慈福楼并罗汉堂分位添建值房，地脚刨槽已齐。现筑灰土。德晖殿前蝠式踏跺安砌青白石级垂带等石。"

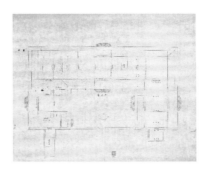

图 1-11　国 392-0109 颐和园石丈亭添安内檐装修地盘样

室外露陈是丰富园林空间的重要元素，光绪年间重修颐和园，不仅从其他园子挪移太湖石、剑石、铜狮，还对残存露天陈设进行勘测，并统一对排云殿、乐寿堂、玉兰堂、仁寿殿、长廊等重要室外活动空间进行露陈设计（图 1-12）。光绪十七年（1891 年）颐和园供电后，为方便帝后夜晚游园，又陆续添置若干造型精致的电灯架，不仅满足了使用要求，同时也起到了点景作用。

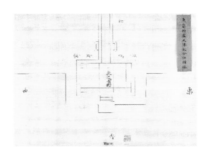

图 1-12　国 344-0727 颐和园鱼藻轩露天陈设分位图样

颐和园主要殿堂内安装西洋花式大吊灯，长廊内檐安装照明电线线路及园内生活用电线路，均由电灯公所供应[38, 39]。

光绪年间重修颐和园时，为丰富园林景观，增添山林野趣，西堤沿线、长廊内侧、万寿山上修

---

玉华殿、云锦殿后段添建东西值房地脚均刨槽。佛香阁八方楼拆卸青白石须弥座并柱顶地面等石。乐寿堂东院值房前檐地炕炉坑槽内筑打灰土已齐。现筑填厢灰土。后山点景值房并六方亭平台共十二座安砌柱顶压面等石，随筑填厢灰土。千峰彩翠城关前摆砌云片石盘道。看戏楼并两山顺山殿后罩殿均筑打填厢灰土，东西配殿錾打青白石柱顶埋头等石。戏台地脚下柏木钉椿已齐，随筑灰土。台内水池五个刨槽。东西看戏廊子并转角游廊分位，槽内现筑灰土，垂花门一座安砌柱顶压面埋头等石。长廊子二百七十六间，内五十间光绿油已齐。

38. 光绪十六年（1890 年）十月二十八日，工部奏请采办电灯机器，为颐和园安装电灯。工部通过海军衙门委托广东鱼雷学堂洋教习德弁马骊，从德国购买一台由蒸汽机带动的发电机，于光绪十七年（1891 年）八月二十五日前运到北京安装，发电所设在颐和园仁寿殿的东南、耶律楚材祠南侧，称为"电灯公所"。

39. 北京市地方志编纂委员会. 北京志 世界文化遗产卷：颐和园志 [M]. 北京：北京出版社，2004：153.

建了大量点景亭。

光绪年间重修颐和园后，非常重视建筑的修护工作。光绪二十一年（1895年）时规定：每年由国库拨给颐和园岁修银十五万两，至光绪三十四年，年年照拨。

光绪二十三年（1897年）慈禧63岁万寿庆辰，首次在颐和园举行隆重盛大的庆祝活动，典礼按照光绪二十年（1894年）的成例进行，皇帝特派恭亲王、庆亲王会同礼部、内务府办理所有应行事宜。此次庆辰活动在光绪二十年的筹办基础上，从典礼前一个月开始准备。九月初五日，总管内务府大臣立山传懿旨："著工部仍将光绪二十年仁寿殿前支搭的彩棚照旧于九月内搭齐"。初十日，光绪帝传懿旨："十月初十日万寿庆辰在颐和园排云殿受贺，是日宣表行礼，朕亲进表文。初八日，朕率领王公百官诣仁寿殿筵宴，初九日皇后率领内廷公主福晋命妇诣仁寿殿筵宴，著各该衙门敬谨预备所有应行典礼。"内务府查光绪二十年陈案，宣表行礼派颐和园郎中廷琦，员外郎保桂由东门对引，走水木自亲、对鸥舫、藕香榭至排云殿。三十日和十月初三日，皇帝在仁寿殿演宴，礼执事人员均穿蟒袍补褂。十月万寿圣节，所有进内行礼的公主、福晋、命妇等均由颐和园新宫门出入[40]。

光绪二十五年（1899年）十一月十八日奏：恭照是年皇太后万寿圣节，所有颐和园内仁寿殿、乐寿堂、颐乐殿、排云殿、德晖殿、玉澜堂、景福阁以及各殿宇、宫门东西配殿并各段长廊等处应挂灯只现查遗失不齐，照数补制，从之[41]。

光绪二十六年（1900年）至二十七年，颐和园被八国联军侵占破坏后，光绪二十八年、二十九年又各进行了一次大的整修[42]。光绪二十八年（1902年）重修颐和园时，慈禧太后派内务府大臣文廉携带颐和园呈报的清册前往查陈，当时除光绪二十六年兵燹遗失陈设什物等作业经管理颐和园等处事务大臣奏明在案外，颐和园现存佛像书籍等共102件，计有"御制诗文集三十九套又散本一百七十二本。铜供桌一张、铜胎佛八尊不齐"等。新收集、安置的陈设，立为《颐和园天字号陈设册》。内载仁寿殿、玉澜堂、颐乐殿、乐寿堂、舒华布实、水木自亲、云和庆韵、排云殿、芳辉殿、紫霄殿、玉华殿、云锦殿、介寿堂、石丈亭、涵远堂、景福阁、北大库、涵虚堂内安放的铜器、玉器、瓷器、钟表等项文物陈设870号，通共1907件。这些残存的陈设物品对于追求奢侈生活享受的慈禧太后是远远不够的。光绪二十八年，慈禧太后68岁寿庆，颐和园陈设除照以前情况备办外，所有仁寿殿、乐寿堂、颐乐殿、排云殿、德晖殿、玉澜堂、景福阁，以及各殿宇、宫门东西配殿并各段长廊等处场所，由该营司员照数补制遗失灯只。王公大臣则利用慈禧太后的寿辰争相报效物品，他们从民间集聚了一大批珍玩奇物贡奉慈禧太后，在这些贡品中，王公大臣多进献古铜、瓷、玉等珍品，太监多贡钟表，

---

40.北京市地方志编纂委员会.北京志 世界文化遗产卷：颐和园志[M].北京：北京出版社，2004：383.

41.北京市颐和园管理处.颐和园大事记（1261—2013）[M].北京：五洲传播出版社，2014：116.

42.此次重修派世续、继禄为承修大臣。工程监督官员有户部郎中成和、方培鑫、械兴，主事刘元弼、毓均、常志，工部郎中桂森、潘盛年，刑部候补郎中来秀，笔帖式九昆珠，内务府员外郎文煦、文荫。工程仍是招商承修。其中，西堤各亭桥、牌楼、龙王庙、廓如亭、转轮藏、宝云阁等处由源通、德兴木厂承修；听鹂馆、贵寿无极、山色湖光共一楼、眺远斋、六方亭等处由森昌、天德木厂承修；石丈亭、怀仁憬集四所、清晏舫、寄澜堂、荇桥并河东河西两岸建筑、贝阙、五圣祠、写秋轩、意迟云在、福荫轩、重翠亭、知春亭及山石由恒德、兴隆、乾生、长春、义茂木厂承修；西宫门、云松巢、邵寓、绿畦亭由天利、广丰、天和、隆和木厂承修；画中游、湖山真意等处由永德、天象、天顺、祥和木厂承修；霁清轩、如意门、紫气东来等处由广利、同茂、宝兴、三利木厂承修；北楼门并门外朝房、山后围墙、内值房、船坞等项由益昌、顺成木厂承修；香岩宗印之阁并智慧海等处由合盛祥、永胜、广恩木厂承修。

出使外国大臣则献西洋制有音乐的钟表、千里眼等[43]。

清内务府档案中关于光绪二十八年、二十九年颐和园岁修工程用银情况见表1-1[44]。

表1-1 清代颐和园岁修工程用银情况

| 建筑名称 | 用银数目 |
| --- | --- |
| 谐趣园 | 一万六千八百九十六两二钱 |
| 无尽意轩 | 七千九百二两四钱 |
| 对鸥舫 | 一千二百五十五两六钱 |
| 排云殿 | 九万三千九百十二两四钱 |
| 清华轩 | 一万二千三百九十八两八钱 |
| 佛香阁、撷秀亭、敷华亭、千峰彩翠等 | 一万九千二百八两九钱 |
| 长廊、云辉玉宇牌楼、鱼藻轩 | 一万九千二十四两二钱 |
| 介寿堂 | 一万三千四百九十一两一钱 |
| 云松巢、邵窝殿 | 七千八百五十五两三钱七分 |
| 听鹂馆、贵寿无极、山色湖光共一楼 | 四万三千二十六两五钱 |
| 转轮藏 | 四千二万五十八两八钱 |
| 宝云阁、五方阁 | 一万二千一百九十九两九钱二分 |
| 石丈亭、西一所等 | 二万七千八百七两三钱 |
| 清晏舫、寄澜堂、荇桥、五圣祠、延清赏楼、迎旭楼、贝阙、穿堂殿、斜门殿、小有天 | 三万一千二百六十八两八钱 |
| 写秋轩、瞰碧台、圆朗斋、意迟云在、福荫轩、重翠亭、知春亭 | 九千八百七十三两一钱二分七厘 |
| 霁清轩、紫气东来 | 九千八百七十三两一钱二分七厘 |
| 眺远斋等 | 四千二百二十二两一钱二分七厘 |
| 后大庙、智慧海、众香界 | 九千十六两三钱 |
| 北宫门 | 九千四十四两六钱 |
| 西宫门及德兴殿 | 二万八千六万四十四两三钱 |
| 龙王庙、山门、牌楼、云香阁、月波楼、澹会轩、鉴远堂 | 一万七千九百七十八两七钱七分 |
| 西堤各亭及花牌楼 | 一万七千二百二十两三钱七分 |
| 云辉玉宇牌坊 | 二千九百三十五两一钱七分 |
| 宝云阁 | 核减九百四十四两一钱二分 |
| 总计 | 四十三万一千九百十四两四钱七分七厘 |

光绪三十三年七月十三日（公元1907年8月21日）内务府奏：恭办颐和园乐寿堂暨各殿以及长廊等处安挂各款灯只，成做描金灯、宝盖灯、络灯、牌子各项活计。按本府奏订章程核减三成银二万四千九百三十七两九钱六分。以七成折价应解银五万八千二百二十八两二钱四分，知照度支部

---

43. 颐和园管理处. 颐和园志[M].北京：中国林业出版社,2006：199.

44. 颐和园管理处. 颐和园志[M].北京：中国林业出版社,2006：183-185.

查照，即将应解前项银两务于是年七月内照数批解本府皮库兑收，以便照式采办[45]。

# 二、衰败：民国期间

1927年（民国十六年）6月3日，清华大学国学研究院教授王国维在颐和园鱼藻轩前自沉于昆明湖；7月15日，清华大学同学会为在昆明湖跳水自杀的王国维先生举办纪念碑奠碑典礼，并在颐和园原跳水处鱼藻轩举办追悼会[46]。

1928年至1948年，此二十多年间国家多灾多难，民不聊生。抗日战争期间，北平沦陷，此时文物保护机构对文物的保护工作亦相对薄弱。颐和园遭受第三次帝国主义侵略，全园破败。

1929年4月，建设总署准备进行"颐和园长廊地面墙"工程，并设计相关图纸，但工程并未实施，直至1932年3月再次启动（图1-13）。1931年（民国二十年），整修长廊及亭，维修未动上架画活，下架完好者维持原样，爆裂损坏处除铲干净，不披麻，见缝捉粗细灰，光绿油。

1935年，北平市工务局文物整理工程处绘制颐和园排云殿及长廊保养工程图纸，由雍正华设计，卢实审定（图1-14）。1937年，再呈请批准长廊油饰。由于"七七事变"，市政府指令"需费太多，延缓办理"；1938年4月9日，呈北平市政府拟油饰长廊（上架不动）[47]。市政府指令"工程浩大，应俟市库稍裕再议"；9月再呈市政府请转咨"建设总署"。1939年1月，"建设总署"将长廊工程列入文物整理工程五年计划[48]。1940年（民国二十九年），建设总署办理长廊地面工程及长廊土木油饰工程[49]。1940年，长廊整修油饰，工价为89442.60元。1946年（民国三十五年）12月12日，长廊、排云殿保养工程开工[50]。（图1-15）

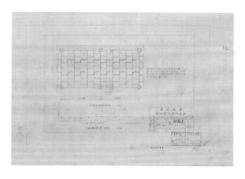

图1-13　"颐和园长廊地面墙"工程

45. 北京市颐和园管理处. 颐和园大事记（1261—2013）[M]. 北京：五洲传播出版社，2014：136.

46. 颐和园管理处. 颐和园志 [M]. 北京：中国林业出版社，2006：35-36.

47. 北京市颐和园管理处. 颐和园大事记（1261—2013）[M]. 北京：五洲传播出版社，2014：151.

48. 北京市地方志编纂委员会. 北京志 世界文化遗产卷：颐和园志 [M]. 北京：北京出版社，2004：174-180.

49. 北京市颐和园管理处. 颐和园大事记（1261—2013）[M]. 北京：五洲传播出版社，2014：158.

50. 北京市颐和园管理处. 颐和园大事记（1261—2013）[M]. 北京：五洲传播出版社，2014：161.

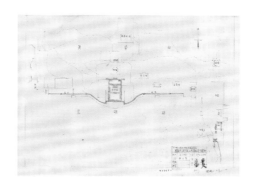

图 1-14　颐和园排云殿及长廊保养工程

图 1-15　建筑总署档案[51]

　　1935 年，与颐和园排云殿及长廊保养工程同时设计、绘制的还有颐和园石丈亭修缮工程图纸[52]（图
1-16），此设计直至 1946 年才被实施。1936 年，商人刘毓嘉租用南湖岛开设万寿宫饭店，合同年限为 3 年，
租用石丈亭[53]为万寿宫饭店分号，合同年限为 5 年。1946 年，石丈亭改敞厅工程，将南面窗位北移，
使石丈亭南房成为长廊之延续，由建平营造厂施工。1951 年，在石丈亭开设人民食堂（石舫饭庄），
直至 1989 年石舫饭庄迁走。

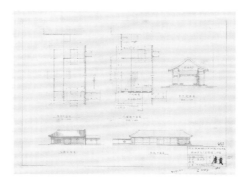

图 1-16　颐和园石丈亭修缮工程

---

51. 拟请拨发颐和园长廊地面铺砖试验费五百元由文整专款内支付可否乞核示由。

52. 同样由北平市工务局文物整理工程处雍正华设计，卢实审定。

53. 除石丈亭外还有佛香阁、石舫，共租借 3 处。

# 三、复兴：新中国成立后

## （一）历史沿革

新中国成立以来，颐和园的保护和建设工作取得了令人瞩目的成就。长廊整修、昆明湖清淤、万寿山绿化调整、佛香阁等园内主要古建的几次大规模修缮，四大部洲、苏州街、景明楼、澹宁堂以及耕织图景区的复建，新型文物库馆——颐和园文昌院的建成以及颐和园周边环境的整治都是颐和园建设与发展的重大成果。颐和园建设与发展的成果得到了国家和北京市政府的充分肯定[54]。1998年，颐和园被联合国教科文组织列入《世界遗产名录》，得到了国际社会的高度评价。

长廊是重要的外交场所，1949年5月1日，毛泽东携家属至益寿堂看望柳亚子，并一同游览颐和园长廊、石舫等地，乘船游览昆明湖[55, 56]。长廊的彩画更是获得了多项国际荣誉。

颐和园建筑彩画的规范，遵循清代宫廷制定的《万寿山工程则例》《内廷万寿山画工则例》等彩画工程做法，虽然受"标准化"的约束，但彩画特征依然用色大胆，色度鲜明，使建筑产生强烈的明暗对比装饰效果，独具特殊的建筑艺术魅力。1990年，颐和园长廊以建筑形式独特、绘画丰富多彩，被评为"世界上最长的画廊"，并被记录在《吉尼斯世界纪录大全》之中。2002年12月12日，颐和园长廊以"世界上最长的有顶走廊"被英国吉尼斯总部列入吉尼斯世界纪录[57]。长廊彩画被辛文生先生于1985年编为《颐和园长廊画故事集》；1996年6月26日，颐和园管理处与外文出版社合作编辑、出版和发行《颐和园长廊彩画故事精选》一书[58]。

新中国成立后，颐和园开始全面整修园内古建筑，长廊共接受四次较大规模油饰彩画修缮工程[59]。

### 1.1958年修缮工程

为庆祝1959年新中国成立10周年，颐和园准备油饰整修以长廊为主的前山前湖建筑[60]。1958年10月15日，为庆祝新中国成立10周年，原北京市园林局在颐和园召开长廊（包括对鸥舫、鱼藻

---

54. 颐和园获得"全国五一劳动奖状""全国卫生红旗""建设部精神文明先进单位""北京市卫生红旗""首都文明单位""首都旅游系统紫禁杯最佳企业"等各项荣誉。

55.1949年5月2日。（来源：北京市地方志编纂委员会.北京志 世界文化遗产卷：颐和园志[M].北京：北京出版社，2004：405.）

56. 北京市颐和园管理处.颐和园大事记（1261—2013）[M].北京：五洲传播出版社，2014：164.

57. 北京市颐和园管理处.颐和园大事记（1261—2013）[M].北京：五洲传播出版社，2014：269.

58. 北京市颐和园管理处.颐和园大事记（1261—2013）[M].北京：五洲传播出版社，2014：250.

59.1950年，永茂建筑公司油饰自玉澜门至长廊西头各处门座。来源：北京市颐和园管理处.颐和园大事记（1261—2013）[M].北京：五洲传播出版社，2014：168。中华人民共和国成立后，游人日益增多，为避免拥挤，长廊南北上下口左右原有坐凳，暂行拆除。（来源：北京市地方志编纂委员会.北京志 世界文化遗产卷：颐和园志[M].北京：北京出版社，2004：110.）由于游人过多，原有砖路磨损过甚，三年即需更新，故自1955年翻修长廊两侧园路起，即改铺水泥砖。（来源：北京市地方志编纂委员会.北京志 世界文化遗产卷：颐和园志[M].北京：北京出版社，2004：271.）

60. 颐和园管理处.颐和国志[M].北京：中国林业出版社，2006：185.

轩）重绘彩画问题座谈会，与会代表有北京市文化局专家于树勋、古建研究所专家杜仙洲、北京市园林古建工程有限公司（曾用名：北京市园林古建工程公司）第一任经理张应侯、油作泰斗赵立德和颐和园相关领导，研究制定修缮方案。工程自 1958 年 11 月开工，由园林局修建处施工[61]，1959 年 9 月 20 日竣工，完成了长廊的邀月门、四座八角亭、对鸥舫、鱼藻轩的油饰彩画工程。油饰彩画、修地面开支共 18 余万元。

工程除按照园内其他古建筑油饰整修的做法以外，彩画各间横梁仍绘西湖风景，有些彩画按照西湖风景照片摹绘。重绘的长廊彩画根据杭州市园林处提供的西湖风景相片，以西湖风景为主，画面均不相同，改变了新中国成立前使用"漏子"油饰苏式彩画时会出现相同画面的情况[62]，保证各间枋上苏式彩画内容和画面不重样。人物彩画规定采用《三国演义》《西游记》《千家诗》等内容，不用《封神榜》相关封建色彩画面中的丑恶面貌的内容，并特请技术较高的画工参加整修，保证了彩画的质量和艺术水平。

在"大跃进"的影响下，曾出现比谁画得快、画得多的情况，但这些情况都得到了及时纠正。并制定了北京市园林古建工程有限公司画作的企业标准：对于人物画，一块包袱内不能少于 3 个人，少于 3 个人时，必须有完整的故事情节；人物画每个人不得低于"七分脸"（画侧面人物要能看到两只眼睛）；骑马的人物画中，马不得少于两个蹄子，要有完整的马屁股和马尾巴等。有些包袱内画了大炼钢铁的内容，如高高的工业烟囱等。在纹饰方面，变化最大的是长廊四架梁和月梁的彩画，其中将原四架梁无连珠带回纹箍头、硬枋心岔口、找头三裹流云，分别改为双连珠带回纹箍头、烟云岔口、片金硬卡子，增大了用金量，提高了标准，使效果更为华丽，体现成立 10 周年的新中国的辉煌。

**（1）檐步彩画**

椽头：飞椽头将"卍"字改为"栀花"（柿子花），檐椽头"寿"字改为一只蝙蝠叼两个小桃子的"福寿图"。柁头：掏格子画博古，柁帮底画竹叶梅。柱头：回纹横箍头上增加一道连珠带。箍头：回纹箍头增加双连珠带。聚锦：枋上连二聚锦改单聚锦。垫板绘博古、莲花卷草和串枝花，其他同前。

**（2）脊步彩画**

墨线海墁改金线枋心式苏式彩画。

**（3）梁架彩画**

月梁：落地竹叶梅改为灵芝、水仙、竹子、寿桃和仙鹤组成的"灵仙祝寿图"。瓜柱：保持了落地竹叶梅的做法。四架梁中包括箍头：回纹箍头增加双连珠带。枋心：改烟云岔口。找头：流云改片金硬卡子。枋心：枋心改画西湖风景，反手枋心香色地作染香瓜，红地画"轱辘草"，两种图案交替使用。

61. 颐和园管理处.颐和园志 [M].北京：中国林业出版社，2006：441.

62. 北京市颐和园管理处.颐和园大事记（1261—2013）[M].北京：五洲传播出版社，2014：181.

1959年的长廊彩画和我们今天见到的长廊彩画形式是相同的，差别仅体现在绘画内容上（图1-17）。1959年的长廊彩画对脊步枋心保留很多，聚锦也有保留，题材有人物、山水、花鸟、鱼虫等。有些聚锦则是颐和园苏式彩画中的极品，如李作宾绘的《对牛弹琴》《梅妻鹤子》聚锦人物。1959年及以前的有关长廊包袱绘画内容的资料甚少，仅画师罗德阳提供了一张1959年的长廊包袱人物，其是长廊自东向西第117间南外檐的包袱人物，是李作宾绘的《聊斋》人物"田七郎"。

图1-17　20世纪50年代长廊油饰彩画[63]

1958年修缮时，长廊中的照明设备以及慈禧住园时在梁上安装的供电线路上的大型磁瓶均影响古建筑的美观性，在该次维修工程中全部拆除。廊间照明改用面包形乳白色灯罩，柔和的光线有助于欣赏彩画又不刺射人眼。同时安排几路开关，使全廊每间均有照明，也可隔段照明，以节约用电。长廊的地面未能解决冬季结冰问题，按原地面未动，在管理上加强沿湖岸前打冰，减少影响。

## 2. 1978年修缮工程

在"文化大革命"中，颐和园的文物保护工作受到了很大冲击。园内的部分古建门窗被拆卸，佛像被拆毁，大部分匾联被丢弃，古建筑苏式彩画被认作"四旧"被涂改，一些名贵花木被伐。1969年8月8日，国务院总理周恩来到颐和园，指示长廊彩画不必重画，抹掉才子佳人，山水画可保留，摘掉长廊内的毛主席语录，不必在佛香阁、排云殿前牌楼挂毛主席像[64]。在这种非常时期，颐和园的职工体现出可贵的文物保护意识：为保护长廊彩画，职工建议用容易刷去的白色水粉涂盖彩画，为日后恢复彩画创造了条件[65]。1971年10月6日开始，颐和园长廊各处彩画上原涂白粉被擦除，恢复彩画原貌[66]。1973年，北京市园林局修建处补绘用白漆涂盖无法恢复的颐和园长廊彩画218幅。由于年轻画工不熟悉颐和园古建筑特色，出现"熊猫"等不适宜的画面[67]。1978年，颐和园整修油饰长廊，苏式彩画中的"包袱"改为绘于纸面再粘裱在建筑上，此次整修彩画中出现个别重复画面[68]。

1978年，正值建设有中国特色的社会主义和实行改革开放之际，为庆祝中华人民共和国成立30周年，颐和园对长廊进行了新中国成立后的第二次大规模修缮，仍由北京市园林古建工程有限公司承担施工；除石丈亭外，此次修缮了长廊全部建筑，并进行了油饰彩画。长廊油饰彩画工程于1978年11月开工，1979年9月20日竣工，投资21万元。

经过"文化大革命"，彩画工匠青黄不接，老师傅有的过世，健在的也已年迈。除北京市园林古建工程有限公司现有的技术力量外，此次修缮还请回了1959年参加过长廊彩画修缮的李作宾、孔令旺、郑守仁等老师傅。康振江老师傅带领闻连生、李梅庭等颐和园基建队油工和画工参加了长廊油饰彩画的修复。但人力还是不足，便请了北京、天津的同行们参加包袱的预制。

63. 北京市地方志编纂委员会. 北京志 世界文化遗产卷：颐和园志[M]. 北京：北京出版社，2004：78.

64. 北京市颐和园管理处. 颐和园大事记（1261—2013）[M]. 北京：五洲传播出版社，2014：192.

65. 颐和园管理处. 颐和园志[M]. 北京：中国林业出版社，2006：264.

66. 北京市颐和园管理处. 颐和园大事记（1261—2013）[M]. 北京：五洲传播出版社，2014：194.

67. 北京市颐和园管理处. 颐和园大事记（1261—2013）[M]. 北京：五洲传播出版社，2014：197.

68. 北京市颐和园管理处. 颐和园大事记（1261—2013）[M]. 北京：五洲传播出版社，2014：203.

修缮团队在老师傅年岁已高不能上架子和请外援的情况下，创造了"包袱预制"新工艺，共预制长廊包袱 800 余幅，包括人物、山水、花鸟等各种题材。包袱预制后，由单士元、耿刘同等专家进行筛选，确定可用于长廊的预制包袱 600 余幅。选定的包袱由北京市园林古建工程有限公司统一粘裱在长廊上。

在工期紧、技术力量不足的情况下，团队开创了"提地儿彩画"和"过色见新"新工艺。在工期紧和文物建筑内不能用明火的规定下，团队先使用乳胶作为大色颜色的黏合剂。这次彩画工程终因工期紧、学徒工多和外援参加，出现了不是传统工艺的绘画。"过色见新"后被广泛应用于文物建筑彩画修缮工程。使用"过色见新"工艺的先决条件是具备坚固完整的地仗。1979 年，油作泰斗赵立德带领弟子对长廊各建筑逐间进行普查，确定"过色见新"部位。第一步是进行地仗处理：①清扫表面的灰尘、浮色、空鼓、翘皮等；②用砂纸打磨表层，除去过软的表层；③中灰找补洞眼、凹陷；④满过细灰，填补龟裂纹；⑤用砂纸打磨；⑥钻生桐油。地仗处理的关键是"钻生"，油的比例过大，表层过硬，会将底层揪起脱落；油的比例过小，表层软，彩画易脱落。"火候"的掌握全凭老师傅的经验，根据原地仗强度，确定桐油添加剂的比例，使找补的灰层与旧地仗的强度一致，才能保证延年。第二步是沥粉，对完全脱落的"粉条"重新沥粉，保留完好坚固的"粉条"，对缺损的沥粉找补。第三步是刷色。在地仗处理时，细灰处理得很薄，主要是填补原地仗的龟裂纹；虽经打磨，但原底色会保留下来；之后按原底色进行刷色，即"过色"；过色后，新作彩画，即"见新"。长廊"过色见新"的部位主要包括：纹饰部位，如箍头、卡子、烟云、聚锦壳等；绘画部位，如找头、包袱、柿心、聚锦等。在地仗完整坚固的地方重新刷底色。

直至本次修缮，邀月门彩画由"房修一公司"于 2005 年重绘，山色湖光共一楼内檐彩画由颐和园于 1956 年自行施工，外檐彩画由北京昊海建设有限公司于 2006 年重绘，石丈亭彩画于 1960 年和 1989 年由北京市园林古建工程有限公司施工，其他建筑彩画均由北京市园林古建工程有限公司于 1979 年施工。

1979 年，重新翻修长廊北侧园路[69]。

1989 年 4 月，长廊接受第三次油饰整修工程，仅下架油饰，未动彩画。此次整修仍由北京市园林古建工程有限公司施工，投资 10 万元。1990 年，长廊地面得到翻修，廊内地面改铺水泥方砖[70]。1989 年，复原石丈亭，迁移石舫饭庄[71]。

1997 年 4 月 24 日，颐和园在长廊坐凳上增加塑料材质保护罩；6 月 20 日，颐和园东宫门至长廊主要游览干线古建筑、墙壁和环境的油饰粉刷、整修改造工程竣工，该工程于 1997 年 3 月 15 日开工[72]。

1999 年，长廊接受第四次油饰、维修（工程不包括彩画油饰）[73]，该工程从 4 月 5 日开始[74]，9 月 10 日竣工，由北京市园林古建工程有限公司组织施工。工程采用传统工艺做法，对长廊及沿线的四亭、对鸥舫、鱼藻轩、山色湖光共一楼下架油饰，未动彩画。工程投资额为 90.34 万元，完成油饰 2191 平方米，整修了长廊两侧城砖地面，剔补部分廊心、地面，对格扇、槛窗、楣子等木件进行了

---

69. 北京市颐和园管理处 . 颐和园大事记（1261—2013）[M]. 北京：五洲传播出版社 , 2014：205.

70. 北京市颐和园管理处 . 颐和园大事记（1261—2013）[M]. 北京：五洲传播出版社 , 2014：229.

71. 颐和园管理处 . 颐和园志 [M]. 北京：中国林业出版社 , 2006：80.

72. 北京市颐和园管理处 . 颐和园大事记（1261—2013）[M]. 北京：五洲传播出版社 , 2014：253.

73. 工程包括：长廊及长廊沿线维修工程、清晏舫维修工程、苏州街铺面房维修工程、昆明湖沿岸栏板整修加固工程、国庆节前园容古建整修工程、水电基础设施安全检修工程。——北京市颐和园管理处 . 颐和园大事记（1261—2013）[M]. 北京：五洲传播出版社 , 2014：259.

74. 北京市颐和园管理处 , 颐和园大事记称 3 月 30 日长廊沿线古建下架油饰工程开工。

维护和添配。

2005 年 2 月 22 日，颐和园召开长廊彩画修缮工程专家论证会[75]。2005 年 11 月 29 日，颐和园长廊北侧地面改造工程竣工，该工程于 2005 年 10 月 8 日开工[76]。2006 年 9 月，颐和园管理处编写的《颐和园排云殿—佛香阁—长廊大修实录》一书出版发行[77]。

2007 年 9 月 30 日，涵虚堂、对鸥舫、鱼藻轩、山色湖光共一楼四座建筑保护性维修工程竣工。该工程于 6 月 30 日开工，投资 333.57 万元[78]。2013 年 7 月 22 日，颐和园开展长廊廊心彩画及有代表性的彩画测量工作[79]。

### 3. 2022 年修缮工程

2022 年，经过勘察发现长廊彩画存在以下问题。

找头部分：檩垫枋三件找头底色脱落严重（图 1-18），黑叶子花大都不存或缺失严重，箍头颜色缺失严重，片金卡子沥粉贴金起翘脱落严重，色卡子大都有一些缺失，地仗普遍存在龟裂。

檐步包袱部分：包袱心存在纸地仗脱落、分化脱落、污染、裂隙等病害，整体包袱心绘画保存大多较好，烟云缺失较为严重（尤其是外檐），烟云托沥粉贴金起翘脱落严重（图 1-19、图 1-20）。

图 1-18　E15 北檐内侧右找头原状

图 1-19　E14 北檐内侧包袱原状

图 1-20　E16 南檐内侧包袱原状

75. 北京市颐和园管理处 . 颐和园大事记（1261—2013）[M]. 北京：五洲传播出版社，2014：277.

76. 北京市颐和园管理处 . 颐和园大事记（1261—2013）[M]. 北京：五洲传播出版社，2014：280.

77. 北京市颐和园管理处 . 颐和园大事记（1261—2013）[M]. 北京：五洲传播出版社，2014：284.

78. 北京市颐和园管理处 . 颐和园大事记（1261—2013）[M]. 北京：五洲传播出版社，2014：289.

79. 北京市颐和园管理处 . 颐和园大事记（1261—2013）[M]. 北京：五洲传播出版社，2014：322.

方心部分：积尘和污染较严重，均有不同程度的颜色粉化，斑驳脱落，模糊不清；脊步方心画面接天、接水部位粉化脱落严重，四架梁两侧线法方心保存基本较好（图1-21、图1-22）。

图 1-21　E14 南脊南侧方心原状　　　　　　　　　　图 1-22　L18 梁东侧方心原状

聚锦部分：白地聚锦画面脱落极为严重，其他颜色聚锦均有不同程度的颜色粉化、斑驳脱落、残缺不全、模糊不清。

就此决定对长廊彩画进行研究性修缮，本次修缮试验范围选择了排云殿东一端的六间，包括施工范围内所有部位的油饰彩画的保护与修复，施工技术和措施参照设计方案并结合专家论证实施。本次修缮工程在对彩画修缮的同时采用数字化保护管理系统，开发了颐和园长廊彩画保护数据管理应用系统软件，并建立了对应的三维模型以及示范性修复施工的数字化修复档案，便于后续学习和查找资料。

# （二）2022 年修缮工程介绍

## 1. 修缮研究团队

世界文化遗产管理专家团队：北京市颐和园管理处。

非物质文化遗产保护工匠团队：北京市园林古建工程有限公司（非遗传承中心）。

设计研发团队：国家遗产研究院陈青、王云峰团队。

数字化开发团队：北京华创同行科技有限公司。

顾问专家团队：边精一、刘大可、杨红、肖东等。

## 2. 修缮研究修复方式

遵循"不改变文物原状"的原则，对所有重绘部分进行拓稿，以便做到真正意义上的原样恢复彩画。廊子檐步、脊步、四架梁、月梁，所有找头、烟云及烟云托子部分均按拓稿进行原样重新绘制（图1-23）。经专家研究讨论，此次试验修复用纯巴黎绿，与西侧廊子用料保持一致。

遵循"最低限度干预"的原则，分三种情况进行处理：一是整体地仗，磨至中灰层，后做两道灰；二是空鼓细纹，磨至中灰层，撕缝后做三道灰；三是找头通缝，砍除旧一麻五灰地仗，操底子油后重做一麻五灰地仗（图1-24）。

图1-23  收集颐和园长廊彩画图片、制作小样留存

图1-24  E13南檐内侧左找头（磨细钻生）

为保证试验的严谨性，本次彩画修复试验先制作一比一样板，经专家论证后再对文物本体进行修复。一是用巴黎绿、沙绿、柠檬黄配兑，追原加拿大绿颜色，对绿色进行了对比研究（图1-25）；二是从骨胶水比例的调配和实操工艺做法两方面进行骨胶调制颜料研究试验；三是在纤维板上做檐步、脊步各一整间样板，为了更符合施工实际基层条件，在地仗层上做檐步、脊步各半间样板。

图1-25  研究巴黎绿、沙绿、柠檬黄配兑

整体工作均由北京市园林古建工程有限公司非遗传承中心传承人全程把关。对于色号调色、调制沥粉等关键工作，传承人均亲自完成之后方能施工；对于规矩活范畴内的绘画，如黑叶子花、香瓜、葫芦、灵仙祝寿等，传承人也亲自参与绘画工作。白活部分的清洗加固由中国文化遗产研究院专家陈青现场指导实操，除两幅1979年重绘包袱及白底聚锦外，所有需补绘的白活画面均按设计要求进行清洗加固，包括檐步包袱及聚锦、脊步方心及聚锦、四架梁立面方心及枋头博古。白活部分的彩画修复由北京市园林古建工程有限公司传承人团队完成。在研究过程中，对画面完全消失且没有保留价值的包袱、聚锦进行了打磨处理，在打磨工程中，有部分画面磨出了底层彩画，经研究此

彩画为1959年彩画（图1-26），施工方立即请甲方、设计、监理开展单场研究，遵循"最低限度干预"原则，确定"随旧补绘"的具体实施方案，涉及部位包括檐步包袱、聚锦、脊步聚锦、柁头博古。团队遵循"最低限度干预"的原则，仅在需要修整的部位进行随色，随色需使用比原色浅的颜料；对大面积需要修整的位置进行随色，补绘部分风景，对人物尽量不做暂时处理。一是对相对完整的1979年画面按原样随旧补绘；二是对1979年画面完全缺失，但打磨后显现出1959年画面的，按1959年画面补绘（图1-27、图1-28）。重绘涉及部位为全部缺失画面的檐步包袱、聚锦，以及脊步方心、聚锦。包袱按照1979年画面重绘；聚锦因缺失严重且无历史资料可循，经传承人商讨确定画面并进行重绘；对于方心，确保同类型画面重绘，内容因缺失严重且无历史资料可循的，经传承人商讨按1959年画面风格进行重绘。封护后重绘，涉及部位为檐步包袱、聚锦。遵循可逆性、可再处理原则，对1959年画面进行修补，对于不易修补的或是霉斑严重的，将原画面用明胶进行封护后，按原画面进行重绘（图1-29、图1-30）。

图1-26　E14北檐内侧左找头（清洗出1959年彩画）

图1-27　E15北檐内侧包袱（补绘1959年彩画《时迁盗甲》）

图1-28　E16北檐外侧包袱（按1959年彩画补绘）

图1-29　E16南檐内侧左找头（盖护后按1959年彩画重绘）

图1-30　E17北檐内侧包袱（按原样补绘）

遵循可逆性、可再处理原则，确保试验的严谨性，对 1959 年部分画面原状保留，待进一步研究确定方案。一是包袱《安居乐业》一幅，对画面进行清洗加固后原状保留（图 1-31）；二是脊步方心接天《桃柳燕》、接水《金玉满堂》，仅接天、接水处脱落严重，对其进行清洗时发现底层存在 1959 年老彩画画面，后完整清洗擦拭出一间展示留存，其余画面进行清洗加固后原状保留；三是四架梁立面方心，也存在清洗后底层存在 1959 年老彩画画面的情况，进行清洗加固后原状保留。

图 1-31　E16 南檐内侧包袱（清洗加固后保留原状《安居乐业》）

## 3. 修缮档案建立

### （1）文字档案

对每一步骤形成记录文件，边研修边设计，记录每一步工作，最终形成规范的表格化管理模式；形成"颐和园长廊彩画保护研修项目资料表"，对每一间、每个部位的样式、彩画形式进行详细记录；形成"颐和园长廊彩画保护研修项目 ×× 步骤技术研讨记录单"，对每个工艺的流程、技术要点等进行记录。

### （2）照片视频档案

对关键步骤（原状、地仗打磨后、地仗修复后、清洗加固后、修缮完工），逐间按部位分区域编号（如 E13 南檐内左找头）并拍照，建立照片库。指派专人跟踪拍摄整体研修项目全过程（方案研讨、专家论证、实施过程），形成视频档案。

### （3）数字化开发

北京市园林古建工程有限公司与软件公司合作完成软件开发，满足各项资料录入、信息调用、整体浏览的全方位需求，形成工艺库、材料库、修缮管理系统。

在 2022 年研究性修缮中，通过实操研究，找到问题的根源，选择了最佳的修缮方法，取得了最好的修缮质量和效果，得出相关结论，为今后颐和园长廊的文物保护修缮工程提供了具有指导意义的实操经验。

在长廊及其周围建筑的利用方面，1950 年颐和园合并原有私商饮食业，将园内茶饭馆合并成日新食堂（轿子库）及颐和饭庄（对鸥舫）[80]；1984 年，玉澜堂、鱼藻轩门前设临时售货棚，将仁寿殿前的照相商亭后移[81]；1995 年 7 月 9 日，颐和园长廊鱼藻轩至景明楼手摇画舫新航线开设[82]；1999 年 11 月 30 日，颐和园长廊一线的介寿堂、养云轩、无尽意轩的长住客户搬迁完毕。

在长廊绿化方面，1958 年，为做到黄土不露天，在颐和园长廊一线铺植草坪，以羊胡子草为主[83]；2013 年，颐和园九道弯至对鸥舫码头沿线和苏州街西巡外水域荷花栽植完成，种植近 500 余株红莲，面积达 1300 平方米[84]。

80. 北京市颐和园管理处 . 颐和园大事记（1261—2013）[M]. 北京：五洲传播出版社 , 2014：168.

81. 北京市颐和园管理处 . 颐和园大事记（1261—2013）[M]. 北京：五洲传播出版社 , 2014：216.

82. 北京市颐和园管理处 . 颐和园大事记（1261—2013）[M]. 北京：五洲传播出版社 , 2014：248.

83. 北京市颐和园管理处 . 颐和园大事记（1261—2013）[M]. 北京：五洲传播出版社 , 2014：179.

84. 北京市颐和园管理处 . 颐和园大事记（1261—2013）[M]. 北京：五洲传播出版社 , 2014：320.

第二章
研究动态

# 一、项目背景

长廊位于颐和园万寿山南麓,东起邀月门,西至石丈亭,全长728米,共273间,廊的中间建有留佳、寄澜、秋水、清遥4座八角重檐亭;东西两段又各有短廊伸向湖岸,衔接着对鸥舫、鱼藻轩两座水榭。西北部连着一座3层小楼——山色湖光共一楼(图2-1)。

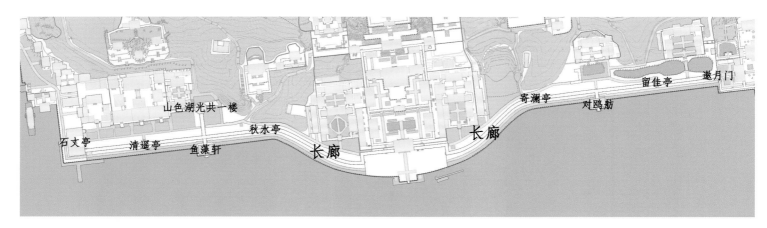

图 2-1　长廊平面图

长廊是中国古典园林中最长的游廊,北依万寿山、南临昆明湖,地基随着万寿山地势高低而起伏,随着昆明湖北岸弯曲而曲折,犹如横贯万寿山前山东西向的一条纽带,将分布在湖山之间的亭台楼阁、大小院落连缀成一个整体。长廊作为颐和园的东西轴线,统领了整个沿线建筑总体布局,密切了湖山之间的关系,丰富了湖山交接处的景观。1990年,长廊以杰出的建筑手法和绚丽的彩画艺术被收入《吉尼斯世界纪录大全》。

长廊始建于乾隆十九年(1754年),咸丰十年(1860年)被英法联军焚毁,光绪十四年(1888年)重建。中华人民共和国成立后至今,长廊有过4次较大的油饰整修。第一次油饰整修是在1959年,是为了给新中国成立10周年献礼。1966年"文化大革命",长廊苏式彩画被认作"四旧",因而被用白漆覆盖。1973年,颐和园对被白漆覆盖的且白漆无法擦除的218幅彩画进行补绘。第二次油饰整修是在1978年,是为了给新中国成立30周年献礼。第三次油饰整修是在1989年,是为了给为新中国成立40周年献礼。

2004年,颐和园对长廊彩画保存状况进行了详细勘察、统计分析、综合评估。罗哲文、郑孝燮、傅熹年、杜仙洲、余鸣谦、王世仁、王仲杰、傅清远、张之平、王立平、韩扬等古建专家就修缮方案进行了详细的论证。专家指出:长廊彩画具有很高的历史艺术价值,虽然经过常年的风吹日晒,有部分彩画出现残损、褪色现象,以及出现地仗空鼓情况,但是考虑其历史艺术价值,仍具有很高的保护价值,可采取一定的技术予以保护,本着"随破修理、带病延年"的原则,延长现有彩画的保存寿命(图2-2)。按照专家的意见及国家文物局、北京市文物局的批复,在2005年第四次油饰整修中,颐和园对长廊彩画进行了除尘保护,仅将椽望重新油饰,彩画未予重绘(图2-3、图2-4)。现长廊彩画大部分修复于20世纪50—80年代,部分彩画还保留着较为明显的时代特色,尤其是20世纪50—60年代的苏式彩画,多为当时工艺高超的画师所绘,是颐和园世界文化遗产价值的重要体现,具有较高的艺术水准和历史价值。

长廊彩画为清官式苏式彩画形式,其每一间的檐步、脊步和梁架都绘有大小不同的彩画,共计1.4

图 2-2　2004 年 1 月 15 日专家研讨会会议记录

图 2-3　2005 年长廊维修保护措施 1

图 2-4　2005 年长廊维修保护措施 2

万余幅，虽经过多次油饰和重画，但基本上仍以原来的画法和风格为主，取材建筑风景、山水、花卉、人物、花鸟翎毛等，其中人物画大多取材自中国古典文学名著，以《红楼梦》《西游记》《水浒传》《三国演义》《聊斋志异》等文学作品为主，还有许多其他的经典历史故事。

自 1998 年成功申报世界文化遗产后，颐和园一直按照遗产地保护要求，严格遵循中华人民共和国文物保护法"不改变文物原状、最大限度地保留和最小干预"原则，对长廊彩画进行环境监测、跟踪研究和保护性工作，与多家高校和科研机构合作，分别于 2000 年、2005 年、2013 年进行了多次深入的普查、跟踪监测与分析研究；对长廊的风速、温湿度及照度进行微环境监测（图 2-5、图 2-6），并选取 6 个监测点共 16 幅长廊彩画进行色彩监测，定期监测分析彩画的色彩衰变情况，尽量延长长廊彩画的保存时间，传承和延续其历史信息，为彩画的保护研究以及今后的科学修复奠定了坚实的基础。

2017 年 10 月 2 日，北京市市领导到颐和园检查国庆假期工作时提出："公园要进一步加强长廊保护，要与市文物局等相关文物保护单位协调沟通，定期组织长廊的修缮保护工作，特别是长廊彩画保护，要有所突破、逐年推进。"颐和园高度重视此项工作的开展与推进，立刻制订并落实相应工作计划。

2017 年 10 月 18 日，颐和园召开专家论证会，邀请故宫博物院修缮技艺部主任付卫东、中国文化遗产研究院副院长侯卫东、故宫博物院研究馆员张克贵、北京建筑大学教授李沙 4 位专家对长廊油饰彩画保护性研究修缮工作计划和实施方案进行论证（图 2-7）。专家一致认为：①颐和园对长廊的保护工作符合文物保护要求，保护性修缮研究定位准确，最终目标要落实到彩画的修缮实施上；②进一步

图 2-5 长廊彩画微环境监测 1  　　图 2-6 长廊彩画微环境监测 2

加强历史原状研究，修缮要遵循历史传承，对各个历史节点有所回顾，修复的部分应恢复清代历史原状；③根据彩画残损状况，分类进行保护与修复；④开展常态化的保护工作，加强行业内部的合作研究，挖掘工艺，培养人才；⑤把研究、保护、修复成果在社会上发布，向公众推广彩画文化和遗产保护工作（图 2-8）。颐和园按照市领导要求和专家意见，谨慎而又有步骤地推进长廊彩画保护工作的方案制定等相关工作。

图 2-7 2017 年 10 月 18 日专家论证会

2018 年 5 月 17 日，颐和园与中国文化遗产研究院举行长廊彩画保护性修缮座谈会（图 2-9）。

图 2-8 部分专家意见

出席会议的专家有中国文化遗产研究院文物保护工程所所长李向东、修复专家王云峰。专家们表示：①目前颐和园做了大量针对长廊彩画的调查研究工作，为下一阶段的保护性修缮研究奠定了客观、扎实的基础；②鉴于长廊彩画的社会地位和影响，此次保护性修缮研究是一项极具挑战性的工作；③建议颐和园建立长期性研究的机制，将此项工作定位为文物研究保护课题，确保实施

图 2-9 2018 年 5 月 17 日专家座谈会

的科学性、系统性和实验性。

长廊彩画艺术水平较高，对修缮的工艺水平、绘制材料、彩绘技术等的要求也较高，修复工作难度较大。恰逢颐和园当时正在推进"画中游"建筑群彩画修复工作，且"画中游"建筑群彩画的绘制时期、绘制工艺与长廊彩画相似。故从 2018 年起，颐和园与中国文化遗产研究院联合，选取"画中游"建筑群彩画为试点，针对地仗层的剥离、空鼓，颜料层的脱落、粉化，彩画图案模糊或完全脱落等病害，完成了对"画中游"建筑群 11 座建筑的彩画的修缮保护（图 2-10）。

（a）水渍清理

（b）沥粉回粘

（c）颜料层加固

（d）空鼓地仗回帖

图 2-10　2018 年"画中游"建筑群彩画修缮

通过认真总结"画中游"建筑群彩画修缮经验成果，以此作为制定长廊彩画保护性修复方案的借鉴，颐和园于 2020 年 8 月开展长廊彩画的勘察设计工作。

2021 年 5 月 13 日，颐和园召开长廊彩画专家研讨会，与会专家包括：故宫博物院彩画专家研究员张秀芬，故宫博物院油饰专家刘增玉，中国古建筑油饰彩画协会副主任、彩画非遗传承人卢振林，中山公园总工程师姜振鹏。专家指出：加强对彩画主要价值的保护，应充分考虑原地仗是否具有保护的条件，工程难度大，工期预计为普通保护工程的两倍以上，应组织最好的画工和保护人员，力争达到最高的保护水平。

2021 年 7 月 7 日，颐和园召开长廊彩画保护方案专家论证会，与会专家包括：故宫博物院修缮技艺部主任付卫东、中国文化遗产研究院教授级高工张之平。与会专家一致认为，项目调查分析全面、详尽，框架完整，内容丰富，保护原则、技术手段基本正确合理，原则可行。专家提出如下建议：

①根据病害分析所做出的现状评估结论应进一步细化；②保护措施应与病害分类进一步对应，方案进一步细化；③扩大前期试验规模，为方案和实施提供进一步的依据；④长廊彩画保护作为文物研究性保护项目，应体现相关的宣传、科普、展示内容（图2-11）。在专家意见的基础上，2021年12月，颐和园完成长廊彩画保护的整体规划，按程序上报北京市文物局、国家文物局审批。

长廊彩画有较高的艺术水准和历史价值，具有较大的社会关注度和影响力，实施难度大，以往的工程项目管理模式难以施用。为力争达到最高的保护水平，颐和园逐年对长廊彩画开展研究性保护修复工作。该项工作侧重对遗产主要价值的保护和整体历史风貌的保存，采取及时有效的措施进行保护修复，遏制病害的发展，以使其重新恢复稳定状态。

图2-11　2021年7月7日专家论证会的专家意见

# 二、价值评估

## （一）历史价值

颐和园长廊彩画历经二百多年的历史变迁，使用功能及样式不断变化。至今保留下来的彩画是颐和园长廊历史的见证，也是清代至今官式苏式彩画历史发展的见证。长廊内、外檐步为金线包袱式苏画。烟云为三筒二筒软烟云边，烟云颜色共有三种，分别为蓝色（群青）、紫红色和黑色，由同一色相进行明度的推移，由浅到深退晕达五层，烟云与托子颜色匹配关系如下：蓝色烟云配黄色托子，紫红色烟云配绿色托子，黑色烟云配红色托子。烟云的排列有明显规律，从A区第一间外檐南侧自东向西依次为：黑色烟云配红色托子、蓝色烟云配黄色托子、紫红色烟云配绿色托子，以此类推。包袱心约占整个开间的1/2，符合清晚期包袱式苏画的比例，采用清晚期的线法山水和硬抹实开等绘制手法，苏画配色符合清晚期苏画配色规律，背景色多为接天地做法，每一幅包袱内分别绘建筑线法、山水、花卉、人物、花鸟翎毛等题材。颐和园长廊的苏式彩画具有明显的时代特征，蕴含着大量人文方面的历史信息，绘画题材种类丰富，有人物、线法、花鸟、金鱼和吉祥图案等，为研究中国官式苏式彩画发展变迁提供了有力物证。

## （二）科学价值

颐和园长廊苏式彩画的现状是清光绪年间苏式彩画的延续。包袱式的画法使檩、垫、枋三件或多个构件得到视觉上的整合，从而产生统一的效果，并且扩大了绘制面积，更为从容地表达纹饰及主题。对于清早、中期的包袱式苏画，包袱一般占开间总宽的2/3左右，找头部位的彩画占比较小。清晚期，包袱占开间总宽的1/2左右，找头部位的彩画占比增大。颐和园长廊现状彩画从工程技术上体现了鲜明的时代特色，是彩画工程技术发展研究、形式变化研究的有力物证。新中国成立后的两次长廊彩画维修和重绘过程中创造并使用了许多新工艺。1979年重绘，时值画工青黄不接，对包袱彩画创造并使用了包袱预制新工艺，预制用纸为高丽纸，纸上画烟云边规定作画范围，为不能上架的老画工提供方便，经筛选后统一粘裱在长廊上。对地仗较完整的纹饰部位，创造性地使用了过色见新工艺，其被广泛应用于古建筑彩画修缮工程。

## （三）艺术价值

颐和园长廊檐步包袱彩画的主要构图规则如下：包袱在檐步建筑构件上居于中心部位，跨檩、垫、枋三构件；包袱位于水平构件中间的突出地位，以包袱上开口的宽度计，包袱的宽度在整间彩画中所占的比例约为 44%，高度是檩、垫、枋三件展开高度之和；找头所占比例约为 28%，符合清晚期包袱彩画的构图特点；长廊内外檐均为金线包袱式苏式彩画，包括双连珠带回文箍头、找头青地内片金硬卡子和聚锦、绿地中片金软卡子和墨叶花；绘画题材主要是人物、线法、山水和花鸟，兼以洋抹、鱼虫、走兽及现代绘画题材。技法主要是落墨搭色、硬抹实开等。包袱绘画题材安排很有规律。长廊包袱心绘画题材安排原则：内、外檐包袱心绘画题材错开，其中每一间内檐南北或东西相对的两幅包袱心题材相同，外檐南北或东西的两幅包袱心绘画题材相同，每一间长廊彩画的包袱心绘画题材基本为两种。绘画题材取材于《三国演义》《西游记》《水浒传》《红楼梦》《聊斋志异》等古典名著和民间传说、神话故事、戏剧片段、成语故事等。四座八角亭彩画中的柱头切活极富变化，一亭多样，变化灵活。例如：清遥亭和鱼藻轩的反手聚锦鲤鱼，如从水底向上看一样；聚锦桃柳燕，两只燕子似从头上飞过，惟妙惟肖，引人入胜。颐和园长廊苏式彩画是中国官式苏式彩画的最高水平和集大成者。新中国成立后的两次维修和重绘，代表当时最高水平的画工、名家均参与了创作，留下了众多脍炙人口的经典作品。

## （四）社会价值

长廊包袱心绘画题材主要分为人物故事、线法、山水和花鸟翎毛几个大类，兼以洋抹风景山水、鱼虫、走兽及现代绘画题材。长廊精彩之处是包袱心绘画中经典的人物绘画。在长廊彩画中包袱心绘画涉及的人物故事共计 320 幅，取材于《三国演义》《西游记》《水浒传》《红楼梦》《聊斋志异》等名著及各民间传说、神话故事、戏剧片段、成语故事等。很多题材内容家喻户晓、脍炙人口，老少咸宜。慕名而来的中外游客络绎不绝。到颐和园看长廊彩画故事已经成为公众重要的参观体验。颐和园长廊彩画的保护性研究与修缮本身亦具备重要的学术价值，是新时期中国传统文化建设与世界文化遗产保护理念的结合与尝试，对加强文物保护利用和文化遗产保护传承，提高文物研究阐释和展示传播水平具有重要意义。长廊彩画的保护性研究工作可以成为社会公众参与传统文化和遗产保护的重要窗口，从而让文物真正活起来，成为加强社会主义精神文明建设的深厚滋养。

## （五）文化价值

长廊的每根廊枋上都绘有大小不同的苏式彩画，共 1.4 万余幅。1990 年，长廊以杰出的建筑手法和绚丽的彩画艺术被收入《吉尼斯世界纪录大全》，是中国官式苏式彩画最丰富、最集中、最长的画廊，在中国乃至世界具有重要的文化影响，是中华文化国际影响力的重要名片。长廊彩画题材丰富精彩。不少学校把长廊彩画的内容列入教材。长廊是众多中小学参观古建筑、学习传统文化以及彩画绘画的重要场所，是新时期文化传承和文化自信建设的重要依托。

# 第三章
# 调研·定级·评估

# 一、颐和园长廊彩画概览

## （一）邀月门

长廊的东入口名为邀月门，位于乐寿堂院西侧，是一座坐西朝东的垂花门。从邀月门到长廊中的第一座亭子留佳亭，共有长廊 23 间，总建筑面积为 200.5 平方米。这 23 间长廊的柱高为 2.58 米，面阔为 2.57 米，廊深为 2.27 米，长廊内外绘制的人物彩画内容有《桃园结义》《曹操献刀》《吕布戏貂蝉》《走马荐诸葛》《诸葛亮吊孝》《宝黛读西厢》《洛水女神》《风尘三侠》《文姬谒墓》等。

## （二）留佳亭

留佳亭为长廊东起第一亭，建筑面积为 21.5 平方米，重檐八脊攒尖顶，面南悬有"留佳亭"匾额。亭子北面额曰"璇题玉英"。亭内西悬"文思光被"匾额，有"大闹天宫"迎风板。东悬"草木贲华"匾额，有"桃花源记"迎风板。

留佳亭至寄澜亭有长廊 50 间，总建筑面积为 436.8 平方米。长廊内外绘制的人物彩画内容有《连环计》《三顾茅庐》《江东赴会》《周瑜打黄盖》《诸葛亮吊孝》《唐僧取经》《千里眼顺风耳》《宝玉踏雪寻梅》《湘云醉卧》《晴雯补裘》《岳母刺字》《灌水得球》《张良进履》《羲之爱鹅》《蓝桥捣药》《伯牙摔琴》《商山四皓》《举案齐眉》等。

## （三）寄澜亭

寄澜亭为长廊东起第二亭，建筑面积为 21.6 平方米。面南悬有"寄澜亭"匾额。亭子北面额曰"华阁缘云"。亭内西悬"烟霞天成"匾额，有"大闹朱仙镇"迎风板。东悬"夕云凝紫"匾额，有"张飞夜战马超"迎风板。

从寄澜亭至排云门的长廊为曲线形，共 59 间。东起 41 间为直角向北拐 5 间再向西延伸 13 间，总建筑面积为 521.43 平方米。长廊内外绘制的人物彩画内容有《义放曹操》《黄忠请战》《诸葛亮计取陈仓》《悟空大闹蟠桃会》《三打白骨精》《红孩儿智擒唐僧》《鲁智深倒拔垂杨柳》《野猪林》《武松打虎》《时迁盗甲》《元妃省亲》《凹晶馆联对》《傻大姐泄密》《婴宁拈梅》《云萝公主》《杨排风战殷奇》《八仙过海》《牛郎织女》《麻姑献寿》《吴王毙命》《牧童遥指杏花村》《苏小妹三难新郎》《韩康卖药》《画龙点睛》等。

排云门至秋水亭的长廊，与门东面的长廊相对为曲线形，共 59 间，总建筑面积为 457.54 平方米。长廊内外彩画内容有《蒋干盗书》《草船借箭》《横槊赋诗》《水淹七军》《计收姜维》《大闹无底洞》《尤三姐自刎》《艳曲警芳心》《鹦鹉许婚》《严父斥子》《细柳教子》《双鬼待母》《珊瑚孝婆》《断桥解冤》《盗草救夫》《姜太公钓鱼》《苏武牧羊》《老子出关》《王华买爹》《五子夺魁》《贵妃出浴》《漂母分食》《劈山救母》《嫦娥奔月》《张敞画眉》《打渔杀家》《米芾拜石》《松下问童子》等。

## （四）秋水亭

秋水亭为长廊东起第三亭，正对着前山西部的云松巢。秋水亭坐北朝南，建筑面积为 21.2 平方米。

秋水亭的形制为八角重檐攒尖顶，面南悬有"秋水亭"匾额；北悬"三秀分荣"匾；西悬"德音汪"匾，有"竹林七贤"迎风板；东悬"禀经制式"匾，有"枪挑小梁王"迎风板。

从秋水亭至清遥亭的长廊有59间，内外彩画内容有《辕门射戟》《击鼓骂曹》《初出茅庐》《刮骨疗毒》《火眼金睛》《三借芭蕉扇》《大闹忠义堂》《贾府四美钓鱼》《双玉听琴》《宝玉痴情》《黛玉焚稿》《邂逅封三娘》《黄英醉陶》《葛巾玉版》《许仙借伞》《赵颜求寿》《义婚孤女》《孔融让梨》《麒麟献书》《娥皇女英》《和合二仙》《玄宗游月宫》《陆绩怀桔》《西厢相会》《天女散花》等。

## （五）清遥亭

听鹂馆的正南，是长廊的东起第四亭——清遥亭。清遥亭的形制为八角重檐攒尖顶，建筑面积为21.3平方米。亭子面南悬有"清遥亭"匾额；北悬"斧藻群言"匾，西悬"云郁河清"匾，有《虎牢关三英战吕布》彩画；东悬"俯镜清流"匾，有《赵云单骑救主》彩画。

从清遥亭至石丈亭一段有长廊23间，总建筑面积为166.95平方米。长廊内外彩画内容有《刘备马跃檀溪》《香菱斗草》《画皮》《吕无病》《智套宗保》《王佐断臂》《秦香莲》《包公执法》《三堂会审》等。

## （六）石丈亭

长廊的西尽处为石丈亭，建筑紧临石舫东侧，乾隆十八年（1753年）始建，光绪年间重修，是一座由15间建筑组成的院落。石丈亭为"凹"字形房、廊建筑，坐西朝东，建筑面积为391.2平方米；硬山顶，前檐悬"凌云抗势""化动八风"匾，院中有石峰名为"丈人石"。

# 二、颐和园长廊彩画分区编号规则

为了方便现场勘察，将273间长廊和长廊衔接的所有建筑进行了分区，包括长廊273间；代表四季的八角亭4座，分别为留佳亭、寄澜亭、秋水亭、清遥亭；其他建筑有对鸥舫、鱼藻轩、山色湖光共一楼；长廊东侧起点邀月门和西侧终点石丈亭（图3-1）。

自东向西分为A–I共9个区，具体分区情况如下（图3-2至图3-10）。

A区：【自邀月门向西至留佳亭】，包括邀月门、长廊23间和留佳亭。其中23间长廊自东向西编号。

B区：【自留佳亭西面第一间向西至岔口再向南至对鸥舫】，包括长廊27间和对鸥舫。其中包括自东向西长廊23间，岔口1间，自北向南支线3间。

C区：【自B区的B24西面第一间向西至寄澜亭】，包括长廊23间和寄澜亭。其中23间长廊自东向西编号。

D区：【自寄澜亭西面第一间起向西41间，在转角处结束，不包括转角】，包括长廊41间。

E区：【自D区的D41西面的转角向北，至下一转角再向西，再至下一转角向南，至下一转角，不包括排云门】，包括长廊36间。其中包括长廊转角1间；自南向北长廊3间，转角1间；自东向西长廊26间（中间间隔排云门），转角1间；自北向南长廊3间，转角1间。

F 区：【自 E 区的 E36 西面第一间向西至秋水亭东】，包括长廊 41 间。

G 区：【自秋水亭向西至岔口，不包括岔口，再从岔口向北至山色湖光共一楼】，包括秋水亭、长廊 32 间和山色湖光共一楼。其中包括自东向西长廊 23 间，从岔口北面（不包括岔口）自南向北支线 9 间。

H 区：【自鱼藻轩向北至岔口再向西至清遥亭东】，包括鱼藻轩和长廊 27 间。其中包括自南向北支线长廊 3 间，岔口 1 间，自东向西长廊 23 间。

I 区：【自清遥亭至石丈亭前】，包括清遥亭和长廊 23 间。其中 23 间长廊自东向西编号。

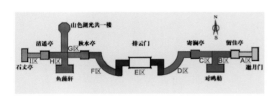

图 3-1　长廊分区示意图

图 3-2　长廊 A 区示意图

图 3-3　长廊 B 区示意图

图 3-4　长廊 C 区示意图

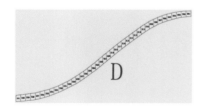

图 3-5　长廊 D 区示意图

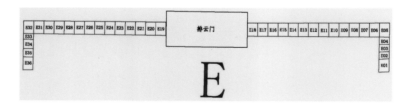

图 3-6　长廊 E 区示意图

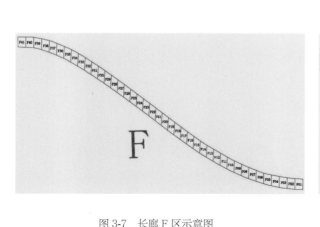

图 3-7　长廊 F 区示意图

图 3-8　长廊 G 区示意图

图 3-9　长廊 H 区示意图

图 3-10　长廊 I 区示意图

# 三、颐和园长廊现存彩画类型

颐和园长廊平面图如图 3-11 所示。

图 3-11　长廊平面图

## （一）长廊檐步彩画

### 1. 长廊檐步彩画类型

颐和园长廊彩画为典型的清晚期官式苏式彩画，长廊内、外檐步为金线包袱式苏画（图 3-12）。

烟云：三对二简软烟云边，烟云颜色共有三种，分别为蓝色（群青）、紫红色和黑色，由同一色相进行明度的推移，由浅到深退晕达五层。烟云与托子的颜色匹配关系如下：蓝色烟云配黄色托子、紫红色烟云配绿色托子、黑色烟云配红色托子。烟云的排列有明显规律，从 A 区第一间外檐南侧自东向西依次为黑色烟云配红色托子、蓝色烟云配黄色托子、紫红色烟云配绿色托子、黑色烟云配红色托子……以此类推。

包袱心：包袱心约占整个开间的 1/2，符合清晚期包袱式苏画的比例，采用清晚期的线法山水和硬抹实开等绘制手法。苏画配色符合清晚期苏画配色规律，背景色多为接天地做法，每一幅包袱内分别绘建筑线法、山水、花卉、人物、花鸟翎毛等题材。

找头：檩、枋的找头青地绘聚锦，绿地绘黑叶子花卉。

卡子：卡子分布规律为典型的"硬青、软绿"（找头设青色地，配硬卡子；找头设绿色地，配软卡子）的程式化模式，卡子均为片金卡子。

箍头：箍头为双连珠带回纹箍头（上绿下青）。

檐垫板：檐垫板为红地，找头分别绘博古、花卉、西番莲卷草纹，两侧为片金软卡子。

图3-12　长廊内、外檐彩画——金线包袱式苏画（组图）

## 2. 长廊檐步彩画包袱心绘画题材

长廊包袱心绘画题材安排原则：内、外檐包袱心绘画题材错开，其中每一间内檐南北或东西相对的两幅包袱心绘画题材相同，外檐南北或东西的两幅包袱心绘画题材相同，每一间长廊彩画的包袱心绘画题材基本为两种。

长廊包袱心绘画题材主要分为人物故事、线法、山水和花鸟翎毛几个大类（图3-13），兼以洋抹风景山水、鱼虫、走兽及现代绘画题材。技法主要是落墨搭色、硬抹实开，兼工代写等多种工艺、技法。

### （1）包袱心绘画题材——人物故事

长廊精彩之处是包袱心绘画，绘画中的经典是人物绘画。长廊彩画包袱心绘画涉及人物故事题材的共计320幅，取材于《三国演义》《西游记》《水浒传》《红楼梦》《聊斋志异》等名著及民间传说、神话故事、戏剧片段、成语故事等（图3-14）。

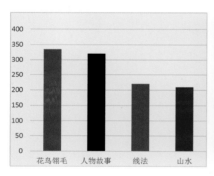

图 3-13　长廊内、外檐包袱心绘画题材
统计图

图 3-14　长廊彩画包袱心绘画题材——人物故事

### （2）包袱心题材——线法

"线法"即西洋焦点透视法之意。线法就是利用焦点透视原理绘制的园林景观画（图3-15）。长廊彩画中，线法包袱共计220幅。

### （3）包袱心绘画题材——山水

山水题材是以山川自然景观为主要描写对象的中国画经典题材，有传统的落墨山水、青绿山水、墨笔山水、浅绛山水等形式（图3-16）。

图 3-15　长廊彩画包袱心绘画题材——线法　　　　　图 3-16　长廊彩画包袱心绘画题材——山水

长廊中还有一些洋抹技法的风景山水画。洋抹技法是民国年间兴起的一种绘画形式，类似于西方的写实油画技法。

长廊彩画中山水包袱绘画共计 209 幅。

### （4）包袱心绘画题材——花鸟翎毛

长廊彩画中的花鸟翎毛题材包含花鸟、花卉、走兽、鱼虫等（图 3-17 至图 3-22）。长廊彩画中花鸟翎毛包袱绘画共计 335 幅，为长廊彩画的包袱心绘画类别之最。

花鸟：花卉与飞禽并重。

花卉：多为"硬抹实开"技法的牡丹。

走兽：长廊包袱走兽绘画内容有象、马、狮、虎、猴、兔、猫等。

鱼虫：长廊包袱绘画中金鱼题材很少，只有张玉兰的 2 幅和李远的《天地有余（鱼）》包袱；鲤鱼题材也不多，但都极具特色，如《鱼龙变化》《鲤鱼漫游》。

图 3-17　长廊彩画包袱心绘画题材——花鸟　　　　　图 3-18　长廊彩画包袱心绘画题材——牡丹

图 3-19　长廊彩画包袱心题材——猴　　　　　图 3-20　长廊彩画包袱心题材——鹰

图 3-21　长廊彩画包袱心题材——鱼龙变化　　　　图 3-22　长廊彩画包袱心题材——金鱼

## （二）长廊脊步彩画

长廊内檐双脊为金线方心式苏画，素箍头（图 3-23）。

脊檩、脊枋：硬岔口方心，绘"桃柳燕"、金鱼水草、四季花卉、黑叶子竹和串枝花、葫芦瓜等。

找头：青地绘聚锦，绿地绘黑叶子花卉。

卡子：典型的"硬青、软绿"的程式化模式，卡子均为攒退色卡子。

脊垫板：红色底色，软卡子间为洋抹博古、攒退莲花卷草和串枝葫芦瓜三种图案交替使用。

脊枋底面：绘切活，青地切"扯不断"，绿地切"水牙"纹饰。

图 3-23　长廊脊步——金线方心式苏画（组图）

## （三）长廊梁架彩画

长廊四架梁为金线方心式苏画（图 3-24）。

月梁：石山青地绘"灵仙祝寿图"（仙鹤与寿桃图案）。

瓜柱：香色地绘拆垛落地梅。

四架梁：绘双连珠带回纹箍头，烟云岔口式方心，烟云施色统一为黑烟云红托子，方心内绘建筑线法；青色底找头，绘片金硬卡子；箍头为双连珠带回纹箍头；四架梁底面方心香色地作染葫芦瓜，或为红色地攒退轱辘草（法轮卷草）。

柱头：绘连珠带回纹。

柁头：绘洋抹博古，以青铜器为主体；侧面和底面绘落地梅。

图 3-24　长廊梁架——金线方心式苏画（组图）

## （四）颐和园长廊彩画构图、尺寸

### 1. 长廊檐步彩画构图、尺寸

颐和园长廊檐步包袱彩画主要的构图规则：包袱在檐步建筑构件上居于中心部位，跨檩、垫、枋三构件；包袱位于水平构件中间的突出位置，以包袱上开口的宽度计，包袱的宽度在整幅彩画中所占的比例约为44%，高度是檩、垫、枋三件展开高度之和；找头所占比例约为28%，符合清晚期包袱彩画的构图特点。

在长廊内檐的脊步彩画和梁架彩画中，把构件两端箍头外线间的长度分成三份，脊步方心式彩画的方心部分约占41%，四架梁方心部分约占38%。（图3-25至图3-28）

图3-25 长廊檐步彩画尺寸

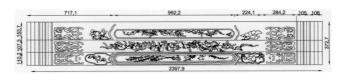

图3-26 长廊脊步彩画尺寸

图3-27 长廊四架梁侧面彩画尺寸

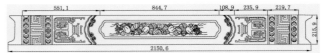

图3-28 长廊四架梁底面彩画尺寸

### 2. 长廊东、西段檐步彩画包袱心形状对比

颐和园长廊东段和西段檐步彩画的包袱心形状有很大差异：长廊东段檐步的包袱心形状为半圆形，烟云底部非常圆润，几乎为一个标准的半弧形，最下面一对烟云筒之间的距离稍远（图3-29）；长廊西段檐步的包袱心形状也近似于半圆形，但是总体不够圆润，烟云底端比东段檐步的包袱心稍尖，烟云两侧也几乎没有弧度，直接下收，最下面一对烟云筒之间的距离稍近（图3-30）。

图3-29 长廊东段檐步彩画包袱心

图3-30 长廊西段檐步彩画包袱心

# 四、邀月门、四座八角亭、山色湖光共一楼、对鸥舫和鱼藻轩现存彩画类型

## （一）邀月门彩画

邀月门为长廊的东起点建筑，在长廊分区编号中包含在 A 区内（图 3-31）。邀月门是颐和园内最大的垂花门，施用金线方心式苏式彩画。邀月门是坐西朝东歇山顶垂花门式建筑，面阔一个开间，进深两个开间（图 3-32、图 3-33）；进深中设山柱，形成前廊步；山柱与后檐柱间砌山墙封闭；后檐单额枋下设梅花柱，柱两侧砌后檐墙，梅花柱即长廊第一间（A 区 A01）起始柱。

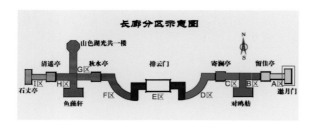

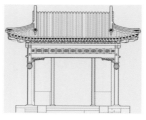

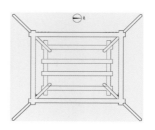

图 3-31　邀月门位置示意图(红框内) 　　图 3-32　邀月门东立面图 　　图 3-33　邀月门梁架图

### 1. 邀月门彩画类型

邀月门采用双连珠带倒里回纹箍头。单额枋绿箍头，青找头内聚锦和片金硬卡子；正心桁和帘笼枋青箍头，绿找头中黑叶子花和片金软卡子。方心为软烟云岔口，方心内绘线法、花鸟。平板枋石山青地衬枣花锦，掐硬岔口池子。垂头柱红地，片金硬卡子间用灵芝、仙鹤、竹叶、寿桃组成"灵仙祝寿图"，延续了清早、中期暖色调上施"团"的做法。檩头三青地作染花卉，檩帮石山青地作染竹叶梅。飞椽头为栀花，檐椽头为"福寿图"。平板枋内檐为流云，其他内檐、两山、后檐彩画均为金线方心式苏式彩画。硬支条天花吊顶，绘牡丹花卉。正面单额枋上聚锦，由南向北聚锦壳为蝙蝠、香橼、扇子、石磬形，寓意着"福缘善庆"（图 3-34）。

图 3-34　邀月门彩画(东檐西面)

### 2. 邀月门迎风板

邀月门迎风板线法是 1959 年和 1979 年创作的西湖风景，南山面迎风板山水为 1979 年绘。邀月门迎风板线法是颐和园线法中尺幅最大的，为颐和园线法迎风板之最。东迎风板为散点透视西湖全景，1979 年进行了"提地"（图 3-35）；西迎风板为一点透视西湖断桥风光（图 3-36）。两幅作品表现出高超的传统线法绘画技艺。

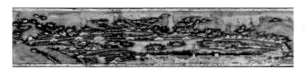

图3-35　邀月门东迎风板（西湖全景）　　　　　　　　　　　图3-36　邀月门西迎风板（西湖断桥）

# （二）四座八角亭（留佳亭、寄澜亭、秋水亭、清遥亭）彩画

留佳、寄澜、秋水、清遥四亭为八角重檐攒尖式建筑（图3-37至图3-40）。每座亭的建筑面积约为42平方米。留佳亭是长廊东起第一亭，属于长廊东段，在长廊分区中包含在A区内。寄澜亭是长廊东起第二亭，属于长廊东段，在长廊分区中包含在C区内。秋水亭是长廊东起第三亭，属于长廊西段，在长廊分区中包含在G区内。清遥亭在听鹂馆正南，为长廊东起第四亭，属于长廊西段，在长廊分区中包含在I区内。

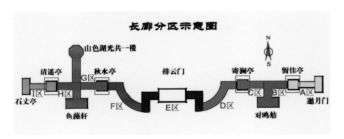

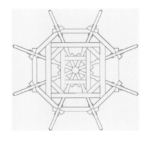

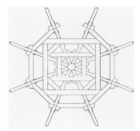

图3-37　四座八角亭位置示意图（红框内）　　　　图3-38　八角亭南立面　　图3-39　留佳亭、　　图3-40　秋水亭、
　　　　　　　　　　　　　　　　　　　　　　　　图（留佳亭）　　　　寄澜亭平面图　　　　清遥亭平面图

## 1. 四座八角亭彩画类型

四座八角亭的彩画同为金线方心式苏式彩画。

### （1）檐步彩画

四座八角亭的檐步彩画以悬挂亭名匾的南面为基准间，定箍头为"上青下绿"，以此类推，各间施色。外檐死箍头，烟云岔口方心，方心内绘人物、线法、花鸟、山水，绿找头内为片金软卡子和黑叶子花，青找头内为片金硬卡子和聚锦。垫板红色地为片金软卡子，东、南、西、北四面攒退"双龙拱寿"，其余四面洋抹博古。柱头、死箍头上章丹地切"丁字锦""卷草"等纹饰。檩头为三青色地作染花卉，檩帮为石山青地作染落地竹叶梅。霸王拳、角云、角梁压金老。飞椽头为栀花，檐椽头为"福寿图"。（图3-41）

图 3-41　四座八角亭一层檐步彩画（留佳亭一层外檐东北面）

### （2）金步彩画

四座八角亭的金步彩画指童柱支撑起的二层外檐彩画。垫板红色地，片金软卡子间攒退草蝠和作染葫芦瓜，找头仅有卡子，其余彩画与檐步彩画类型相同。（图3-42）

图 3-42　四座八角亭金步彩画（留佳亭二层外檐南面）

### （3）内檐彩画

四座八角亭的内檐彩画与外檐彩画类型相同。内檐彩画的重点是趴梁，趴梁的重点是方心和聚锦彩画。

趴梁上安装童柱，即外立面金步之柱，柱头彩画同外檐，绿色死箍头，石山青地作染竹叶梅。抹角梁以上各枋和二层檐檩使用色卡子，青色地上流云团，绿地上黑叶子花，为海墁式苏式彩画。二层檐长、短趴梁：短趴梁为死箍头，中间硬岔口方心，青找头内为三裹流云，绿找头内为三裹黑叶子花，是带方心的海墁式苏式彩画；长趴梁为死箍头，烟云岔口方心，绿找头内为片金软卡子和黑叶子花，青找头内为片金硬卡子和聚锦；长、短趴梁方心内均绘人物、线法、花鸟、山水。（图3-43）

图 3-43　四座八角亭长趴梁彩画（留佳亭下层东趴梁西面）

### （4）四座八角亭彩画主要特征

四座八角亭最富变化的是柱头切活，一亭多样，变化灵活。四亭中最有趣味的绘画是清遥亭东长趴梁底面南聚锦的鲤鱼，绘制的是鲤鱼肚皮，如从水底向上看一般；北聚锦的桃柳燕，两只燕子似从头上飞过（图3-44）。此外，四亭聚锦壳设计巧妙，飞禽、走兽、瓜果、花叶各式各样；四亭方心绘画丰富，工艺传统，又具创新，题材为人物、花鸟、鱼虫、线法四大类。趴梁底面方心是设色写意绘画，方心人物有寄澜亭中的"渊明爱菊"和"赤壁夜游"；清遥亭中的"降龙"和"伏虎"及内、外檐方心人物；秋水亭方心人物最为经典，东为"火烧战船"（图3-45），西是"截江救斗"，场面大、人物多、绘画精湛，堪为上乘。

图3-44 四座八角亭趴梁聚锦彩画（清遥亭趴梁底面聚锦鲤鱼肚皮、秋水亭趴梁底面聚锦燕子）

图3-45 秋水亭下层东趴梁西面——火烧战船

## 2. 四座八角亭迎风板

留佳亭内西侧匾下迎风板绘《大闹天宫》（图3-46），东侧匾下迎风板绘《桃花源记》（图3-47）。

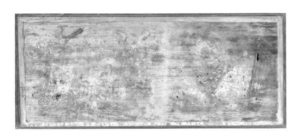 

图3-46 留佳亭内西迎风板——《大闹天宫》　　　　图3-47 留佳亭内东迎风板——《桃花源记》

寄澜亭内西侧匾下迎风板绘《八大锤》（图3-48），东侧匾下迎风板绘《夜战马超》（图3-49）。

图3-48 寄澜亭内西迎风板——《八大锤》　　　　图3-49 寄澜亭内东迎风板——《夜战马超》

秋水亭内西侧匾下迎风板绘《竹林七贤》（图3-50），东侧匾下迎风板绘《枪挑小梁王》（图3-51）。

图3-50 秋水亭内西迎风板——《竹林七贤》

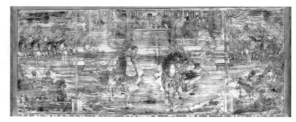
图3-51 秋水亭内东迎风板——《枪挑小梁王》

清遥亭内西侧匾下迎风板绘《三英战吕布》（图3-52），东侧匾下迎风板绘《长坂坡》（图3-53）。

图3-52 清遥亭内西迎风板——《三英战吕布》

图3-53 清遥亭内东迎风板——《长坂坡》

## （三）山色湖光共一楼彩画

山色湖光共一楼在秋水亭至清遥亭之间正中那间长廊往北的支廊尽头（图3-54），在长廊分区中包含在G区内。山色湖光共一楼为八角二层三檐攒尖顶楼阁式建筑（图3-55、图3-56）。首层檐五彩斗拱，以上三彩斗拱，为大式建筑；三层檐下有风窗，二层檐下设平座廊，可览山色湖光，一层有廊可游可歇。

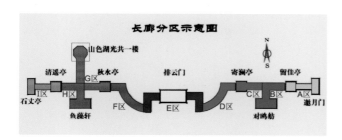
图3-54 山色湖光共一楼位置示意图（红框内）

图3-55 山色湖光共一楼南立面图

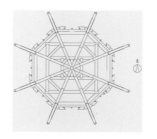
图3-56 山色湖光共一楼梁架图

### 1. 山色湖光共一楼彩画类型

山色湖光共一楼彩画为金线包袱式苏式彩画，是颐和园中带斗拱大式建筑采用包袱式苏式彩画的特例。1956年，颐和园自行修缮时重绘了彩画。北京市园林古建工程有限公司于1979年，北京昊海建设有限公司于2005年重绘外檐彩画，但内檐均保留了1956年时的彩画。

### （1）檐步彩画

施色以首层檐步外檐正南面为基准间，确定箍头颜色为"上青下绿"。无连珠带万字箍头。柱头箍头上章丹地切卷草纹饰。平板枋：一层和三层石山青地绘落地竹叶梅，二层和四层青地绘流云。挑檐桁硬岔口方心，三层檐风窗下枋和小额枋烟云岔口方心。额枋上做6个双筒烟云包袱。青地为片金硬卡子和聚锦，绿地为片金软卡子并黑叶子花。由额垫板红地拆垛三蓝串枝花。檩头，青色地作染花卉、檩帮香色地拆垛三蓝竹叶梅。飞椽头为片金万字，檐椽头为红寿字。斗拱压金老、灶火门火焰三宝珠。（图3-57）

图3-57 山色湖光共一楼外檐彩画（一层北侧外檐）

### （2）廊步内檐彩画

廊步内檐彩画与外檐彩画类型一致，但内檐用金量减少，只在箍头、烟云、方心、聚锦、斗拱等主要大线采用沥粉贴金。

承椽枋和风窗枋为海墁式苏画。死箍头间：承椽枋青地上海墁流云，绿地上海墁黑叶子花。风窗枋：中间烟云岔口方心，找头为青色时，只放香色硬卡子；找头为绿色时，色卡子并黑叶子花。承椽枋为纯粹的海墁式苏式彩画，风窗枋为方心式苏式彩画。

一层穿插枋为绿色万字箍头，青找头上一对香色卡子，穿插枋两侧面卡子间为异兽的"灵仙祝寿图"，底面为仙鹤的"灵仙祝寿图"；一层抱头梁为素箍头，绿找头上一对色卡子，抱头梁三面的卡子间均绘黑叶子花团；二层穿插枋为海墁苏式彩画，素箍头，三面青色地均绘五彩流云；二层抱头梁也为海墁苏式彩画，素箍头，三面绿色地均绘黑叶子花团。（图3-58至图3-62）

图3-58 山色湖光共一楼内檐彩画（一层金步南侧）

包袱绘人物、线法和花鸟；方心绘花鸟、鱼虫；聚锦绘人物、山水、花鸟和鱼虫。最突出的人物绘画是《封神演义》包袱人物和文人画聚锦人物，《红楼梦》题材包袱人物和聚锦人物。

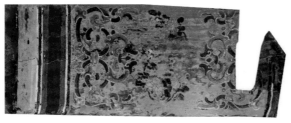

图3-59 山色湖光共一楼内檐彩画（一层抱头梁侧面）

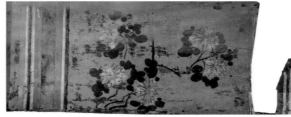

图3-60 山色湖光共一楼内檐彩画（二层抱头梁侧面）

图3-61 山色湖光共一楼内檐彩画（一层穿插枋侧面）

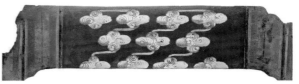

图3-62 山色湖光共一楼内檐彩画（二层穿插枋侧面）

### （3）山色湖光共一楼彩画主要特征

大式楼阁建筑采用苏式彩画，且各部位彩画安排合理；抱头梁画黑叶子花团，延续了清早、中期苏式彩画"团"的做法；二层抱头梁和穿插枋为海墁苏式彩画；首层承椽枋是海墁苏式彩画，风窗枋为方心式苏式彩画；长廊各建筑独此楼保持万字箍头和万寿字椽头。

## 2. 山色湖光共一楼迎风板

山色湖光共一楼的迎风板只有一面，此迎风板位于山色湖光共一楼南面首层檐步内，绘制的是一点透视的风景线法，是老画师王希贵绘制于1956年的作品，表现出高超的传统线法绘画技艺（图3-63）。

图3-63　山色湖光共一楼一层迎风板——风景线法

# （四）对鸥舫彩画

对鸥舫位于长廊东段，在长廊分区中包含在 B 区，是长廊 B 区与向南分支长廊相连的建筑（图3-64）。对鸥舫为三间四周有廊的"团团转"歇山式建筑（图3-65、图3-66），此建筑现为颐和园内食品店之一。对鸥舫的两侧山面金步山墙封闭，前后金步装修。檐步为包袱式苏式彩画。内外檐全部金线。廊内硬支条天花，金枋在天花内，故彩画限于檐步内。

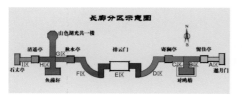

图3-64　对鸥舫位置示意图（红框内）

图3-65　对鸥舫北立面图

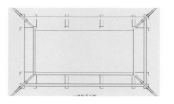

图3-66　对鸥舫梁架图

## 1. 对鸥舫彩画类型

对鸥舫以南明间为基准间，箍头颜色为"上青下绿"，无连珠带倒里回纹箍头，全部片金卡子。柱头回纹箍头上章丹地切丁字锦和卷草纹饰。枋底面的青地切"扯不断"，绿地切"水牙"纹饰。穿插枋为回文绿箍头，青找头中片金硬卡子间"流云团"；抱头梁为回纹青箍头，绿找头中片金软卡子中黑叶子花。柁头为掏格子洋抹博古，柁帮底为石山青地衬枣花锦。檩头为三青地作染花卉，檩帮为石山青地作染落地竹叶梅。天花绘牡丹。檩枋为青找头硬卡子和聚锦，绿找头软卡子并黑叶子花。椽头为栀花、福寿图。廊间的内、外檐箍头间满装蝙蝠和磬的"福庆图"吉祥图案包袱。

### （1）南面檐步彩画

外檐明间为"对鸥舫"匾，两次间为包袱人物。内檐包袱的东次间为荷花，明间为山水，西次间为牡丹。外檐包袱边的两次间为 8 个双筒硬烟云，其余为 8 个双筒软烟云。

### （2）北面檐步彩画

外檐明间包袱为梅花，两次间为包袱人物。内檐包袱的东次间为牡丹，明间为山水，西次间为荷花。外檐包袱边的两次间为 8 个双筒硬烟云，其余为 8 个双筒软烟云。（图 3-67 至图 3-71）

图 3-67　对鸥舫外檐彩画（西次间北檐北面的硬烟云包袱人物和廊间的"福庆图"包袱）

图 3-68　对鸥舫抱头梁侧面彩画

图 3-69　对鸥舫穿插枋侧面彩画

图 3-70　对鸥舫抱头梁底面彩画

图 3-71　对鸥舫穿插枋底面彩画

### （3）山面檐步彩画

外檐的包袱边为 10 个三筒的软烟云，内檐的包袱边为 10 个双筒的软烟云。包袱左右各两个聚锦。两个山面的外檐包袱都为线法。（图 3-72）

图 3-72　对鸥舫外檐彩画（东山面外檐的三筒软烟云包袱线法）

### 2. 对鸥舫彩画主要特征

南、北外檐次间使用硬烟云包袱边；廊间内外檐重复使用"福庆图"吉祥图案包袱 16 块；山面檐步包袱烟云边，外檐为三筒，内檐为双筒；檐步内檐次间包袱心为牡丹与荷花。

## （五）鱼藻轩彩画

鱼藻轩位于长廊西段，在长廊分区中包含在H区（图3-73），是长廊H区与向南分支长廊相连的建筑，为三间卷棚四周有廊的"团团转"歇山式建筑，是皇家园林中最典型的敞轩式建筑（图3-74、图3-75）。外檐搭袱子苏式彩画，内檐包袱式苏式彩画，大梁以上为方心式苏式彩画，各间金步安装落地罩，内檐掏空全部为彩画。

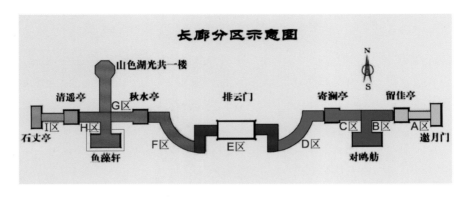

图3-73 鱼藻轩位置示意图（红框内）

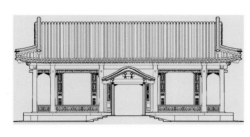

图3-74 鱼藻轩北立面图

图3-75 鱼藻轩梁架图

### 1. 鱼藻轩彩画类型

鱼藻轩彩画集合了三种苏式彩画类型：搭袱子苏画、包袱式苏画和方心式苏画。其中外檐为搭袱子苏式彩画，倒里回纹箍头和片金卡子；内檐、廊间内外檐、下金步和六架梁及随梁枋为包袱式苏画，攒退回纹箍头和色卡子；上金步、脊步和四架梁为方心式彩画，使用死箍头和色卡子。

三种彩画形式的共同之处：青找头内硬卡子和聚锦；绿找头内软卡子并黑叶子花；柁头为掏格子画博古；柁帮底，石山青地上衬枣花锦；柱头箍头上章丹地切卷草；檩头，青地作染花卉，檩帮香色地拆垛三蓝竹叶梅；椽头为栀花与福寿图。

### （1）搭袱子苏式彩画

"搭袱子苏式彩画"即在方心式苏式彩画上加做包袱的形式，用于鱼藻轩的外檐（除廊间）。鱼藻轩外檐的檐枋上做烟云岔口方心，东次间为方心画金鱼，明间为方心画墨叶竹，两山面为方心绘桃柳燕（图3-76）；西次间为6个双筒硬烟云包袱人物，明间为8个双筒软烟云包袱花鸟，两山面为10个三筒烟云包袱线法（图3-77）。

图3-76 鱼藻轩外檐彩画（东次间南檐南面搭袱子苏画的硬烟云包袱人物）

图3-77 鱼藻轩外檐彩画（西山面外檐搭袱子苏画的软烟云包袱线法）

### （2）包袱式苏式彩画

檐步内檐、廊间、下金步和六架梁及随梁枋彩画是包袱式苏式彩画（图3-78、图3-79）。

图3-78 鱼藻轩内檐彩画（东次间南檐北面软烟云包袱线法和廊间的包袱花鸟）

图3-79 鱼藻轩梁架彩画（东次间东梁西面）

檐步内檐东次间为8个双筒软烟云包袱线法，明间为8个双筒软烟云包袱人物，两山面为10个三筒软烟云包袱人物；檐步内檐西次间和明间的包袱两侧各有一个聚锦，两山面包袱两侧各有两个聚锦。

廊间外檐和内檐同为6个双筒软烟云包袱。廊间外檐包袱心绘"福庆图"，廊间内檐包袱心绘花鸟。

下金步同为8个双筒软烟云包袱。东、西次间的下金步两侧包袱分别绘人物和花鸟；明间的南侧下金步两侧分别绘花鸟和线法，明间的北侧下金步两侧分别绘线法和山水。

六架梁及随梁枋同为10个三筒软烟云包袱花鸟。

### （3）方心式苏式彩画

四架梁、各间上金步和脊步是方心式苏式彩画（图3-80）。

图3-80 鱼藻轩梁架彩画（东次间南上金步北面）

四架梁为死箍头，两面硬岔口方心分别绘杨柳燕和金鱼水草题材；绿找头中色卡子。桁头帮底石山青地画竹叶梅。四架梁柁墩和瓜柱，香色地拆垛三蓝竹叶梅。月梁石山青地拆垛紫藤花。

上金步和脊步为死箍头，两面硬岔口方心分别绘杨柳燕、金鱼水草和山水题材；找头色卡子和聚锦或黑叶子花。枋底面，青地切"扯不断"，绿地切"水牙"纹饰。红色垫板软卡子间洋抹博古和拆垛三蓝串枝花。

### （4）北明间檐步内檐彩画

北明间檐步内檐彩画即长廊与鱼藻轩相接部位彩画（图3-81）。这一部位的彩画比较特殊：四架梁与长廊四架梁等长的中间部位彩画类型与长廊四架梁彩画类型相同，为烟云岔口式方心，方心内绘建筑线法；两边加长部分增加箍头与盒子；四架随梁的彩画类型与四架梁相同，用色相反，方心为硬岔口方心，绘串枝花。

图3-81　鱼藻轩北明间檐步内檐彩画

### （5）穿插枋和抱头梁彩画

穿插枋：绿色回纹箍头，青找头上一对香色卡子，卡子腿相连，形成一个方形边框，绘"灵仙祝寿图"；底面三青地切活，中间方心切蝙蝠叼两只蟠桃的"福庆图"，方心两侧切草蝶。

抱头梁：青色回文箍头。绿找头中色卡子腿相交，形成圆形边框，内画黑叶子花。

抱头梁用弧线形软卡子相交成一个圆形边框，穿插枋直线形硬卡子相交成一个方形边框；上圆下方寓意着"天圆地方"。这是非常巧妙的纹饰设计，是长廊，也是颐和园中最好的切活（图3-82至图3-85）。

图3-82　鱼藻轩抱头梁侧面彩画

图3-83　鱼藻轩穿插枋侧面彩画

图3-84　鱼藻轩抱头梁底面彩画

图3-85　鱼藻轩穿插枋底面彩画

### （6）鱼藻轩包袱心与聚锦题材

鱼藻轩包袱心与聚锦是长廊的经典，题材有"福庆图"吉祥图案8幅，线法8幅，人物12幅，其余为花鸟题材，汇集了1959年和1979年两个时期著名画师的作品：东侧山面内檐的《夜宴桃李园》和北侧外檐的《煮酒论英雄》和《吕布刺董卓》为人物题材，西侧山面内檐的《群力除殷郊》也为人物题材。两侧山面外檐包袱绘制的是线法；花鸟绘题材集中于大梁，题材有象征富贵的牡丹2幅，寓意"海晏河清"的荷花2幅，以及梅花、苍松、竹子、藤蔓等，配伍的飞禽有喜鹊、绶带鸟、鸽子、燕子、翠鸟、八哥等。廊步内檐的包袱花鸟，是画家赵时兴（爱新觉罗·溥仙）首创的颜色写意绘画。六架梁和随梁上的包袱是长廊中最大最宽的，廊步的包袱是长廊中最小最窄的。包袱的大与小、宽与窄形成强烈对比，绘画的面积不同，同样反映出画师高超的绘画水准。

**2. 鱼藻轩迎风板**

鱼藻轩的迎风板只有一面，此迎风板位于鱼藻轩北侧明间檐步内，绘制的兼工带写的《喜鹊登梅》为1956年的作品，表现出画师高超的传统绘画技艺（图3-86）。

图3-86 鱼藻轩迎风板——《喜鹊登梅》

# 五、颐和园长廊彩画绘画技法

颐和园长廊彩画运用了多种绘画技法，这些技法大多用在包袱心、方心和聚锦的彩画中，其他部位也运用了几种特殊的绘画技法。

## （一）拆垛

"拆垛"为苏式彩画绘画技法之一，多用于级别较低的建筑或主要建筑上的次要部位。用色上有三蓝拆垛和多色拆垛。三蓝拆垛是用蓝色和白色作画，多色拆垛是用多种颜色作画。不管是单色还是多色，都是用白色调深浅的。绘画时用无尖秃头的毛笔直接落笔作画。如三蓝拆垛花卉，用一支毛笔同时蘸蓝色和白色（可以笔肚蘸完白色后，笔前端蘸蓝色；或者笔肚蘸完蓝色后，笔前端蘸白色），直接落笔在底色上，靠按、捻、转、抹等运笔手法，使蓝色调的花卉自然形成晕染和深浅明暗的立体效果。画工称此技法为"一笔两色"。了解了拆垛工艺，对拆垛的理解就容易了。"拆"是指一支笔上两种颜色分开，而不是把颜色调匀后使用；"垛"为动词，有按、戳、转、堆起的含义，用无尖秃头毛笔的原因也就在于此了。拆垛不属于高级别的彩画技法范畴，但需要画工的技术是高超的，因拆垛作画时不起画稿，画工要胸有成竹，依靠娴熟技法，落笔生花，一次画就。

拆垛工艺在长廊所用不多，大多用在长廊彩画梁架的月梁、瓜柱上和柁头的柁帮和柁底；山色湖光共一楼由额垫板彩画是在红色地上拆垛三蓝串枝花；鱼藻轩的月梁、瓜柱和邀月门的花板间的折柱彩画是拆垛三蓝串枝花。（图3-87至图3-90）

图 3-89　山色湖光共一楼由额垫板红地三蓝串枝花拆垛

图 3-87　长廊瓜柱香色地　　　图 3-88　鱼藻轩月梁蓝色　　　图 3-90　邀月门花板间折柱三蓝串枝花拆垛
　　　　 三蓝拆垛　　　　　　　　　　地多色拆垛

## （二）攒退

　　"攒退"是纹饰晕色绘画技法，主要用于箍头、连珠、卡子、烟云等纹饰及天花彩画中的岔角和燕尾纹饰。按纹饰走向，该技法最少用深、浅、白三道色彩表现绘画纹饰，外轮廓为白色，内轮廓为本色，白色与本色间各道递减色度的颜色称"晕色"。画三道以内的晕色称为"攒"，画三道以上的晕色称为"退"。"攒"是由浅至深，"退"是由深至浅。概括而言，是用"攒退"刷色的方法，达到晕色绘画的效果。

　　最典型的"攒退"技法绘画的纹饰是烟云，包括枋心岔口和包袱边框。烟云托晕色为一道，烟云和烟云筒晕色多为三道或五道。攒退技艺用于烟云刷色时称为"退"，"退烟云"就是烟云的刷色。退烟云分为两部分："退"是由深至浅地施色，先调配最深的一道颜色，画工称"老色"，在老色中渐次加粉调出递减色度的晕色，形成由深至浅的过程；"攒"是由浅至深地施色，先抹白色，再按调配出的各道晕色，由浅至深地一道一道抹涂，最后刷老色。长廊"退烟云"工艺就是这样完成的：先调老色，便于各道晕色的均匀控制；由浅至深抹涂，便于深色覆盖浅色，线路清晰。（图3-91、图 3-92）

图 3-91　长廊檐步彩画中使用攒退技法的烟　　　图 3-92　长廊脊步彩画中使用攒退技法的垫板上西番
　　　　 云、垫板上西番莲卷草纹、回纹箍头、连珠　　　　　　　 莲卷草纹、色卡子

## （三）作染

　　"作染"是苏式彩画大色中花卉、瓜果绘画技法，主要用于大色中花卉绘画。"作染"就是渲染，是苏式彩画中较为常见的一种上色手法，先上颜色，待颜色未干时再晕染开，这样可以得到更加自然的颜色过渡效果。

　　以作染折枝花为例介绍作染工艺步骤。第一，垛色，底色上按花卉实际形状平涂投影造型，花头要先垛白色，枝叶垛深浅绿，这便形成了白色与底色的明显色彩对比；干后过头遍胶矾水。第二，用色晕染花头和枝叶，使其具有立体感；干后过第二遍胶矾水。第三，勾勒，方法有两种：一是用毛笔后端或硬质工具在绘画晕染的枝叶上勒刻出叶子的筋脉，适用于墨叶花；二是用小毛笔勾勒出叶子筋脉，枝干藤条的缠枝等，适用于折枝花。勾勒的线条要比勾勒的部位深一至二个色度。用毛笔勾勒的方法叫"清勾"。

找头花的绘画分为两部分：花朵和花蕾是用作染技法写实画出的；枝和叶是用烟子，以写意技法和勒刻叶子筋脉的技法完成的。长廊找头花全部为墨叶花，有画在单面上的，也有是"三裹"在梁、枋上的。花卉的品种有荷花、牡丹、山茶、蟠桃、菊花、芍药、栀子等。

长廊四架梁底面方心的香色地上的香瓜是作染工艺完成的（图3-93）。

图3-93　长廊四架梁底面方心作染香瓜

长廊作染技法最精致的绘画是红色垫板上的串枝花卉。红色垫板上使用三种题材，其中之一是作染喇叭花，花的颜色多为紫色或蓝色（图3-94）。

图3-94　长廊檐步红色垫板上作染喇叭花

## （四）切活

"切活"是和玺、旋子彩画上的绘画技法，后被移植在苏式彩画上。苏式彩画的切活主要用于柱头和枋底彩画。枋底切活有三绿和三青两种底色，柱头切活只有章丹一种底色。

切活是在刷好的底色中用烟子进行绘画，使画上去的图案成为底色，让露出的底色成为图案的一部分，使其与烟子画上的纹饰与底色共同组成一幅完整的图案。

长廊切活都是最普通的，枋底的青地上切折线形"扯不断"纹饰，绿地上做曲线形"水牙"纹饰（图3-95、图3-96）；柱头切活多为"丁字锦"和卷草一类纹饰（图3-97）。只有鱼藻轩穿插枋底面的切活最为独特，中间方心切蝙蝠叼两只蟠桃的"福庆图"，方心两侧切草蝶（图3-98）。

图3-95　长廊"扯不断"切活

图3-96　长廊"水牙"纹切活

图 3-97　柱头切活　　　　　　　　　图 3-98　鱼藻轩穿插枋底面"福庆图"切活

## （五）线法

　　"线法"是苏式彩画白活绘画技法之一。线法是中国传统"界画"结合西方透视学原理和水粉风景绘画技法，创造出的一种白活绘画工艺。界画是以宫室、楼台、屋宇等建筑物为题材，用界笔和界尺画线表现建筑的一种绘画形式。苏式彩画线法的构图以亭、台、楼、阁、桥、墙等古典园林建筑为主体，以远山近水、花草树木和山石园路为配景，强调透视和空间层次，突出颜色搭配和冷暖明暗效果。建筑展示"线"的技法，景物突出"抹"的效果，成为中西合璧的白活绘画工艺，广泛地应用于苏式彩画。苏式彩画中的线法主要绘于迎风板、廊心墙、包袱心、方心、池子部位。

　　长廊彩画中，线法绘画可为重头戏，是主要的白活绘画之一。长廊中的包袱心线法数量约占包袱心绘画总量的 1/6，有 220 余幅（图 3-99）；鱼藻轩上包袱心线法有 10 幅；山色湖光共一楼和邀月门迎风板上的线法是迎风板线法之最（图 3-100）；长廊四架梁两侧方心线法共计 568 幅（图 3-101）。

图 3-99　长廊檐步包袱心线法

图 3-100　邀月门西迎风板一点透视西湖断桥风光线法　　　　图 3-101　长廊四架梁方心线法

## （六）洋抹

　　"洋抹"是匠人用语，指从西洋传过来的画法，是用光线的明暗体现物体的一种画法，为写实绘画。洋抹吸收了西洋绘画的特点，把它运用到彩画的绘画中。在风景画中使用洋抹能够体现景物的远近虚实，在器物上可以表现出立体的效果。

　　长廊的洋抹主要运用在包袱心中以景物为主题的风景绘画中（图 3-102），还有垫板和栌头上的青铜器、文房四宝等器物内容（图 3-103、图 3-104）。

图 3-102　长廊檐步包袱心洋抹风景

图 3-103　长廊柁头洋抹器物

图 3-104　鱼藻轩上金步垫板柁头洋抹器物

## （七）硬抹实开

"硬抹实开"是以颜色为主，以水墨为辅，涂抹晕染与勾勒线条并重的一种苏式彩画绘画技法。这一技法盛行于清光绪年间，多用于人物、花卉、异兽和天花的绘画。"硬抹实开"从字面上讲，"硬"是直接的意思，"抹"指涂抹晕染，"硬抹"即直接涂抹晕色；"实"为实际，"开"为勾画，"实开"即按实际写生效果勾画。"硬抹实开"指在底色上直接用颜色涂抹绘画题材的投影造型，再晕染形体呈现立体感，最后用墨线或颜色线条以写生技法勾画轮廓、衣褶、筋脉的一种绘画形式。"硬抹"和"作染"技法大同小异，"实开"与"清勾"相似。例如，"硬抹实开"花卉，叶子筋脉是按叶子的正反面颜色加墨后用线画出来的。花卉侧重"硬抹"施色，人物侧重"实开"的墨线勾画。

"硬抹实开"中的"抹"指涂抹晕染，其中晕染是苏式彩画中较为常见的一种上色手法，先上颜色，待颜色未干时再用水晕染开，可以得到更加自然的颜色过渡效果。如果一遍晕染不能达到需要的效果，可以待上一遍晕染的颜色干透后再多次用同样的方法晕染。这种技法来源于中国传统绘画中的工笔重彩的渲染方法。

长廊的硬抹实开包袱花卉，主要集中长廊檐步包袱心的花卉绘画上，主要有牡丹、菊花等内容（图 3-105、图 3-106）。

图 3-105　长廊檐步彩画——牡丹

图 3-106　长廊檐步彩画——菊花

## （八）兼工带写

"兼工带写"即半工半写，"工"指工笔，"写"指写意，是工笔与写意绘画结合的一种绘画形式，是工笔和写意并重的绘画。兼工带写有笔法工整细致的部分，亦有较放纵写意的部分，用工、写两种笔法，表现出物象的形神，长廊的兼工带写彩画主要涉及花鸟鱼虫题材（图 3-107）。

图 3-107　长廊彩画——花鸟鱼虫

## （九）落墨搭色

"落墨搭色"是以墨为主、以色为辅的一种苏式彩画白活绘画技法，主要用于人物、山水等题材。在清代苏式彩画中，"落墨搭色"主要用于聚锦、迎风板和廊心，近现代偏重于包袱。"落墨搭色"也指接近于中国画写意和工笔之间的绘画。"落墨搭色"为传统的苏式彩画技艺。《手册》讲："先刷白粉，再勾墨线轮廓，然后刷一道矾水，再着色"，说出了"落墨搭色"的主要四大工序：①用铅粉刷饰好底色；②用墨线勾画轮廓及润染形体，即"落墨"；③落墨后必须刷一道矾水，保证质量；④着色，是"搭"配上一点颜"色"，即"搭色"。"落墨搭色"直接绘画在地仗上，没有宣纸的渲染效果，全靠水墨的浓淡控制来表现。

### 1. 落墨山水

"落墨山水"使用干湿、浓淡、焦墨，采用皴法、勾勒、晕染手法将山、水、石、木、花、草等景物表现出来，略施淡彩。"落墨山水"类似于传统中国画技法中的小写意，倾向于写物象之实，侧重写形，讲究写实效果，追求形神兼备；在把握细节的基础上，用细腻的手法突出山水意境。"落墨山水"小写意山水画同时具备深远意境和精细刻画两种特点，其更加注重的是细节的刻画与表达（图 3-108）。

图 3-108　长廊落墨山水彩画

### 2. 落墨人物

落墨人物以线条用墨粗犷、概括为特征，用"钉头鼠尾螳螂肚""铁线""游丝"等线条表现人物（图3-109）。

以人物画为例，先用浓墨勾画线条轮廓，使其成为一幅写意白描画，再用水墨晕染出立体和层次，称之为"落墨"，完成落墨后即为一幅完整的水墨画；"搭色"即"搭"配上一点颜"色"。"落墨搭色"人物的轮廓线具有简单概括、一次成活、施色不多的特点，具有画龙点睛的效果。因此，"落墨搭色"是苏式彩画中最高级的一门绘画技术。

图 3-109　长廊落墨人物彩画

# 第四章 病害调查及成因分析

# 一、颐和园长廊彩画保存环境调查

颐和园长廊彩画区域环境监测旨在对长廊彩画的病害调查提供一定的环境数据，以分析病害形成原因，并据此找到相应的防治方法。区域环境监测主要在颐和园长廊彩画段进行相关环境数据采集，包括温湿度、风向、风速、$PM_1$浓度、$PM_{2.5}$浓度、$PM_{10}$浓度和噪声（体现各段的人流量）等，并通过积尘样品采集，分析积尘的理化性质及沉降量。

## （一）地理位置

北京地处中国华北地区，位于东经115.7°—117.4°，北纬39.4°—41.6°，中心位于北纬39°54′20″，东经116°25′29″，总面积为16410.54平方千米。北京位于华北平原北部，毗邻渤海湾，上靠辽东半岛，下临山东半岛；东与天津毗连，其余均与河北省相邻。

## （二）颐和园长廊区域的气候环境

北京的气候为典型的暖温带半湿润大陆性季风气候，夏季高温多雨，冬季寒冷干燥，春、秋短促。全年无霜期为180～200天，西部山区的无霜期较短。2007年，平均降雨量为483.9毫米，为华北地区降雨最多的地区之一。降水季节分配很不均匀，全年降水的80%集中在夏季6、7、8三个月，7、8月有大雨。

在日照强度方面，在北京地区一年中夏至日白昼最长，约为14小时56分；冬至日白昼最短，约为9小时09分；全年平均日照时长为2780.2小时，即115.84天，平均每天约7小时40分钟。

### 1.温湿度

在颐和园长廊东西两侧对称放置精创冷云RCW-360型便携式温湿度计1个（东侧位于区域C01，靠近对鸥舫处；西侧位于区域G23处，靠近鱼藻轩处），具体位置如图4-1和图4-2所示。

图4-1 颐和园长廊温湿度计安放位置（箭头指示）

图 4-2　颐和园长廊温湿度计安放位置

　　两处温湿度计记录读取截止日期为 2021 年 10 月 16 日；2020 年 10 月 10 日至 2021 年 10 月 16 日，两处温湿度计记录的数据如下。

　　温湿度计的数据显示颐和园长廊全年的温度在 –17.8~34.3 ℃之间（图 4-3），全年相对湿度在 16%~96% 之间（图 4-4），气温和湿度的变化范围较大，容易导致彩画病害的产生。其中，1979 年的大修由于使用"包袱预制"工艺，长廊过半面积的彩画均作于纸上，而在高湿度的条件下，纸张很容易滋生微生物病害，如现场调研中发现排云门东侧附近的彩画表面存在黑色的 *Cladosporium* 属真菌，这种真菌能降解乳胶及一些高分子材料，从而破坏长廊彩画。

　　长廊东、西两侧检测点，在同一时间的温湿度差异不大，故选取 2020 年 11 月 12 日当天的温湿度数据做对比，发现规律如下：温度——西侧 G23 ＞东侧 C01（图 4-5）；相对湿度——东侧 C01 ＞西侧 G23（图 4-6，尤其在早上 9：24 后，东西两侧湿度差距开始增大）。

　　观察长廊整体保存状况可知，以排云门为中心，西侧彩画状况好于东侧彩画。考虑东、西两侧温湿度的差异，由于西侧温度较高、相对湿度较小，故西侧彩画比东侧彩画保存得更好。

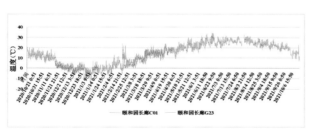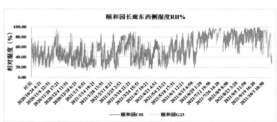

图 4-3　长廊东西侧温度监测数据　　　　　　　　　图 4-4　长廊东西侧湿度监测数据

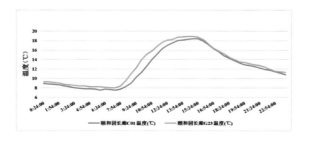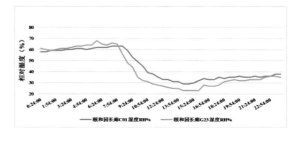

图 4-5　2020 年 11 月 12 日长廊东西侧温度监测数据　　　图 4-6　2020 年 11 月 12 日长廊东西侧湿度监测数据

## 2.其他环境指标

采用便携式仪器对颐和园长廊区域进行噪声、光照度、空气质量、风向及风速进行测定，其中测试点位置如图4-7所示。

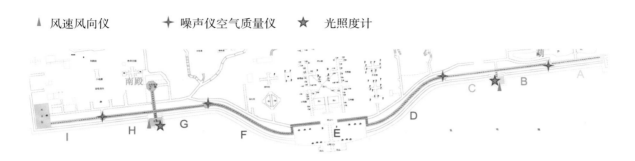

图 4-7　其他环境指标监测点位置

2020年9月18日和2020年10月10日两天对上述检测点进行其他环境指标的监测，具体数据见表4-1、表4-2。

1）风速、风向：主要在紧挨昆明湖水域的鱼藻轩和对鸥舫两个区域进行风速、风向的测定，其中风向以西南风为主，而风速则呈现由南向北递减的规律，即离昆明湖越近，风速越大，最大风速可达 2.3 m/s，故风速可作为长廊南侧外檐彩画保存状况不佳的因素之一。

2）噪声：以留佳、寄澜、秋水、清遥四座八角亭所在区域为测试点，旨在表示长廊各段人流量，以便找出噪声与彩画保存之间的联系。

测试后发现四处位点的噪声值差别不大，并不能反映四个监测点人流量的大小，故未做过多研究，以待后续开展进一步的研究。

3）空气质量：以留佳、寄澜、秋水、清遥四座八角亭为测试点，用空气质量监测仪测定 $PM_1$、$PM_{2.5}$ 和 $PM_{10}$ 的浓度，发现空气质量指标主要和北京当天的背景值相关，如2020年9月18日因当日北京市内空气质量好，故测试值均小于10，而2020年10月10日当天北京市内雾霾相对严重，故测试值均在 200 左右。颗粒物对彩画的影响具体见后文积尘检测结果部分。

4）光照度：以鱼藻轩和山色湖光共一楼两点一线，南北向共设置9个测试点，从南到北随着建筑物遮挡，测试点的光度值从超量程的 10000 lux 减弱至 500 lux 以内，根据鱼藻轩至山色湖光共一楼一线的长廊彩画的保存状况（长廊南侧及鱼藻轩南侧的彩画表面颜料褪色较为严重）可知，光照度值过大是长廊靠近昆明湖一侧（南侧）彩画保存状况不好的原因之一。

从上述测定的环境监测项目可知，在后续长廊彩画保护中需要考虑光照、风速、风向以及空气质量指标因素，并做好相关防护措施。

由于研究时间和资金有限，长廊段的多处检测点环境监测数据的对比工作未能开展，后续将进一步进行。

表 4-1　2020 年 9 月 18 日数据

| 时间段 | 9:30 | 11:43 | 9:30 | 11:43 | 9:30 | | | 11:43 | | | 9:30 | | 11:43 | |
|---|---|---|---|---|---|---|---|---|---|---|---|---|---|---|
| 环境监测指标 | 噪声仪 | | 光照度计 | | 空气质量监测仪 /（μg/m³） | | | | | | 风速风向仪 | | | |
| 位置 | 噪声 /dB | | 光照度 /lux | | PM₁ | PM₂.₅ | PM₁₀ | PM₁ | PM₂.₅ | PM₁₀ | 风速 /（m/s） | 风向 | 风速 /（m/s） | 风向 |
| 留佳亭 | 82.5/53.4 | 78.3/64.2 | — | — | 4 | 7 | 6 | 3 | 5 | 5 | — | — | — | — |
| 寄澜亭 | 80/55 | 78.3/67.3 | — | — | 3 | 5 | 5 | 3 | 4 | 4 | — | — | — | — |
| 秋水亭 | 78.6/56 | 82.3/69.4 | — | — | 3 | 5 | 5 | 3 | 3 | 4 | — | — | — | — |
| 清遥亭 | 78.3/64.2 | 66.5/57 | — | — | 3 | 5 | 5 | 2 | 3 | 3 | — | — | — | — |
| 对鸥舫 南外 | — | — | — | — | — | — | — | — | — | — | 1.06/0.42 | WS 50 | 2.3/1.5 | WS 65 |
| 对鸥舫 北外 | — | — | — | — | — | — | — | — | — | — | 0.5 | WS 40 | 0.2 | WS 60 |
| 鱼藻轩正南 | — | — | 超量程 | 8200 | — | — | — | — | — | — | 0.88/0.48 | WS 50 | — | — |
| 鱼藻轩内 朝南 | — | — | 1742 | 1500 | — | — | — | — | — | — | — | — | — | — |
| 长廊西侧外檐 | — | — | 1010 | 1060 | — | — | — | — | — | — | — | — | — | — |
| 长廊东侧外檐 | — | — | 1150 | 1250 | — | — | — | — | — | — | — | — | — | — |
| 长廊南侧外檐 | — | — | 1250 | 1960 | — | — | — | — | — | — | — | — | — | — |
| 长廊南侧内檐 | — | — | 280 | 280 | — | — | — | — | — | — | — | — | — | — |
| 长廊北侧内檐 | — | — | 730 | 900 | — | — | — | — | — | — | — | — | — | — |
| 长廊北侧外檐 | — | — | 780 | 760 | — | — | — | — | — | — | — | — | — | — |
| 山色湖光共一楼 | — | — | 270 | 320 | — | — | — | — | — | — | — | — | — | — |

表 4-2　2020 年 10 月 10 日数据

| 环境监测指标 | 噪声仪 | | | 光照度计 | | | 空气质量监测仪 /（μg/m³） | | | | | | | | | 风速风向仪 | | | | | |
|---|---|---|---|---|---|---|---|---|---|---|---|---|---|---|---|---|---|---|---|---|---|
| 位置 | 噪声 /dB | | | 光照度 /lux | | | PM₁ | PM₂.₅ | PM₁₀ | PM₁ | PM₂.₅ | PM₁₀ | PM₁ | PM₂.₅ | PM₁₀ | 风速 /（m/s） | 风向 | 风速 /（m/s） | 风向 | 风速 /（m/s） | 风向 |
| 留佳亭 | 80.4/55.4 | 70/55 | 75/68 | — | — | — | 180 | 248 | 284 | 178 | 216 | 263 | 125 | 158 | 182 | — | — | — | — | — | — |
| 寄澜亭 | 69.9/648 | 74/68 | 75/60 | — | — | — | 169 | 225 | 263 | 179 | 240 | 283 | 120 | 159 | 182 | — | — | — | — | — | — |
| 秋水亭 | 68/45 | 68/54 | 69/49 | — | — | — | 180 | 239 | 270 | 180 | 237 | 270 | 125 | 175 | 260 | — | — | — | — | — | — |
| 清遥亭 | 67/60 | 65/55 | 71/55 | — | — | — | 174 | 220 | 256 | 206 | 270 | 319 | 141 | 185 | 214 | — | — | — | — | — | — |
| 对鸥舫 南外 | — | — | — | — | — | — | — | — | — | — | — | — | — | — | — | 1.02 | WS 214 | 1.25 | — | 1.67 | — |
| 对鸥舫 北外 | — | — | — | — | — | — | — | — | — | — | — | — | — | — | — | 0 | — | 0.3 | — | 0.9 | — |
| 鱼藻轩 正南 | — | — | — | 超量程 | 超量程 | 2550 | — | — | — | — | — | — | — | — | — | 0.8/0.6 | — | 0 | — | 0.7 | — |
| 鱼藻轩 内朝南 | — | — | — | 3260 | 3700 | 410 | — | — | — | — | — | — | — | — | — | — | — | — | — | — | — |

| 环境监测指标 位置 | 噪声仪 噪声 /dB | | | 光照度计 光照度 /lux | | | 空气质量监测仪 /（μg/m³） PM$_1$ | PM$_{2.5}$ | PM$_{10}$ | PM$_1$ | PM$_{2.5}$ | PM$_{10}$ | PM$_1$ | PM$_{2.5}$ | PM$_{10}$ | 风速风向仪 风速/（m/s） | 风向 | 风速/（m/s） | 风向 | 风速/（m/s） | 风向 |
|---|---|---|---|---|---|---|---|---|---|---|---|---|---|---|---|---|---|---|---|---|---|
| 长廊西侧外檐 | — | — | — | 1680 | 1830 | 365 | — | — | — | — | — | — | — | — | — | — | — | — | — | — | — |
| 长廊东侧外檐 | — | — | — | 1134 | 1620 | 310 | — | — | — | — | — | — | — | — | — | — | — | — | — | — | — |
| 长廊南侧外檐 | — | — | — | 9400 | 5000 | 616 | — | — | — | — | — | — | — | — | — | — | — | — | — | — | — |
| 长廊南侧内檐 | — | — | — | 189 | 185 | 40 | — | — | — | — | — | — | — | — | — | — | — | — | — | — | — |
| 长廊北侧内檐 | — | — | — | 1010 | 1300 | 179 | — | — | — | — | — | — | — | — | — | — | — | — | — | — | — |
| 长廊北侧外檐 | — | — | — | 812 | 830 | 353 | — | — | — | — | — | — | — | — | — | — | — | — | — | — | — |
| 山色湖光共一楼 | — | — | — | 420 | 400 | 155 | — | — | — | — | — | — | — | — | — | — | — | — | — | — | — |

### 3. 积尘检测

积尘检测主要分为颗粒物沉降量检测和理化性质检测。沉降量的测定选择山色湖光共一楼的二楼地面及窗台两处位置，因该位置所处的共一楼属于长廊区域，且二楼尚未对外开放，不会经常打扫，没有过多的人类扰动，故此处可反映长廊区域的颗粒物沉降水平。积尘的理化性质检测指标包括颗粒粒径、元素成分、矿物成分、离子成分。

经过计算得到长廊区域的积尘沉降量为 0.092 g/（m$^2$·day），查阅资料得知北京市年均沉降量为 0.1~0.5 g/（m$^2$·day），故颐和园长廊处的累积积尘沉降量受到其自身所处区域环境中昆明湖水体以及众多植被的影响（吸附降尘），故其积尘沉降量小于北京市的年均沉降量。

积尘的组成元素主要为 Si、Ca、Fe、Al、S、K；矿物成分为石英、钠长石、白云石、石膏；其他离子含量为 SO$_4^{2-}$ 5.73 mg/g、Ca$^{2+}$ 3.39 mg/g、Cl$^-$ 2.04 mg/g。研究发现 SO$_4^{2-}$ 和 Cl$^-$ 及 Ca$^{2+}$、Na$^+$、K$^+$ 会引起敦煌莫高窟的壁画酥解[85]。与敦煌莫高窟壁画相似的颐和园长廊彩画，同样会因积尘中高浓度的 SO$_4^{2-}$ 和 Cl$^-$ 及 Ca$^{2+}$ 的存在而形成酥解等病害。此外，长廊积尘的粒径范围为 0.919~1.207 μm，中位径为 30.56~45.48 μm，小粒径的积尘可轻易进入彩画裂隙，进一步加剧彩画表面的龟裂、颜料层脱落等病害。因此，长廊彩画表面的除尘措施也需要进一步完善。

## （三）地质水文

北京地势西北高、东南低。西部、北部和东北部三面环山，东南部是一片缓缓向渤海倾斜的平原。境内流经的主要河流有永定河、潮白河、北运河、拒马河等，多由西北部山地发源，穿过崇山峻岭，

85. 杨菊，武发思，徐瑞红，等. 敦煌莫高窟大气颗粒物中水溶性离子变化及来源解析 [J]. 高原气相，2021，40（2）：436-447.

向东南蜿蜒流经平原地区，最后分别汇入渤海。北京南北长约 53.9 千米，东西宽约 53.1 千米，面积为 1782 平方千米。

# 二、颐和园长廊彩画样品分析检测

## （一）样品采集

于 2020 年 11、12 月和 2021 年 3、5 月采集颐和园长廊彩画及病害样品，样品全部取自彩画破损的边缘或不重要部位，取样信息见表 4-3，取样点位置如图 4-8 至图 4-14 所示。彩画颜色主要包括金色、黑色、白色、蓝色、绿色、红色、橙色和黄色等。分析目的是确定各种颜料的显色成分、地仗材料，据此研究绘画技法、画层结构等。

表 4-3 取样记录表

| 取样号 | 样品编号 | 取样位置 | 照片号 | 样品描述 |
|---|---|---|---|---|
| 1 | Y1 | 邀月门东侧迎风板 | 6224 | 大白 |
| 2 | Y2 | 邀月门东侧迎风板 | 6225–26 | 绿 |
| 3 | Y3 | 邀月门东侧迎风板 | 6228 | 白 |
| 4 | Y4 | 邀月门东侧迎风板 | 6230 | 绿 |
| 5 | Y5 | 邀月门东侧迎风板 | 6234 | 红 |
| 6 | Y6 | 邀月门东侧迎风板 | 6231 | 蓝 |
| 7 | Y7 | 邀月门东侧迎风板 | 6240 | 黑 |
| 8 | C1 | A1 南内檐 | 6244 | 绿色沥粉金 |
| 9 | C2 | A1 南内檐垫板 | 6245 | 红色沥粉金 |
| 10 | C3 | A1 南内檐垫板 | 6246 | 蓝 |
| 11 | C4 | A1 南内檐箍头 | 6250 | 黄 |
| 12 | C5 | A1 南内檐箍头 | 6250 | 粉红 |
| 13 | C6 | A2 梁架底部 | 6248 | 大红 |
| 14 | C7 | A2 南内檐烟云托子 | 6251 | 黄 |
| 15 | C8 | A2 南内檐包袱 | 6252 | 纸 |
| 16 | C9 | A2 南内檐烟云 | 6255 | 蓝 |
| 17 | C10 | A2 南内檐烟云 | 6257 | 白 |
| 18 | C11 | A23 梁架底部 | 6259 | 绿 |

续表

| 取样号 | 样品编号 | 取样位置 | 照片号 | 样品描述 |
|---|---|---|---|---|
| 19 | C12 | A23 梁架底部 | 6261 | 橙 |
| 20 | C13 | B5 梁架底部 | 6264 | 蓝 |
| 21 | C14 | B11 北内檐东聚锦 | 6265 | 白 |
| 22 | C15 | B11 北内檐烟云 | 6267 | 蓝 |
| 23 | C16 | B11 | 6272 | 红 |
| 24 | C17 | B11 | 6269 | 沥粉金 |
| 25 | C18 | B12 北内檐 | 6274 | 沥粉金 |
| 26 | C19 | B12 北内檐 | 6274 | 白 |
| 27 | C20 | B11 南内檐烟云 | 6276 | 白 |
| 28 | C21 | H6 梁架底部枋心 | 6279 | 黄 |
| 29 | C22 | H6 梁架底部枋心 | 6281 | 灰 |
| 30 | C23 | H12 北内檐垫板烟云边缘 | 6283 | 绿 |
| 31 | C24 | H12 北内檐垫板烟云边缘 | 6284 | 沥粉金 |
| 32 | C25 | H12 北内檐垫板烟云边缘 | 6282 | 蓝 |
| 33 | C26 | H12 北内檐烟云 | 6287 | 白 |
| 34 | C27 | H12 北内檐烟云 | 6289 | 黄 |
| 35 | C28 | H15 南外檐 | 6297 | 黑 |
| 36 | C29 | H15 南外檐 | 6299 | 蓝 |
| 37 | C30 | H15 南外檐 | 6302 | 白 |
| 38 | C31 | H16 北外檐 | 6304 | 绿 |
| 39 | C32 | H16 北外檐 | 6307 | 沥粉金 |
| 40 | C33 | I2 北内檐梁枋软卡子 | 6317 | 沥粉金 |
| 41 | C34 | I16 梁架底部 | 6324 | 黄 |
| 42 | C35 | I21 北内檐梁枋 | 6332 | 黑油污 |
| 43 | C36 | E07 梁架底部 | 6347 | 黄 |
| 44 | C37 | E27 北内檐包袱 | 6349 | 白 + 霉斑 |
| 45 | C38 | E07 北内檐包袱 | 6353 | 白 |
| 46 | C39 | E01、E02 北外檐夹角梁头 | 6357 | 红、绿麻地仗 |
| 47 | C40 | E03 东外檐包袱 | 6366 | 纸张，表层、底层 |

| 取样号 | 样品编号 | 取样位置 | 照片号 | 样品描述 |
|---|---|---|---|---|
| 48 | LJ1 | 留佳亭内檐南侧东边柱子 | 4966–68 | 绿 |
| 49 | LJ2 | 留佳亭内檐南侧东边柱子 | 4969–70 | 白 |
| 50 | LJ3 | 留佳亭内檐南侧东边柱子 | 4971–72 | 蓝 |
| 51 | LJ4 | 留佳亭内檐南侧东边柱子 | 4973–74 | 金 |
| 52 | LJ5 | 留佳亭内檐南侧东边柱子 | 4975–76 | 红 |
| 53 | LJ6 | 留佳亭内檐南侧东边柱子 | 4977–78 | 黑 |
| 54 | LJ7 | 留佳亭内檐北侧西柱麻头 | 4979–80 | 沥粉金 |
| 55 | LJ8 | 留佳亭内檐北侧西柱 | 4981–82 | 褐色 |
| 56 | DO1 | 对鸥舫北侧东柱 | 4983–84 | 沥粉金 |
| 57 | DO2 | 对鸥舫北侧东柱 | 4985–86 | 绿 |
| 58 | DO3 | 对鸥舫北侧东柱 | 4987–88 | 白 |
| 59 | DO4 | 对鸥舫北侧东柱 | 4989–90 | 黑 |
| 60 | DO5 | 对鸥舫北侧东柱 | 4991–92 | 红 |
| 61 | DO6 | 对鸥舫北侧东柱 | 4993–94 | 蓝 |
| 62 | DO7 | 对鸥舫北侧东柱 | 4995–96 | 纸（底层） |
| 63 | DO8 | 对鸥舫北侧东柱 | 4997–98 | 纸（表层） |
| 64 | JL1 | 寄澜亭西侧北边柱 | 5006–5007 | 白 |
| 65 | JL2 | 寄澜亭走马板 | 5012–5013 | 蓝 |
| 66 | JL3 | 寄澜亭西侧额枋 | 5014–5015 | 金 |
| 67 | JL4 | 寄澜亭西侧额枋 | 5016–5017 | 绿 |
| 68 | JL5 | 寄澜亭西侧额枋 | 5018–5019 | 蓝 |
| 69 | JL6 | 寄澜亭西侧额枋 | 5020–5021 | 白 |
| 70 | JL7 | 寄澜亭西侧额枋 | 5022–5023 | 黑 |
| 71 | JL8 | 寄澜亭西侧额枋 | 5024–5026 | 油污 |
| 72 | JL9 | 寄澜亭西侧额枋 | 5027–5029 | 红 |
| 73 | SH1 | 共一楼一层内檐东侧北柱额枋 | 5030–5031 | 浅蓝 |
| 74 | SH2 | 共一楼一层内檐东侧北柱额枋 | 5032–33 | 红 |
| 75 | SH3 | 共一楼一层内檐东侧北柱穿插枋 | 5034–35 | 黄（金） |
| 76 | SH4 | 共一楼一层内檐东侧北柱额枋 | 5036–37 | 绿 |

| 取样号 | 样品编号 | 取样位置 | 照片号 | 样品描述 |
|---|---|---|---|---|
| 77 | SH5 | 共一楼一层内檐东侧北柱额枋 | 5038-39 | 白 |
| 78 | SH6 | 共一楼一层内檐东侧北柱额枋 | 5040-41 | 沥粉金 |
| 79 | SH7 | 共一楼一层内檐东侧北柱额枋 | 5042-43 | 黑 |
| 80 | SH8 | 一层南侧板画 | 5049 | 霉斑 |
| 81 | SH9 | 共一楼二层东北内檐烟云 | 6836 | 黄 |
| 82 | SH10 | 共一楼二层东北内檐烟云底部 | 6837 | 蓝 |
| 83 | SH11 | 共一楼二层东北内檐西侧箍头 | 6842 | 蓝 + 地仗 |
| 84 | SH12 | 共一楼二层东北内檐西侧箍头 | 6843 | 绿 |
| 85 | SH13 | 共一楼二层北侧内檐穿插枋箍头 | 6844 | 白（底绿） |
| 86 | SH14 | 共一楼二层东南内檐包袱 | 6845 | 白 + 表面抹白 |
| 87 | SH15 | 共一楼二层东南内檐烟云 | 6846 | 灰 |
| 88 | SH16 | 共一楼二层东南内檐烟云边 | 6847 | 紫红 |
| 89 | SH17 | 共一楼二层南内檐烟云边 | 6848 | 白 |
| 90 | SH18 | 共一楼二层南内檐烟云边 | 6849 | 黄 |
| 91 | SH19 | 共一楼二层西南内檐烟云边 | 6850 | 黑 |
| 92 | SH20 | 共一楼二层西南内檐烟云边 | 6851 | 红 |
| 93 | SH21 | 共一楼二层西内檐烟云边 | 6853 | 橙 |
| 94 | SH22 | 共一楼二层西内檐烟云边 | 6852 | 蓝 |
| 95 | QY1 | 清遥亭额枋 | 5059-60 | 沥粉金 |
| 96 | QY2 | 清遥亭额枋 | 5061-62 | 绿 |
| 97 | QY3 | 清遥亭额枋 | 5063-64 | 蓝 |
| 98 | QY4 | 清遥亭额枋 | 5065-66 | 白 |
| 99 | QY5 | 清遥亭额枋 | 5067-68 | 黄 |
| 100 | QY6 | 清遥亭北侧垫板 | 5069-71 | 红 |
| 101 | QY7 | 清遥亭北侧垫板 | 5072-73 | 沥粉金 |
| 102 | YZ1 | 鱼藻轩东侧 | 5074-75 | 绿 |
| 103 | YZ2 | 鱼藻轩东侧 | 5076-77 | 沥粉金 |
| 104 | YZ3 | 鱼藻轩东侧 | 5078-79 | 白 |
| 105 | YZ4 | 鱼藻轩东侧 | 5080-81 | 红 |

| 取样号 | 样品编号 | 取样位置 | 照片号 | 样品描述 |
|---|---|---|---|---|
| 106 | YZ5 | 鱼藻轩东侧 | 5082–83 | 灰 |
| 107 | YZ6 | 鱼藻轩东侧 | 5084–85 | 蓝 |
| 108 | YZ7 | 鱼藻轩东侧 | 5086–87 | 肉色 |
| 109 | QS1 | 秋水亭西侧额枋 | 5096–97 | 白 |
| 110 | QS2 | 秋水亭西侧额枋 | 5098–99 | 沥粉金 |
| 111 | QS3 | 秋水亭西北侧额枋 | 5100–01 | 蓝 |
| 112 | QS4 | 秋水亭北侧额枋 | 5102–04 | 绿 |
| 113 | QS5 | 秋水亭北侧额枋 | 5105–06 | 粉 |
| 114 | QS6 | 秋水亭北侧额枋 | 5107–08 | 红 |
| 115 | QS7 | 秋水亭北侧额枋 | 5109–11 | 黑 |
| 116 | D1 | H11 垫板和下方处积尘 | 6292 | 积尘 |
| 117 | D2 | C16 梁架上部 | 6368 | 积尘 |
| 118 | D3 | C1 温湿度计表面 | 6400 | 积尘 |
| 119 | D4 | 共一楼二层室内地面西南角 | 7956 | 积尘 |
| 120 | D5 | 共一楼二层室内西北窗台 | 7959 | 积尘 |

图 4-8　长廊 A 区取样点分布图

图 4-9　长廊 B 区取样点分布图

图 4-10　长廊 C 区取样点分布图

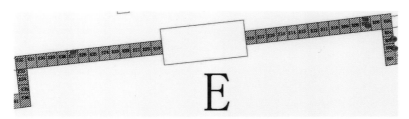
图 4-11　长廊 E 区取样点分布图

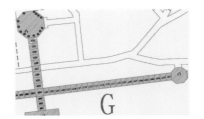
图 4-12　长廊 G 区取样点分布图

图 4-13　长廊 H 区取样点分布图

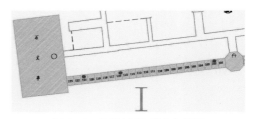
图 4-14　长廊 I 区取样点分布图

## （二）分析方法

利用三维体视显微镜（LM）、扫描电子显微镜（SEM）及配套的能谱仪（EDS）、激光拉曼光谱仪（IR）、离子色谱仪（IC）、激光粒度仪、X射线衍射（XRD）仪以及热裂解—气相色谱／质谱（Py-GC/MS）等仪器对样品进行了形貌、结构观察和成分分析。因为采集的样品量少、样品污染严重，给分析检测带来一定的困难。为此，使用多种分析仪器进行测试，以弥补样品量不足的缺陷和相互校验分析结果。

### 1. 样品记录与观察

为了解彩画的颜料种类、颜料层和地仗层结构，利用基恩士（中国）有限公司（KEYENCE）生产的VHX-2000型超景深三维显微镜系统对样品表面、剖面进行观察并拍照。

### 2. 扫描电子显微镜分析

对样品表面进行喷金处理，然后用导电胶将其直接粘在样品台上。利用日本日立公司生产的Hitachi S-3600N型扫描电子显微镜（SEM）观察其显微结构，同时利用配套的能谱仪（EDS）对颜料层、地仗层中所含元素进行半定量分析。

### 3. 激光拉曼光谱分析

利用法国HORIBA Jobin Yvon公司的X-ploRA型激光拉曼光谱仪对部分颜料量少的样品进行成分分析。激光波长为780 nm时，能量为50 mw；波长为532 nm时，能量为25 mw。

### 4. 离子色谱分析

使用离子色谱法测定水中的阴阳离子含量。离子色谱分析方法利用离子交换的原理，连续对多种阴阳离子进行定性和定量分析。离子色谱仪型号为赛默飞世尔科技公司（Thermo Scientific）的DIONEX AQ-1100，阳离子色谱柱型号为IonPac CS12A（4×250 mm），阴离子色谱柱型号为IonPac AS19（4×250 mm）。

### 5. 激光粒度分析

粒径分布方法基于激光静态散射（衍射）原理测定文物表面积尘、降尘粒径分布情况。来自激光器的激光束经扩束、滤波、汇聚后照射到测量区，测量区的待测颗粒群在激光的照射下产生散射谱（散射谱的强度空间分布与被测颗粒群的大小有关），被光电探测器阵列所接收，转换成电信号后经放大和转换后进入工作站进行数据处理。

### 6. 能谱分析

利用X射线衍射仪对样品的矿物成分进行检测分析，所用设备为日本理学D/max 2000型X射线粉末衍射仪。将样品磨成粉末后压片，用 X 射线衍射仪进行测定，测定条件：电压 40 kV、电流 40 mA、Cu 靶、扫描速度为 4°/min、2θ 扫描范围为 5°~75°、步宽为 0.02°、发散狭缝（DS）为 1°、接收狭缝（RS）为 0.3 mm、防散射狭缝（SS）为 1°、石墨单色器。

### 7. Py-GC/MS 分析

为了解彩画表面的油污（胶结材料）的具体成分，运用日本前线实验室（Frontier Lab）生产的 PY-3030D 型热裂解仪和岛津（Shimadzu）GC/MS-QP2010Ultra 型；色谱柱型号为 UA+-5（Frontier Lab，固定相为 5% 二甲基二苯基聚硅氧烷），长 30 m、内径为 0.25 mm、膜厚 0.25 μm。

## （三）长廊彩画制作材料分析

通过对彩画制作材料的分析，可以更清晰地了解长廊彩画的制作工艺和使用材料。对分析检测结果的解析，可从材料使用方面更科学地推断彩画的绘制年代，挖掘历次修缮中的彩画工艺、材料的异同，为彩画保存时的价值评估提供依据。通过对样品的科学分析，基本查明彩画主要使用颜料、地仗材料成分。由于个别样品污染严重或样品量太少，对分析检测造成了干扰，无法清晰地检测出成分。

### 1. 彩画颜料分析结果

颐和园长廊经过几次大修，其中以 1959 年和 1979 年两次大修为主。颐和园长廊使用的颜料包括矿物颜料和现代颜料。矿物颜料为群青、巴黎绿、朱砂、铅丹、钛白、铬黄、硫化砷等，现代颜料为酞菁蓝、酞菁绿、阿斯特拉蓝、甲苯胺红、镉钡黄等。彩画颜料分析结果见表 4-4。

表 4-4　颐和园长廊彩画使用颜料分析检测结果

| 颜色 | 邀月门东侧迎风板 | 八角亭 | 鱼藻轩 | 对鸥舫 | 共一楼内檐 | 长廊 |
|---|---|---|---|---|---|---|
| 蓝 | 群青 | 群青 $Na_3CaAl_3Si_3O_{12}S$<br>酞菁蓝 $C_{32}H_{16}CuN_8$ | 群青 | 群青<br>酞菁蓝 | 群青 | 群青<br>酞菁蓝 |
| 绿 | 酞菁绿<br>$C_{32}H_3Cl_{15}CuN_8$ | 巴黎绿<br>$Cu(C2H3O2)_2 \cdot 3Cu(AsO_2)_2$ | 阿斯特拉蓝<br>$C_{53}H_{70}CuN_{14}O_{18}S_6$ | 巴黎绿、<br>酞菁绿 | 巴黎绿 | 颜料绿 $C_{20}H_{12}FeN_2O_4 \cdot C_{10}H_6NO_2 \cdot Na$、<br>巴黎绿、<br>酞菁绿、分散绿 |
| 红 | 朱砂 HgS | 甲苯胺红 $C_{17}H_{13}N_3O_3$、<br>铅白 + 铅丹、<br>$Pb_3(OH)_4CO_3+Pb_3O_4$ | 铅丹、<br>颜料红 112、<br>铅白 + 铅丹 | 酸性红 357 | 铁红 + 群青<br>（紫红）、<br>朱砂 | 甲苯胺红、铅丹 $Pb_3O_4$ |
| 白 | 钛白 $TiO_2$、<br>铅白 | 铅白 $Pb_3(OH)_4CO_3$ | 铅白 | 铅白、<br>钛白 | 立德粉[①]、<br>$BaSO_4 \cdot ZnS$ | 铅白、钛白、<br>立德粉 |
| 黑 | 炭黑 C | 炭黑 | —— | 炭黑 | 炭黑 | 炭黑 |
| 金 | —— | 赤金 | 赤金 | 赤金 | 黄色代金 | 赤金 |
| 黄/橙 | —— | 镉钡黄 (Cd/Zn)S-BaSO_4、<br>铅丹 | 铅丹 | | 铬黄、铅丹、<br>硫化砷<br>$As_2S_3$ | 铅丹 $Pb_3O_4$、<br>铬黄 $PbCrO_4$ |

注：① 彩画表面的白色抹灰为"文革"时期所涂抹，衍射和能谱分析结果显示白色抹灰为立德粉，为硫酸钡（$BaSO_4$）和硫化锌（ZnS）的混合物，俗称大白。

彩画颜料主要包括蓝色、绿色、红色、白色、黑色、黄色、橙色和金色8种颜色。蓝色颜料为群青、酞菁蓝；绿色颜料为酞菁绿、巴黎绿、颜料绿8、分散绿、阿斯特拉蓝；红色颜料为朱砂、铅丹、铁红、甲苯胺红、颜料红112、酸性红357；白色颜料为钛白、铅白、立德粉；黑色颜料为炭黑；金色为赤金；黄色或橙色颜料为铬黄、铅丹、硫化砷、镉钡黄。

"晕色"和"调兑"的颜料使用方法在检测中被发现，"晕色"如邀月门东侧迎风板Y6样品中蓝色颜料为群青+钛白，C15样品中蓝色颜料为酞菁蓝+钛白；"调兑"如山色湖光共一楼的SH16紫色为红色（铁红）和蓝色（群青）两种颜料调兑。

另外，对于山色湖光共一楼内檐彩画原使用沥粉金的部位，1956年重修时使用了铬黄替代赤金。

由于几次大修及历史原因等，长廊彩画剖面显示彩画存在多处重绘现象，且多以2层同色颜料层或地仗层，其颜料使用规律如下：两次贴金所用金箔均为赤金，两层黄色颜料均为铬黄，两层蓝色颜料均为群青；而绿色和红色均不一致，如C1、DO1的绿色沥粉金，外层绿色颜料为酞菁绿，内层绿色颜料为巴黎绿；C23红色沥粉金，外层红色颜料为酸性红112，内层红色为铅丹。

查阅颐和园长廊修复记录，新中国成立后颐和园长廊历经1959年和1979年两次大修，期间因"文革"历史原因，多处彩画被涂刷白粉，这些形成了长廊彩画的多层重绘现象。现存长廊彩画主要以北京市园林古建工程有限公司的1979年大修为主，后续有局部进行维修，如2005年"房修一公司"重绘邀月门彩画，2006年北京昊海建设有限公司重绘山色湖光共一楼外檐彩画。修缮历史如图4-15所示。

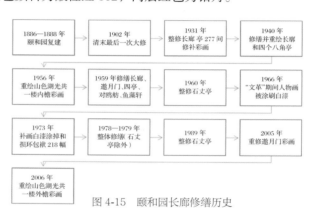

图4-15　颐和园长廊修缮历史

由于各部分修缮时间及修缮单位均不同，按照邀月门、八角亭、鱼藻轩、对鸥舫、山色湖光共一楼以及其余长廊共六个区域分别探讨长廊彩画颜料的使用情况。

### （1）邀月门

邀月门的样品为东侧迎风板，主要集中于迎风板边框，颜料为白、绿、红、蓝、黑5种颜色。

黑色颜料为炭黑，绿色颜料为酞菁绿，白色颜料包括铅白、钛白以及涂刷表面的立德粉，蓝色颜料为酞菁蓝和钛白两种颜料的混合；东迎风板边框颜料层为两层，底部颜料为朱砂，应为现存彩画最早的颜料层，但仍需要进一步考证。

### （2）八角亭

留佳、寄澜、秋水、清遥四座八角亭均为重檐攒尖式建筑。1940年重绘四座八角亭彩画，1973年补画八角亭彩画的包袱、迎风板，1959年、1979年两次大修亦对四座八角亭彩画进行重绘。

彩画颜料为蓝、绿、红、白、黑、金、黄7种颜色。其中，蓝色颜料为群青、酞菁蓝，绿色颜料为巴黎绿，红色颜料为甲苯胺红和铅丹，黑色颜料为炭黑，金色为赤金，黄色颜料为铅丹和镉钡黄。这些颜料既有传统彩画颜料，如群青、巴黎绿、铅丹、炭黑；也有现代有机颜料，如甲苯胺红、酞菁蓝、镉钡黄。从颜料使用情况可了解八角亭的修缮历史。

很多八角亭彩画样品剖面可以观察到重绘现象。如QY7、LJ1和LJ7样品中两层贴金层，所用金箔均为赤金，LJ7中两层蓝色颜料均为群青，可以说明样品剖面中可见的两次修缮中使用的颜料是一致的。

### （3）鱼藻轩

鱼藻轩彩画经历1959年和1979年两次重绘。彩画颜料为蓝、绿、红、白、金、黄、肉色共7种颜色。其中，蓝色颜料为群青，白色颜料为铅白，金色颜料为赤金，黄色颜料为铅丹（传统颜料）；此外还包括现代颜料，如绿色为阿斯特拉蓝，红色为颜料红112。从颜料种类可知鱼藻轩的修缮与其他长廊段所用颜料的异同，使用传统颜料与现代颜料是几次重修的直接证明。

### （4）对鸥舫

对鸥舫彩画经历1959年和1979年两次重修。彩画所用颜料为蓝、绿、红、白、黑、金共6种颜色。其中，蓝色颜料为群青和酞菁蓝，绿色颜料为巴黎绿和酞菁绿，红色颜料为酸性红357，白色颜料为铅白和钛白，黑色颜料为炭黑，金色颜料为赤金。从颜料种类可以看出对鸥舫的修缮与其他长廊段颜料的异同。

从对鸥舫的彩画样品剖面可观察到重绘现象，如DO1样品有两层绿色颜料层，分析后得知外层绿色为酞菁绿，内层绿色为巴黎绿。巴黎绿和酞菁绿的使用亦可说明不同修缮年代之间的差异。

### （5）山色湖光共一楼

山色湖光共一楼为八角二层三檐攒尖顶楼阁式建筑，其金线包袱式苏式彩画是颐和园中带斗拱大式建筑采用包袱式苏式彩画的特例。1956年，颐和园自行组织施工修缮山色湖光共一楼的内檐彩画以及南面檐步内的迎风板；北京市园林古建工程有限公司于1979年，北京昊海建设有限公司于2005年进行了外檐彩画重绘。

彩画颜料取自山色湖光共一楼的内檐以及一层南面檐步内的迎风板处，其彩画颜料为蓝、绿、紫、红、白、黑、黄7种颜色。其中，蓝色颜料为群青，绿色颜料为巴黎绿，白色颜料为立德粉，黑色颜料为炭黑，黄色颜料为铬黄、铅丹和硫化砷，紫色颜料为铁红和群青两种颜料的混合，而原本应为沥粉黑金的区域已改用铬黄颜料替代，这是1956年颐和园修缮山色湖光共一楼内檐时的独特作法。

### （6）长廊

长廊均经历1959年和1979年两次大修。样品取自长廊彩画的包袱心、聚锦、找头、烟云等各处，所用颜料包括蓝、绿、红、白、黑、金、黄共7种颜色。其中，蓝色颜料为群青、酞菁蓝，绿色颜料为颜料绿8，巴黎绿、酞菁绿、分散绿，红色颜料为甲苯胺红、铅丹，白色颜料为铅白、钛白、立德粉，黑色颜料为炭黑，金色颜料为赤金，黄色颜料为铅丹和铬黄。此外，"晕色"和"调兑"的作法也在检测中被发现，如样品C15的蓝色为酞菁蓝＋钛白，样品C32的底层绿色为酞菁绿和铬黄的调兑。

样品剖面的多层同色颜料层或贴金层显示存在重绘，如C1的两层绿色沥粉金，两层金均为赤金，外层绿色为酞菁绿，内层绿色为巴黎绿；C32绿色沥粉金，两层金为赤金，外层绿色为巴黎绿，内层绿色为酞菁绿和铬黄的混合；同色颜料的差异也是历次修缮的证明。

## 2. 纸张分析结果

颐和园长廊彩画的纸地仗包袱心的纸张鉴定所用仪器为华伦Ⅷ型纸张—纺织品联用纤维检测仪。

颐和园长廊彩画包袱为先预制好的纸地仗包袱，再统一粘贴于长廊的相应位置，通过纤维鉴定发现纸张的内层为宣纸（图4-16），纸张带帘纹，成分为皮、草；表层纸为纸张表面带白灰的裱糊所用的大白纸（图4-17），成分为皮、草、木浆。

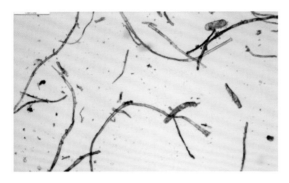

图4-16　C40里层宣纸

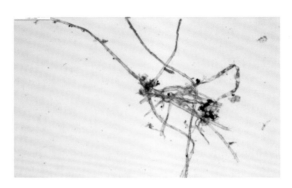

图4-17　C40表层大白纸

### 3. 地仗分析结果

颐和园长廊彩画地仗材料以石灰（Ca）、砖灰（Si、Mg）等为主要材料（质量占比：65.58%Ca、30.73%Mg、1.79%Si、0.97%Al、0.51%Cl）（图4-18、图4-19）；油满（桐油）为胶结材料；地仗层中所含麻纤维鉴定为大麻（图4-20、图4-21）。

图4-18　C39麻取样位置

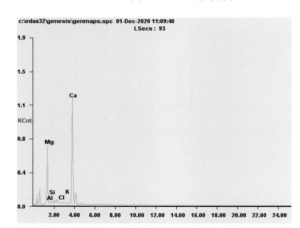

图4-19　C17地仗SEM-EDS分析结果

图4-20　C39大麻纵面（放大80倍）

图4-21　C39大麻横截面（放大400倍）

## （四）长廊彩画制作工艺分析

通过调查发现长廊不同位置彩画的制作工艺不同：长廊的檐步彩画全部使用了一麻五灰的地仗；脊步的脊枋使用了一麻五灰的地仗，但是脊檩和脊垫板使用了单皮灰地仗；梁架的瓜柱、四架梁和柁头使用了一麻五灰的地仗，而月梁使用了单皮灰地仗。其他建筑全部使用一麻五灰的地仗。在山色湖光共一楼的斗拱部位，彩画被直接画在薄灰层的没有使用任何纤维的地仗上。

从工艺操作工序上，首先在木构件表面砍出斧迹，涂刷油满水，也叫支浆。去除表面灰尘后，桐油的渗入使后来的油灰更容易与木结构结合；接下来一麻五灰的工艺为上捉缝灰—上通灰—贴麻—压麻—磨麻—上压麻灰—上中灰—上细灰—磨细灰—上生桐油，全部干透后起、扎、拍谱子进行彩画、沥粉贴金。单皮灰地仗（不使麻的地仗），传统单披灰均指四道灰，即木基层上捉缝灰—通灰—中灰—细灰—磨灰—钻生桐油—彩画、贴金。从现场操作、文献及分析结果证实，在地仗制作过程中大量使用了桐油，因为桐油有很好的黏结力及防水能力。

1979年重绘长廊彩画，长廊的包袱心和四架梁底面的方心采用了包袱预制的方法：包袱预制前，将包袱心用纸剪裁好相应的尺寸和形状，再在纸上画上烟云边，固定好包袱心绘画范围，由画师在规定范围内作画，最后统一粘裱于长廊上；粘裱之前先把包袱心一分为二，包袱心的檐檩和檐垫板部位为一部分，包袱心的檐枋部位为一部分，因为檐枋比檐垫板突出，这样分为两部分粘裱，图案看上去就是完整的，不然如果不分开粘裱包袱心的话，檐枋突出部分的图案是看不到的，图案看起来就会有缺失。（图4-22）

图4-22　包袱心粘裱方式

四架梁底面的方心是直接裁剪一块长方形的方心用纸，在绘制好之后粘裱于四架梁的底面，但预制的方心尺寸略小于四架梁方心的实际尺寸，在把预制好的方心粘裱于四架梁的底面之后，再把方心四周的颜色填补完整（图4-23）。

图4-23　四架梁底面方心粘裱方式（红框内为预制方心）

包袱预制用纸为大白纸，主要原料是桑树皮。该纸色白、有暗纹道、透光好、韧性好，为裱糊作的主要用纸，民间用作窗户纸和糊墙用的纸张。

预制工艺还用在四座八角亭中的迎风板。迎风板预制与包袱预制有所不同，先在有边框的胶合板上做好地仗，刷上底色。按迎风板的实际绘画尺寸画上边框进行绘画，画好后将迎风板安装在四座八角亭上，类似天花板的彩画工艺。

### （五）长廊彩画分析检测小结

通过上述分析调查，颐和园长廊彩画使用的颜料存在不同，证明了颐和园长廊存在多次重修的情况。彩画颜料主要分为蓝、绿、红、白、黑、黄、橙和金8种颜色。其中，颜料既有传统颜料又有现代有机颜料。在传统颜料中，蓝色颜料为群青，绿色颜料为巴黎绿，红色颜料为朱砂、铅丹、铁红，白色颜料为钛白、铅白，黑色颜料为炭黑，金色颜料为赤金，黄色或橙色颜料为铬黄、铅丹、硫化砷等；在有机颜料中，绿色颜料为酞菁绿、酞菁蓝、颜料绿8、分散绿、阿斯特拉蓝，红色颜料为甲苯胺红、颜料红112、酸性红357，白色颜料为立德粉，黄色颜料为镉钡黄。同时，重修使用了"晕色"和"调兑"的颜料作法。采用"晕色"作法的如邀月门东侧迎风板Y6样品中蓝色颜料（群青 + 钛白）、C15样品中蓝色颜料（酞菁蓝 + 钛白）；采用"调兑"作法的如山色湖光共一楼的SH16紫色（为红色（铁红）和蓝色（群青）两种颜料调兑）。另外，山色湖光共一楼内檐彩画处应为沥粉金的部位，1956年对其进行重修，使用了铬黄替代赤金。

由于几次大修及历史原因等，长廊彩画剖面显示存在多处重绘现象，且多以2层同色颜料层或地仗层，其颜料使用规律如下：两次贴金所用金箔均为赤金，两层黄色颜料均为铬黄，两层蓝色颜料均为群青。而绿色和红色均不一致，如C1、DO1的绿色沥粉金的外层绿色颜料为酞菁绿，内层绿色颜料为巴黎绿；C23红色沥粉金的外层红色颜料为酸性红112，内层红色为铅丹。

包袱心处纸张的纤维鉴定表明纸张的内层为宣纸，表层纸为带白灰的裱糊所用的大白纸。

样品地仗的分析结果表明，颐和园长廊彩画地仗材料以油满为黏结材料，地仗层中所含纤维为大麻，说明颐和园长廊现存彩画的地仗作法基本相同，使用了传统彩画工艺作法，地仗层工艺以一麻五灰和单皮灰为主。

# 三、颐和园长廊彩画保存现状调查

根据修缮记录，现存彩画为20世纪50年代和70年代重做的苏式彩画。

现存彩画面积统计见表4-5。

表4-5　长廊彩画保护修复面积统计表

| 分区 | 位置 | 保护修复总面积 /m$^2$ |
|---|---|---|
| A 区 | 邀月门 | 323.248 |
| | A 区长廊 | 413.952 |
| | 留佳亭 | 143.983 |
| B 区 | B 区长廊 | 490.490 |
| | 对鸥舫 | 198.877 |
| C 区 | C 区长廊 | 434.918 |
| | 寄澜亭 | 143.983 |
| D 区 | D 区长廊 | 734.496 |

| 分区 | 位置 | 保护修复总面积 /m² |
|---|---|---|
| E 区 | E 区长廊 | 861.696 |
| F 区 | F 区长廊 | 734.496 |
| G 区 | 秋水亭 | 143.983 |
| | G 区长廊 | 574.224 |
| | 山色湖光共一楼 | 894.802 |
| H 区 | 鱼藻轩 | 364.812 |
| | H 区长廊 | 478.368 |
| I 区 | I 区长廊 | 413.952 |
| | 清遥亭 | 143.983 |
| 合计 | | 7494.264 |

## （一）长廊彩画数字化采集与正射影像

在病害调查工作开展之前，为全面采集和保存长廊彩画，对长廊彩画进行了数字化采集项目，以地面三维激光扫描仪、数字摄影测量为主要数据采集方式，全站仪为辅助手段进行测量。通过拍摄大量数码照片，利用摄影测量的原理生成被拍摄物体的三维彩色点云，进而生成三维彩色模型，利用三维彩色模型再投射出正射影像。三维激光扫描为摄影测量的结果提供尺寸基准和位置参考。图像格式为 JPG 及 TIFF。每张彩画正射影像图的图像分辨率不低于 75 dpi。长廊彩画的正射影像数据见表 4-6。

表 4-6　长廊彩画正射影像数据统计表

| 序号 | 彩画所属建筑 | | 成果数据（TIFF 格式） | | 备注 |
|---|---|---|---|---|---|
| | 类型 | 数量 | 正射数量 | 容量（MB） | |
| 1 | 长廊 | 273 | 3040 | 102209.29 | 正射 75 dpi，单独输出 50 dpi 的 JPG 供图像留存与病害图绘制使用 |
| 2 | 亭子 | 4 | 156 | 20814.63 | 正射 75 dpi，单独输出 50 dpi 的 JPG 供图像留存与病害图绘制使用 |
| 3 | 建筑 | 4 | 391 | 62213.27 | 正射 150 dpi，单独输出 50 dpi 的 JPG 供图像留存与病害图绘制使用 |
| 总计 | | 281 | 3587 | 185237.19 | — |

## （二）病害种类与分类

根据《古代壁画病害与图示》（GB/T 30237-2013）和《古代建筑彩画病害与图示》（WW/T 0030-2010）规范中的相关要求，并参考《古代壁画现状调查规范》（WW/T 0006-2007），本项目前期勘察阶段对长廊彩画开展了病害类型、病害位置的调查、记录和研究，对长廊彩画（包括四座八角亭、邀月门、对鸥舫、鱼藻轩和山色湖光共一楼）进行了详细的病害图绘制（详见长廊彩画病害调查图册）。

参观长廊的游客众多，且彩画本身多年未做过维护，彩画存在较多病害和破损，不少彩画呈现病害叠加的情况。病害种类有如下 20 种。

1）麻灰地仗脱落：地仗层全部脱落，露出其下的木基体。

2）纸地仗剥离：纸地仗层局部脱离油灰地仗层，但尚未掉落的现象。

3）纸地仗脱落：纸地仗脱落，露出其下的油灰地仗层。

4）空鼓：地仗层局部脱离基底层所形成的中空现象。

5）颜料脱落：颜料层局部脱离地仗层的现象。

6）沥粉贴金脱落：沥粉贴金层脱落，露出其下的地仗层。

7）粉化：颜料层胶结材料劣化导致的颜料呈粉末状的现象。

8）人为划痕、戳痕：对彩画表面造成的人为划伤、戳伤。

9）裂隙：木构件、地仗层、颜料层开裂形成缝隙。

10）龟裂：地仗层、颜料层表层产生的微小网状开裂。

11）起翘：地仗层、颜料层、沥粉贴金层在龟裂、裂隙的基础上，沿其边缘翘起、外卷。

12）积尘：灰尘在彩画表面形成的沉积现象。

13）水渍：因雨水侵蚀及渗漏而在彩画表面留下的痕迹。

14）泥渍：泥浆在彩画上留下的痕迹。

15）结垢：彩画表面因老化产物、积尘、空气中的其他成分等作用形成的混合垢层。

16）油污：彩画地仗中的油类物质渗出至彩画颜料表面的污染痕迹。

17）覆盖：彩画表面被其他材料（如石灰等）所涂刷、遮盖。

18）其他污染：油漆、涂料等材料污损彩画表面的现象。

19）动物损害：动物的活动、排泄物等对彩画表面造成破坏和污染的现象。

20）微生物损害：微生物的滋生对彩画表面产生的伤害，包括"菌害""霉变"等。

按照脱落型、无脱落型（极少脱落）、增加型三种类型，对彩画的20种病害分类阐述病害成因和发展过程（图4-24至图4-55）。

## 1. 脱落型病害

### （1）地仗层部分脱落型病害

地仗层部分的脱落型病害包括麻灰地仗脱落、纸地仗剥离、纸地仗脱落、空鼓。

成因分析：

1）自然环境的影响（温湿度、光辐射、空气环境以及微生物等几个方面）和彩画地仗制作材料的自然老化，造成彩画中的胶结材料降解，彩画本身失去黏结强度；

2）长廊彩画地仗层较薄，耐候性较差；

3）纸地仗非常怕水，一旦遇水将会形成剥离，慢慢造成脱落。

病害发展过程：

1）空鼓 → 裂隙 → 油灰地仗脱落；

2）纸地仗剥离 → 纸地仗脱落。

### （2）颜料层部分脱落型病害

颜料层部分的脱落型病害包括颜料脱落、沥粉贴金脱落、粉化、人为划痕与戳痕。

成因分析：

1）自然环境的影响（温湿度、光辐射、空气环境以及微生物等几个方面）和彩画绘制材料的自然老化，造成颜料中的胶结材料降解，颜料本身失去黏结强度；

2）长廊全年参观游客数量巨大，长廊彩画位置较低，导游和游客触手可及，导游在给游客讲解长廊彩画故事的时候，会用手中的小旗杆顶端在彩画上戳戳划划，因此留下了大量的人为划痕、戳痕。这些划痕、戳痕直接导致彩画的颜料乃至纸地仗脱落，使得画面不存。对于导游和游客的不文明行为管理不到位，惩罚机制未能实现。

病害发展过程：

1）自然老化——粉化 → 颜料脱落；

2）人为破坏行为——划痕戳痕 → 颜料脱落。

## 2. 无脱落病害（极少脱落）

无脱落病害（极少脱落）包括裂隙、龟裂、起翘。

成因分析：

1）自然环境的影响（温湿度、光辐射、空气环境以及微生物等几个方面）和彩画制作材料的自然老化，造成胶结材料降解，材料本身失去黏结强度；

2）北京冬季寒冷干燥、夏季高温多雨，造成木结构与彩画收缩后出现龟裂、裂隙；

3）地仗层、颜料层（包括沥粉贴金）在龟裂、裂隙的基础上，沿其边缘翘起外卷。

病害发展过程：

1）龟裂、空鼓 → 裂隙；

2）龟裂 → 起翘。

## 3. 增加型病害

### （1）地仗层部分脱落型病害

增加型病害（自然因素）包括积尘、水渍、泥渍、结垢。

成因分析：

1）自然环境的影响包括大气中的灰尘沉积，积尘吸收大气中的水分形成结垢；

2）曾存在漏雨现象，雨水流过彩画留下水渍，雨水在积尘严重的区域流下会产生泥渍；

3）长期疏于维护。

病害发展过程：

1）积尘→结垢；

2）雨水＋积尘→泥渍。

### （2）人为或动物、微生物因素脱落型病害

脱落型病害（人为或动物、微生物因素）包括油污、覆盖、其他污染、动物损害、微生物损害。

成因分析：

1）材料的老化及环境影响使彩画地仗中的油类物质渗出至彩画颜料表面形成油污；

2）"文革"期间使用大白涂刷彩画表面，在曾经的油饰施工中人为滴上的油漆等污染；

3）动物活动在彩画表面形成的污染，如鸟粪、蛛网等，且在温湿度适宜的条件下，灰尘的堆积会在彩画表面生成霉变，使画面变色黑化。

病害发展过程：

1）人为因素——油污、覆盖、其他污染；

2）积尘 → 微生物损害。

图 4-24　麻灰地仗层脱落

图 4-25　人为划痕戳痕导致的颜料层脱落

图 4-26　人为划痕戳痕（重度）

图 4-27　人为划痕（轻度）

图 4-28　纸地仗剥离 1

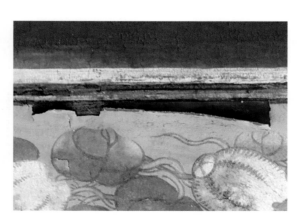
图 4-29　纸地仗剥离 2

图 4-30 纸地仗脱落 1

图 4-31 纸地仗脱落 2

图 4-32 颜料层脱落 1

图 4-33 颜料层脱落 2

图 4-34 颜料层脱落（找头黑叶子花脱落）

图 4-35 颜料层脱落 3

图 4-36 油污（重度）1

图 4-37 油污（重度）2

图 4-38　油污（重度）3

图 4-39　油污（重度）4

图 4-40　油污（轻度）1

图 4-41　油污（轻度）2

图 4-42　龟裂

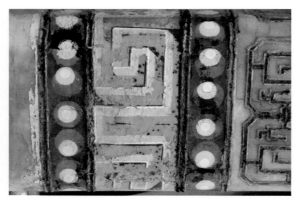

图 4-43　龟裂、起翘

图 4-44　沥粉贴金脱落

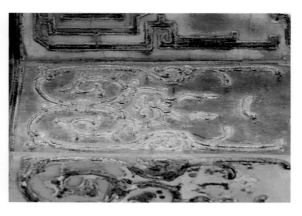

图 4-45　沥粉贴金起翘

图 4-46 裂隙 1

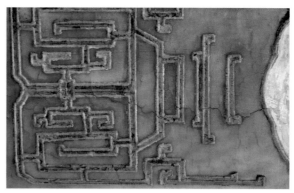

图 4-47 裂隙 2

图 4-48 泥渍

图 4-49 水渍

图 4-50 微生物损害 1

图 4-51 微生物损害 2

图 4-52 动物损害 1

图 4-53 动物损害 2

图 4-54　石灰覆盖 1　　　　　　　　　　　　图 4-55　石灰覆盖 2

## （三）长廊彩画保存现状

长廊（图 4-56）现存彩画重做至今已经 40 余年。在自然环境的影响作用下，现存内檐彩画出现了人为划痕戳痕、纸地仗剥离、颜料脱落、各种污染、龟裂、裂隙、起翘等病害。外檐损害更为严重。制作材料的自然老化及自然环境

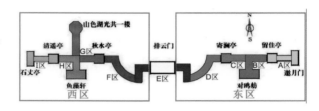

图 4-56　长廊的东段与西段分区

的影响，再加上人为损坏，导致外檐彩画出现了大面积人为划痕戳痕、纸地仗剥离、颜料脱落以及各种污染，彩画材料的老化还在发展中。20 世纪 50 年代和 70 年代重做彩画，很多包袱心绘画采用了包袱预制的方法，即画在高丽纸上再粘裱在木构件上的方法，这些纸包袱本来就很脆弱，人为的划痕、戳痕使彩画在外界环境中老化破坏必然更加快速。彩画各种病害不断发展，造成彩画地仗脆弱，少部分纹样模糊不清。建筑下架油饰损害也日趋严重。长廊区域游人众多，人为破坏显著。

### 1. 长廊东段外檐彩画保存现状

#### （1）长廊东段外檐南侧彩画保存现状

长廊东段外檐南侧彩画人物故事题材的包袱心有严重的人为划痕、戳痕，包袱心存在纸地仗脱落、污染、裂隙等病害。其余几种题材的包袱心大多保存较好，但是也有人为划痕存在。

烟云大多缺失较为严重，烟云的沥粉贴金起翘脱落严重。

部分聚锦颜料层脱落严重，聚锦壳子沥粉贴金起翘脱落严重。其中，B、C、D 三区和 E 区东段每一间都有一侧聚锦完全缺失。

找头的黑叶子花大多不存，或仅存小部分。

片金卡子大多存在沥粉贴金起翘脱落严重的情况。

箍头颜色缺失严重。

长廊东段外檐南侧彩画整体除包袱心外的檩、垫、枋三件找头底色颜料脱落严重，地仗龟裂普遍存在。其余较为严重的病害有油污、积尘、起翘、裂隙、动物损害和水渍等。

**（2）长廊东段外檐北侧彩画保存现状**

长廊东段外檐北侧彩画人物故事题材的包袱心的人为划痕、戳痕较南侧稍好，原因是北侧为背阴面，在长廊北侧游览的游客数量较少。包袱心存在纸地仗脱落、污染、裂隙等病害。其余几种题材的包袱心大多保存较好，但是也有人为划痕存在。

烟云大多缺失较为严重，烟云的沥粉贴金起翘脱落严重。

部分聚锦颜料层脱落严重，聚锦壳子沥粉贴金起翘脱落严重。其中，B、C、D三区每一间都有一侧聚锦完全缺失。

找头的黑叶子花大多不存，或仅存小部分。

片金卡子大多存在沥粉贴金起翘脱落严重的情况。

箍头颜色缺失严重。

长廊东段外檐北侧彩画整体除包袱心外的檩、垫、枋三件找头底色颜料脱落较南侧稍好，地仗龟裂普遍存在。其余较为严重的病害有油污、积尘、起翘、裂隙、动物损害和泥渍等，还有一些南侧外檐彩画中不存在的病害，如结垢和空鼓。

## 2. 长廊西段外檐彩画保存现状

### （1）长廊西段外檐南侧彩画保存现状

长廊西段外檐南侧彩画包袱心人物故事题材有少量人为划痕、戳痕，包袱心还存在污染、裂隙等病害。其余几种题材的包袱心大多保存尚好。

烟云大多保存尚好。

聚锦保存较好，聚锦壳子沥粉贴金有少量起翘脱落。

找头的黑叶子花大多保存尚好或少量脱落。

片金卡子大多存在起翘脱落严重的情况，尤其是檐枋和垫板的卡子。

箍头颜色缺失严重。

檩、垫、枋三件找头底色脱落情况较东段稍好，最严重的是青色底色，其次是垫板的红色底色，绿色底色油污严重，以至于已经发黑；地仗龟裂普遍存在；其余较为严重的病害有油污、积尘、起翘、裂隙、动物损害和水渍等。

### （2）长廊西段外檐北侧彩画保存现状

长廊西段外檐北侧彩画包袱心人物故事题材有少量人为划痕、戳痕，包袱心还存在污染、裂隙等病害。其余几种题材的包袱心大多保存尚好。

烟云大多保存尚好。

聚锦保存较好，聚锦壳子沥粉贴金有少量起翘脱落。

找头的黑叶子花大多保存尚好。

片金卡子大多起翘脱落严重的情况，尤其是檐檩和垫板的卡子。

箍头颜色缺失严重。

檩、垫、枋三件找头底色脱落较重，最严重的是青色底色，其次是垫板的红色底色，绿色底色油污严重；地仗龟裂普遍存在；其余较为严重的病害有油污、积尘、起翘、裂隙、动物损害和水渍等。

## 3. 长廊东段内檐彩画保存现状

长廊东段内檐两侧彩画的保存现状基本类似。

长廊内檐彩画人物故事题材的包袱心的人为划痕、戳痕最为严重，原因是在长廊内部游览的游客人数最多。包袱心的人为划痕、戳痕会导致颜料层逐渐脱落，图案缺失的面积渐渐增大，导致画面缺失严重，无法辨认。包袱心存在纸地仗脱落、剥离、污染、裂隙等病害。其余几种题材的包袱心大多保存较好，但是也有人为划痕存在。

烟云大多缺失较为严重，烟云的沥粉贴金起翘脱落严重。

部分聚锦颜料层脱落严重，聚锦壳子沥粉贴金起翘脱落严重，部分聚锦有重绘痕迹。其中，B、C、D 三区和 E 区东段每一间都有一侧聚锦完全缺失。

找头的黑叶子花大多不存，或仅存小部分。

片金卡子大多存在沥粉贴金起翘脱落严重的情况。

箍头颜色缺失严重。

长廊东段内檐彩画整体除包袱心外的檩、垫、枋三件找头底色颜料脱落较外檐稍好，部分颜料粉化；地仗龟裂普遍存在；其余较为严重的病害有油污、积尘、起翘、裂隙、动物损害和水渍等，还有一些外檐彩画中不存在的病害，如霉菌。

## 4. 长廊西段内檐彩画保存现状

长廊西段内檐两侧彩画保存现状基本类似。

人物故事题材的包袱心有一些人为划痕、戳痕，原因是在长廊内部游览的游客人数最多。包袱心存在污染、裂隙等病害。其余几种题材的包袱心大多保存较好，但是也有人为划痕存在。

烟云大多保存尚好。

聚锦保存较好，聚锦壳子沥粉贴金有少量起翘脱落。

找头的黑叶子花大多保存尚好。

片金卡子大多保存较好。

箍头颜色缺失较严重，尤其是青色底色的箍头。

檩、垫、枋三件找头底色脱落较少，但青色底色脱落较严重，绿色底色油污严重；地仗龟裂较少；其余较为严重的病害有油污、积尘、龟裂等。

## 5. 长廊东段脊步彩画保存现状

长廊东段双侧脊步彩画的保存现状基本类似。

A 区方心保存基本较好，有一些积尘较严重；B、C 两区方心基本都被大白覆盖，有些甚至完全看不到底下图案；D 区和 E 区东段有一些方心有被大白覆盖过的痕迹，还有一些方心积尘和污染较严重，但图案尚可辨。

小部分聚锦缺失，聚锦壳子沥粉贴金起翘脱落严重。其中，B、C 两区每一间都有一侧聚锦完全被大白覆盖，E 区东段每一间都有一侧聚锦有被大白覆盖过的痕迹。

找头的黑叶子花缺失也较为严重。

色卡子大多有一些缺失。

箍头颜色缺失严重。

脊步檩、垫、枋三件找头青色底色脱落比较严重，其中青色最严重；脊垫板油污严重，部分颜料粉化；地仗龟裂普遍存在；其余较为严重的病害有油污、积尘、起翘、裂隙等。

### 6. 长廊西段脊步彩画保存现状

长廊西段双侧脊步彩画的保存现状基本类似。

方心保存基本较好，有一些积尘和污染较严重。

除 E 区西段每一面聚锦都有一侧有被大白覆盖过的痕迹，除画面模糊外，长廊西段脊步彩画聚锦保存较好，聚锦壳子沥粉贴金起翘脱落严重。

双脊外侧找头的黑叶子花缺失也较为严重，双脊内侧找头的黑叶子花保存较好。

色卡子大多存在一些缺失，尤其是脊枋上的卡子。

箍头颜色少量缺失。

脊步檩、垫、枋三件找头底色保存较好，其中青色底色有部分脱落，绿色底色油污非常严重，以至于已经发黑，部分颜料粉化；地仗龟裂普遍存在；其余较为严重的病害有油污、积尘、起翘、裂隙等。

### 7. 长廊东段梁架彩画保存现状

长廊东段梁架两个侧面彩画的保存现状基本类似。

除 A 区四架梁两侧线法方心保存基本较好，有个别积尘较严重外，B、C、D 三区四架梁两侧线法方心缺失严重，甚至完全看不清图案。

整个东段四架梁底面为作染葫芦瓜图案的方心保存较好，红色地攒退轱辘草（法轮卷草）图案的保存较差，图案缺失严重。

烟云岔口式方心大多有缺失，烟云的沥粉贴金起翘脱落严重。

片金卡子大多存在起翘脱落严重的情况。

箍头颜色缺失严重。

除 E 区西段月梁和瓜柱保存较好外，长廊西段各区每间月梁和瓜柱污染较严重。

四架梁的青色底色脱落比较严重，四架梁地仗龟裂普遍存在；其余较为严重的病害有油污、积尘、起翘、裂隙等。

### 8. 长廊西段梁架彩画保存现状

长廊西段梁架两侧彩画的保存现状基本类似。

四架梁两侧线法方心保存较好。

四架梁底面为作染葫芦瓜图案的方心保存较好，红色地攒退轱辘草（法轮卷草）图案的保存稍差。

烟云岔口式方心有少量缺失，烟云的沥粉贴金有少量起翘脱落。

片金卡子有少量起翘脱落。

除 E 区西段月梁和瓜柱保存较好外，长廊西段各区每间月梁和瓜柱污染较严重。

四架梁的青色底色脱落比较严重，四架梁地仗龟裂普遍存在；其余较为严重的病害有油污、积尘、起翘、裂隙等。

## 9. 长廊油饰保存现状

长廊油饰总体保存得较好，出现部分油饰层起翘脱落，油饰地仗层开裂脱落，油饰地仗层起翘，还有部分油饰脱落重刷的痕迹。

## 10. 长廊彩画保存现状整体评价

长廊彩画整体保存较为完整，彩画表面积尘、结垢、颜料层粉化、龟裂、起翘病害较普遍，因建筑漏雨造成的水渍、变色、微生物污染病害较为严重。外檐彩画整体保存状况较差。光线、粉尘、漏雨等自然环境的影响，造成彩画颜料层的脱落、粉化病害严重，部分彩画图案模糊或完全脱落，木构件的开裂也造成了彩画地仗层的空鼓和剥离。彩画内外檐都存在较为严重的人为损坏，对彩画造成不可弥补的损失（图4-57至图4-60）。

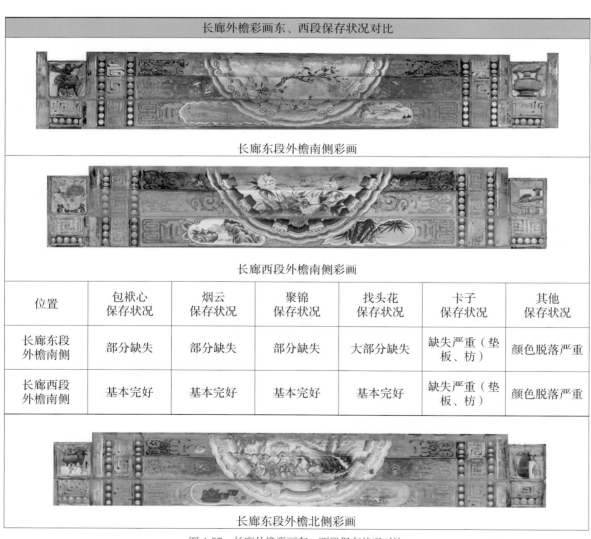

| 位置 | 包袱心保存状况 | 烟云保存状况 | 聚锦保存状况 | 找头花保存状况 | 卡子保存状况 | 其他保存状况 |
|---|---|---|---|---|---|---|
| 长廊东段外檐南侧 | 部分缺失 | 部分缺失 | 部分缺失 | 大部分缺失 | 缺失严重（垫板、枋） | 颜色脱落严重 |
| 长廊西段外檐南侧 | 基本完好 | 基本完好 | 基本完好 | 基本完好 | 缺失严重（垫板、枋） | 颜色脱落严重 |

长廊东段外檐北侧彩画

图 4-57 长廊外檐彩画东、西段保存状况对比

长廊西段外檐北侧彩画

| 位置 | 包袱心保存状况 | 烟云保存状况 | 聚锦保存状况 | 找头花保存状况 | 卡子保存状况 | 其他保存状况 |
|---|---|---|---|---|---|---|
| 长廊东段外檐北侧 | 部分缺失 | 部分缺失 | B、C、D区每间有一侧被大白覆盖 | 大部分缺失 | 缺失严重（垫板、枋） | 颜色脱落严重 |
| 长廊西段外檐北侧 | 基本完好 | 基本完好 | 基本完好 | 基本完好 | 缺失严重（垫板、枋） | 颜色脱落严重 |

图 4-57 长廊外檐彩画东、西段保存状况对比（续）

长廊内檐彩画东、西段保存状况对比

长廊东段内檐彩画

长廊西段内檐彩画

| 位置 | 包袱心保存状况 | 烟云保存状况 | 聚锦保存状况 | 找头花保存状况 | 卡子保存状况 | 其他保存状况 |
|---|---|---|---|---|---|---|
| 长廊东段内檐 | 小部分缺失 | 小部分缺失 | 基本完好 | 大部分缺失 | 小部分缺失 | 颜色部分脱落 |
| 长廊西段内檐 | 基本完好 | 基本完好 | 基本完好 | 基本完好 | 小部分缺失 | 颜色小部分脱落 |

图 4-58 长廊内檐彩画东、西段保存状况对比

长廊脊步彩画东、西段保存状况对比

长廊东段脊步彩画

图 4-59 长廊脊步彩画东、西段保存状况对比

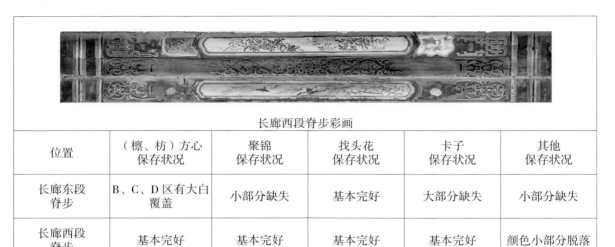

| 长廊西段脊步彩画 | | | | |
|---|---|---|---|---|
| 位置 | （檩、枋）方心保存状况 | 聚锦保存状况 | 找头花保存状况 | 卡子保存状况 | 其他保存状况 |
| 长廊东段脊步 | B、C、D区有大白覆盖 | 小部分缺失 | 基本完好 | 大部分缺失 | 小部分缺失 |
| 长廊西段脊步 | 基本完好 | 基本完好 | 基本完好 | 基本完好 | 颜色小部分脱落 |

图 4-59　长廊脊步彩画东、西段保存状况对比（续）

| 长廊梁架彩画东、西段保存状况对比 |
|---|
| 长廊东段梁架彩画侧面 |
| 长廊西段梁架彩画侧面 |
| 长廊东段梁架彩画底面（葫芦瓜图案） |
| 长廊西段梁架彩画底面（葫芦瓜图案） |
| 长廊东段梁架彩画底面（宝珠吉祥草图案） |

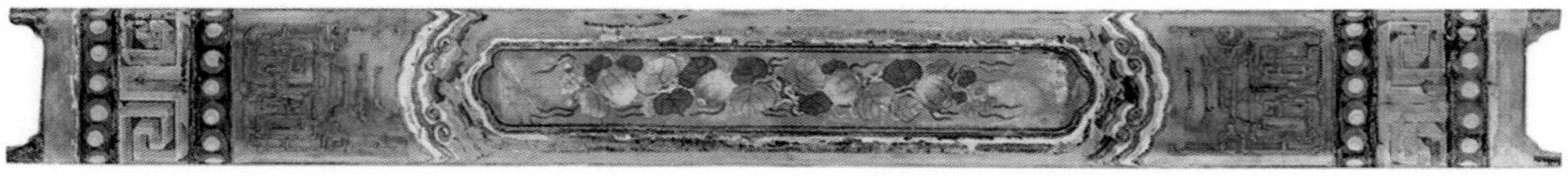

图 4-60　长廊梁架彩画东、西段保存状况对比

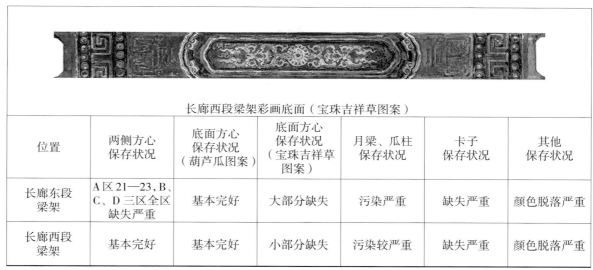

| 长廊西段梁架彩画底面（宝珠吉祥草图案） | | | | | |
| 位置 | 两侧方心<br>保存状况 | 底面方心<br>保存状况<br>（葫芦瓜图案） | 底面方心<br>保存状况<br>（宝珠吉祥草<br>图案） | 月梁、瓜柱<br>保存状况 | 卡子<br>保存状况 | 其他<br>保存状况 |
| 长廊东段<br>梁架 | A区21—23，B、<br>C、D三区全区<br>缺失严重 | 基本完好 | 大部分缺失 | 污染严重 | 缺失严重 | 颜色脱落严重 |
| 长廊西段<br>梁架 | 基本完好 | 基本完好 | 小部分缺失 | 污染较严重 | 缺失严重 | 颜色脱落严重 |

图 4-60　长廊梁架彩画东、西段保存状况对比（续）

## 11. 长廊油饰保存状况

长廊现存下架油饰为 1999 年 4 月 3 日至 9 月 10 日下架油饰工程时所做；2005 年 9 月 20 日至 2006 年 9 月 20 日，在长廊第五次维修中，椽头、连檐、望板、瓦口等重做地仗，重新油饰，重新贴金；目前的长廊油饰距今已有十几年到二十几年不等的时间。现阶段长廊油饰的问题主要为油皮龟裂、起翘、空鼓、开裂、脱落和局部地仗层脱落，油饰褪色等（图 4-61 至图 4-71）。

柱子：长廊的梅花柱有油皮龟裂、起翘、空鼓、开裂、脱落及局部地仗层脱落等病害，尤其是个别柱脚油饰有小面积的破损、开裂、脱落。其中，南侧柱子外侧因阳光直射，昼夜温差变化剧烈造成更严重的油饰脱落、褪色、起翘等问题。还有一些柱子在修复时，没有把柱子上的老油皮砍掉，在油皮缺失的地仗上直接上颜色光油。

坐凳板：长廊自 1997 年开始给坐凳板加装护凳板，但长廊游人众多，护凳板有部分松动、破损，但仍对坐凳板起到很好的保护作用。

连檐、瓦口、椽子、望板：这些部位的油饰目前保存状况尚好，有 20% 到 30% 存在部分油皮龟裂、起翘、开裂、脱落。

椽头：飞椽头为栀花，檐椽头为"福寿图"，目前有 20% 到 30% 存在部分颜料层脱落。

博缝板：有油皮龟裂、起翘、空鼓、开裂、脱落等病害。

坐凳楣子、倒挂楣子：为步步锦形式，目前保存状况较差，普遍存在油皮龟裂、起翘、空鼓、开裂、脱落和局部地仗层脱落等病害，颜料层更是粉化脱落严重。

花牙子：目前保存状况较差，普遍存在油皮龟裂、起翘、脱落和局部地仗层脱落等病害，颜料层更是粉化脱落严重。

图 4-61　地仗层脱落（组图）

图 4-62　油皮开裂

图 4-63　龟裂

图 4-64　油皮起翘（组图）

图 4-65　油皮起翘脱落（组图）

图 4-66　油皮开裂、空鼓

图 4-67　颜料层脱落

图 4-68　油皮脱落

图 4-69　油皮脱落（后期颜色光油直接刷在脱落的地仗上）

图 4-70　颜料层脱落（椽头）

图 4-71　鸟粪

## （四）长廊分区彩画保存现状

　　长廊在每一分区内的彩画保存状况都大致相同，表 4-7 至表 4-15 为每一区选出一间比较有代表性的长廊彩画做保存现状描述。

表 4-7　长廊 A 区彩画保存现状

| 长廊分区示意图 | 长廊 A 区示意图 |
| --- | --- |
| 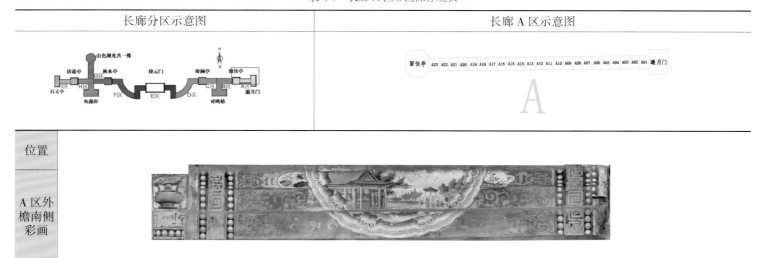 | |

| 位置 | |
| --- | --- |
| A 区外檐南侧彩画 | |

| 彩画类型 | 保存状况 |
|---|---|
| 金线包袱式苏画，一麻五灰地仗 | 长廊 A 区外檐南侧彩画人物故事题材包袱心有严重的人为划痕、戳痕，包袱心存在纸地仗脱落、污染、裂隙等病害。其余几种题材的包袱心大多保存尚好。烟云大多缺失较为严重，沥粉贴金起翘脱落严重。少部分聚锦缺失，聚锦壳子沥粉贴金起翘脱落严重。找头的黑叶子花大多不存。片金卡子大多起翘脱落严重。箍头颜色缺失严重。檩、垫、枋三件找头底色脱落非常严重，地仗龟裂普遍存在。其余较为严重的病害有油污、积尘、起翘、裂隙、动物损害和水渍等 |

| 位置 | |
|---|---|
| A 区外檐北侧彩画 |  |

| 彩画类型 | 保存状况 |
|---|---|
| 金线包袱式苏画，一麻五灰地仗 | 长廊 A 区外檐北侧彩画人物故事题材包袱心的人为划痕、戳痕较南侧稍好，原因是北侧为背阴面，在长廊北侧游览的游客较少。包袱心存在纸地仗脱落、污染、裂隙等病害。其余几种题材的包袱心大多保存较好。烟云大多缺失较为严重，沥粉贴金起翘脱落严重。少部分聚锦缺失，聚锦壳子沥粉贴金起翘脱落严重。找头的黑叶子花大多不存。片金卡子大多起翘脱落严重。箍头颜色缺失严重。檩、垫、枋三件找头底色脱落非常严重，比外檐南侧稍好，地仗龟裂普遍存在。其余较为严重的病害有油污、积尘、起翘、裂隙、动物损害和水渍等 |

| 位置 | |
|---|---|
| A 区内檐南侧彩画 |  |

| 位置 | |
|---|---|
| A 区内檐北侧彩画 |  |

| 彩画类型 | 保存状况 |
|---|---|
| 金线包袱式苏画，一麻五灰地仗 | 长廊 A 区内檐两侧彩画保存状况基本类似。人物故事题材的包袱心的人为划痕、戳痕最为严重，原因是长廊内部游览的游客人数最多。包袱心的人为划痕戳痕会导致颜料层逐渐脱落，图案缺失面积渐渐增大，导致画面缺失严重，无法辨认。包袱心存在纸地仗脱落、剥离、污染、裂隙等病害。其余几种题材的包袱心大多保存较好，但是也存在人为划痕。烟云大多缺失较为严重，烟云的沥粉贴金起翘脱落严重。小部分聚锦缺失，沥粉贴金起翘脱落严重，部分聚锦有重绘痕迹。找头的黑叶子花大多不存。片金卡子大多沥粉贴金起翘脱落严重。箍头颜色缺失严重。<br>内檐檩、垫、枋三件找头底色脱落也比较严重，但比外檐稍好，部分颜料粉化。地仗龟裂普遍存在。其余较为严重的病害有油污、积尘、起翘、裂隙、动物损害和水渍等，还有一些外檐彩画没有的病害，如霉菌 |

| 位置 | |
|---|---|
| A 区脊步彩画 |  |

| 位置 | |
|---|---|
| A 区脊步彩画 |  |

| 彩画类型 | 保存状况 |
|---|---|
| 金线方心式苏画，脊檩和脊垫板为单皮灰地仗，脊枋为一麻五灰地仗；<br>方心图案为金鱼水草、紫藤花、桃柳燕三种图案交替 | 长廊 A 区双侧脊步彩画保存状况基本类似。方心保存基本较好，有一些积尘较严重。小部分聚锦缺失，聚锦壳子沥粉贴金起翘脱落严重。找头的黑叶子花缺失也较为严重。色卡子大多有一些缺失。箍头颜色缺失严重。脊步檩、垫、枋三件找头青色底色脱落比较严重，脊垫板油污严重，部分颜料粉化。地仗龟裂普遍存在。其余较为严重的病害有油污、积尘、起翘、裂隙等 |

| 位置 | |
|---|---|
| A 区梁架彩画 |  |

| 彩画类型 | 保存状况 |
|---|---|
| 金线方心式苏画，烟云岔口式方心；<br>月梁为单皮灰地仗、瓜柱和四架梁为一麻五灰地仗；<br>月梁底色为绿色 | 长廊 A 区梁架两侧彩画保存状况基本类似。四架梁两侧线法方心保存基本较好，有个别积尘较严重。四架梁底面为作染葫芦瓜图案的方心保存较好，为红色地攒退轱辘草（法轮卷草）图案的保存较差，图案缺失严重。烟云岔口式方心大多有缺失，烟云的沥粉贴金起翘脱落严重。片金卡子大多起翘脱落严重。箍头颜色缺失严重。月梁和瓜柱表面污染严重。四架梁的青色底色脱落比较严重，四架梁地仗龟裂普遍存在。其余较为严重的病害有油污、积尘、起翘、裂隙等 |

表 4-8 长廊 B 区彩画保存现状

| 长廊分区示意图 | 长廊 B 区示意图 |
|---|---|
| 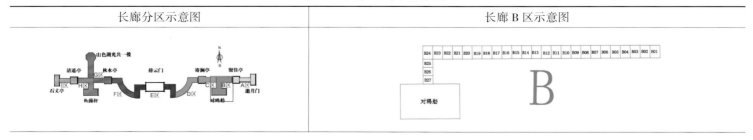 | |

| 位置 | |
|---|---|
| B区外檐南侧彩画 |  |

| 彩画类型 | 保存状况 |
|---|---|
| 金线包袱式苏画，一麻五灰地仗 | 长廊B区外檐南侧彩画人物故事题材包袱心有严重的人为划痕、戳痕，包袱心存在纸地仗脱落、污染、裂隙等病害。其余几种题材的包袱心大多保存尚好。烟云大多缺失较为严重，沥粉贴金起翘脱落严重。每一间都有一侧聚锦完全缺失，聚锦壳子沥粉贴金起翘脱落严重。找头的黑叶子花大多不存。片金卡子大多起翘脱落严重，尤其是垫板和额枋的卡子。箍头颜色缺失严重。檩、垫、枋三件找头底色脱落非常严重，地仗龟裂普遍存在。其余较为严重的病害有油污、积尘、起翘、裂隙、动物损害和水渍等 |

| 位置 | |
|---|---|
| B区外檐北侧彩画 |  |

| 彩画类型 | 保存状况 |
|---|---|
| 金线包袱式苏画，一麻五灰地仗 | 长廊B区外檐北侧彩画人物故事题材包袱心的人为划痕、戳痕较南侧稍好，原因是北侧为背阴面，在长廊北侧游览的游客较少。包袱心存在纸地仗脱落、污染、裂隙等病害。其余几种题材的包袱心大多保存较好。烟云大多缺失较为严重，沥粉贴金起翘脱落严重。每一间都有一侧聚锦完全缺失，聚锦壳子沥粉贴金起翘脱落严重。找头的黑叶子花大多不存。片金卡子大多起翘脱落严重。箍头颜色缺失严重。檩、垫、枋三件找头底色脱落非常严重，比外檐南侧情况稍好，地仗龟裂普遍存在。其余较为严重的病害有油污、积尘、起翘、裂隙、动物损害和水渍等 |

| 位置 | |
|---|---|
| B区内檐南侧彩画 |  |

| 位置 | |
|---|---|
| B区内檐北侧彩画 |  |

| 彩画类型 | 保存状况 |
|---|---|
| 金线包袱式苏画，一麻五灰地仗 | 长廊B区内檐两侧彩画保存状况基本类似。人物故事题材包袱心的人为划痕、戳痕最为严重，原因是长廊内部游览的游客人数最多。包袱心存在纸地仗脱落、剥离、污染、裂隙等病害。其余几种题材的包袱心大多保存较好，但是也存在人为划痕。烟云大多缺失较为严重，烟云的沥粉贴金起翘脱落严重。每一间都有一侧聚锦完全缺失，沥粉贴金起翘脱落严重。找头的黑叶子花大多不存或大部分脱落。片金卡子大多沥粉贴金起翘脱落严重。箍头颜色缺失较严重。<br>内檐檩、垫、枋三件找头底色脱落也比较严重，但比外檐稍好，部分颜料粉化。地仗龟裂普遍存在。其余较为严重的病害有油污、积尘、起翘、裂隙、动物损害和水渍等，还有一些外檐彩画没有的病害，如霉菌 |

| 位置 | |
|---|---|
| B区脊步彩画 |  |

| 彩画类型 | 保存状况 |
|---|---|
| 金线方心式苏画，脊檩和脊垫板为单皮灰地仗，脊枋为一麻五灰地仗；<br>方心图案为金鱼水草、紫藤花、桃柳燕三种图案交替 | 长廊B区双侧脊步彩画保存状况基本类似。整区方心基本都被大白覆盖，有些甚至完全看不到底下图案。每一面聚锦都有一侧也被大白覆盖，聚锦壳子沥粉贴金起翘脱落严重。找头的黑叶子花缺失也较为严重。色卡子缺失较严重。箍头颜色缺失严重。<br>脊步檩垫枋三件找头底色脱落比较严重，脊垫板油污严重，部分颜料粉化。地仗龟裂普遍存在。其余较为严重的病害有油污、积尘、起翘、裂隙等 |

| 位置 | |
|---|---|
| B区梁架彩画 | 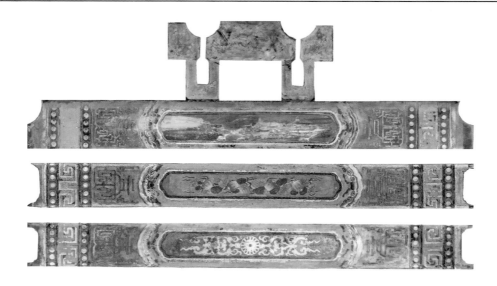 |

| 彩画类型 | 保存状况 |
|---|---|
| 金线方心式苏画，烟云岔口式方心；<br>月梁为单皮灰地仗、瓜柱和四架梁为一麻五灰地仗；<br>月梁底色为绿色 | 长廊B区梁架两侧彩画保存状况基本类似。四架梁两侧线法方心缺失严重，甚至完全看不清图案。四架梁底面为作染葫芦瓜图案的方心保存较好，红色地攒退轱辘草（法轮卷草）图案的保存较差，图案缺失严重。烟云岔口式方心大多有缺失，烟云的沥粉贴金起翘脱落严重。片金卡子大多起翘脱落严重。箍头颜色缺失严重。<br>月梁和瓜柱表面污染严重。<br>四架梁的青色底色脱落比较严重，四架梁地仗龟裂普遍存在。其余较为严重的病害有油污、积尘、起翘、裂隙等 |

表 4-9　长廊 C 区彩画保存现状

| 长廊分区示意图 | 长廊 C 区示意图 |
|---|---|
| 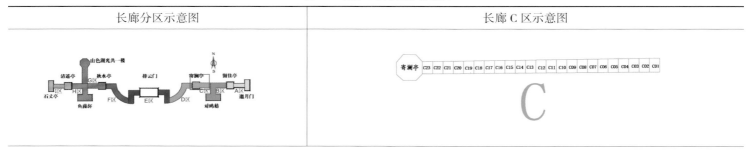 | |

| 位置 | |
|---|---|
| C区外檐南侧彩画 |  |

| 彩画类型 | 保存状况 |
|---|---|
| 金线包袱式苏画，一麻五灰地仗 | 长廊C区外檐南侧彩画人物故事题材包袱心有一些人为划痕、戳痕，包袱心存在纸地仗脱落、污染、裂隙等病害。其余几种题材的包袱心大多保存尚好。烟云大多缺失较为严重，沥粉贴金起翘脱落严重。每一间都有一侧聚锦完全缺失，聚锦壳子沥粉贴金起翘脱落严重。找头的黑叶子花大多不存或缺失严重。片金卡子大多起翘脱落严重，尤其是垫板和额枋的卡子。箍头颜色缺失严重。檩、垫、枋三件找头底色脱落非常严重，地仗龟裂普遍存在。其余较为严重的病害有油污、积尘、起翘、裂隙、动物损害和水渍等 |

| 位置 | |
|---|---|
| C区外檐北侧彩画 |  |

| 彩画类型 | 保存状况 |
|---|---|
| 金线包袱式苏画，一麻五灰地仗 | 长廊C区外檐北侧彩画人物故事题材包袱心的人为划痕、戳痕较南侧稍好，原因是北侧为背阴面，在长廊北侧游览的游客较少。包袱心存在纸地仗脱落、污染、裂隙等病害。其余几种题材的包袱心大多保存较好。烟云大多缺失较为严重，沥粉贴金起翘脱落严重。每一间都有一侧聚锦完全缺失，聚锦壳子沥粉贴金起翘脱落严重。找头的黑叶子花大多不存或缺失严重。片金卡子大多起翘脱落严重，尤其是垫板和额枋的卡子。箍头颜色缺失严重。檩、垫、枋三件找头底色脱落非常严重，比外檐南侧稍好，地仗龟裂普遍存在。其余较为严重的病害有油污、积尘、起翘、裂隙、动物损害和水渍等 |

| 位置 | |
|---|---|
| C区内檐南侧彩画 |  |

| 位置 | |
|---|---|
| C区内檐北侧彩画 |  |

| 彩画类型 | 保存状况 |
|---|---|
| 金线包袱式苏画，一麻五灰地仗 | 长廊C区内檐两侧彩画保存状况基本类似。人物故事题材的包袱心有一些的人为划痕、戳痕，原因是长廊内部游览的游客人数最多。包袱心存在纸地仗脱落、剥离、污染、裂隙等病害。其余几种题材的包袱心大多保存较好，但是也存在人为划痕。烟云大多缺失较为严重，烟云的沥粉贴金起翘脱落严重。每一间都有一侧聚锦完全缺失，沥粉贴金起翘脱落严重。找头的黑叶子花大多不存，或大部分脱落。片金卡子大多沥粉贴金起翘脱落严重。箍头颜色缺失较严重。<br>内檐檩、垫、枋三件找头底色脱落也比较严重，但比外檐稍好，部分颜料粉化。地仗龟裂普遍存在。其余较为严重的病害有油污、积尘、起翘、裂隙、动物损害和水渍等，还有一些外檐彩画没有的病害，如霉菌 |

| 位置 | |
|---|---|
| B区脊步彩画 |  |

| 彩画类型 | 保存状况 |
|---|---|
| 金线方心式苏画,脊檩和脊垫板为单皮灰地仗,脊枋为一麻五灰地仗;<br>方心图案为金鱼水草、紫藤花、桃柳燕三种图案交替 | 长廊C区双侧脊步彩画保存状况基本类似,整区方心基本都被大白覆盖,有些甚至完全看不到底下图案。每一面聚锦都有一侧也被大白覆盖,聚锦壳子沥粉贴金起翘脱落严重。找头的黑叶子花缺失也较为严重。色卡子缺失较严重。箍头颜色缺失严重。<br>脊步檩、垫、枋三件找头底色脱落比较严重,脊垫板油污严重,部分颜料粉化。地仗龟裂普遍存在。其余较为严重的病害有油污、积尘、起翘、裂隙等 |

| 位置 | |
|---|---|
| B区梁架彩画 | 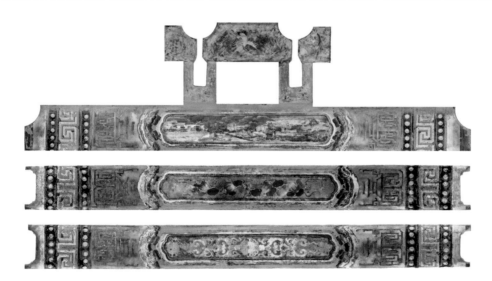 |

| 彩画类型 | 保存状况 |
|---|---|
| 金线方心式苏画,烟云岔口式方心;<br>月梁为单皮灰地仗、瓜柱和四架梁为一麻五灰地仗;<br>月梁底色为绿色 | 长廊C区梁架两侧彩画保存状况基本类似。四架梁两侧线法方心缺失严重,甚至完全看不清图案。四架梁底面为作染葫芦瓜图案的方心保存较好,但大多污染较为严重,红色地攒退轱辘草(法轮卷草)图案的保存较差,图案缺失严重。烟云岔口式方心大多有缺失,烟云的沥粉贴金起翘脱落严重。片金卡子大多起翘脱落严重。箍头颜色缺失严重。<br>月梁和瓜柱表面污染严重。<br>四架梁的青色底色脱落比较严重,四架梁地仗龟裂普遍存在。其余较为严重的病害有油污、积尘、起翘、裂隙等 |

表4-10 长廊D区彩画保存现状

| 长廊分区示意图 | 长廊D区示意图 |
|---|---|
| 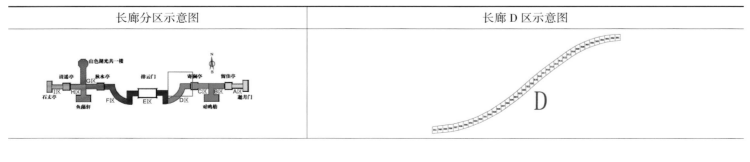 | |

| 位置 | |
|---|---|
| D 区外檐南侧彩画 |  |

| 彩画类型 | 保存状况 |
|---|---|
| 金线包袱式苏画，一麻五灰地仗 | 　　长廊 D 区外檐南侧彩画人物故事题材包袱心有一些人为划痕、戳痕，包袱心存在纸地仗脱落、污染、裂隙等病害。其余几种题材的包袱心大多保存尚好。烟云大多缺失较为严重，沥粉贴金起翘脱落严重。每一间都有一侧聚锦完全缺失，聚锦壳子沥粉贴金起翘脱落严重。找头的黑叶子花大多不存或缺失严重。片金卡子大多起翘脱落严重，尤其是垫板和额枋的卡子。箍头颜色缺失严重。檩、垫、枋三件找头底色脱落非常严重，地仗龟裂普遍存在。其余较为严重的病害有油污、积尘、起翘、裂隙、动物损害和水渍等 |

| 位置 | |
|---|---|
| D 区外檐北侧彩画 |  |

| 彩画类型 | 保存状况 |
|---|---|
| 金线包袱式苏画，一麻五灰地仗 | 　　长廊 D 区外檐北侧彩画人物故事题材包袱心的人为划痕、戳痕较南侧稍好，原因是北侧为背阴面，在长廊北侧游览的游客较少。包袱心存在纸地仗脱落、污染、裂隙等病害。其余几种题材的包袱心大多保存较好。烟云大多缺失较为严重，沥粉贴金起翘脱落严重。每一间都有一侧聚锦完全缺失，聚锦壳子沥粉贴金起翘脱落严重。找头的黑叶子花大多不存或缺失严重。片金卡子大多起翘脱落严重，尤其是垫板和额枋的卡子。箍头颜色缺失严重。檩、垫、枋三件找头底色脱落非常严重，比外檐南侧稍好，地仗龟裂普遍存在。其余较为严重的病害有油污、积尘、起翘、裂隙、动物损害和水渍等 |

| 位置 | |
|---|---|
| D 区内檐南侧彩画 |  |

| 位置 | |
|---|---|
| D 区内檐北侧彩画 |  |

| 彩画类型 | 保存状况 |
|---|---|
| 金线包袱式苏画，一麻五灰地仗 | 　　长廊 D 区内檐两侧彩画保存状况基本类似。人物故事题材的包袱心有一些人为划痕、戳痕，原因是在长廊内部游览的游客人数最多。包袱心存在纸地仗脱落、剥离、污染、裂隙等病害。其余几种题材的包袱心大多保存较好，但是也存在人为划痕。烟云大多缺失较为严重，烟云的沥粉贴金起翘脱落严重。每一间都有一侧聚锦完全缺失，沥粉贴金起翘脱落严重。找头的黑叶子花大多不存，或大部分脱落。片金卡子大多沥粉贴金起翘脱落严重。箍头颜色缺失较严重。<br>　　内檐檩、垫、枋三件找头底色脱落也比较严重，但比外檐稍好，比前几区也稍好，部分颜料粉化。地仗龟裂普遍存在。其余较为严重的病害有油污、积尘、起翘、裂隙、动物损害和水渍等，还有一些外檐彩画没有的病害，如霉菌 |

| 位置 | 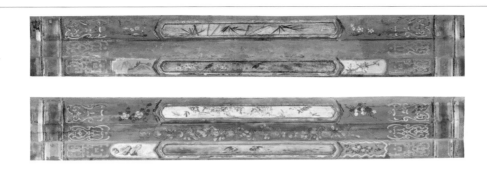 |
|---|---|
| D区脊步彩画 | |

| 彩画类型 | 保存状况 |
|---|---|
| 金线方心式苏画，脊檩和脊垫板为单皮灰地仗，脊枋为一麻五灰地仗；方心图案为墨叶竹、金鱼水草、紫藤花、桃柳燕四种图案交替 | 长廊D区双侧脊步彩画保存状况基本类似。方心保存基本较好，有一些方心有被大白覆盖过的痕迹，还有一些方心积尘和污染较严重，但图案尚可辨。大部分聚锦保存较好，聚锦壳子沥粉贴金起翘脱落严重。双脊外侧找头的黑叶子花缺失也较为严重，双脊内侧找头的黑叶子花保存较好。色卡子大多有一些缺失。箍头颜色缺失严重。<br>脊步檩、垫、枋三件找头青色底色脱落比较严重，脊垫板油污严重，部分颜料粉化。地仗龟裂普遍存在。其余较为严重的病害有油污、积尘、起翘、裂隙等 |

| 位置 |  |
|---|---|
| D区梁架彩画 | |

| 彩画类型 | 保存状况 |
|---|---|
| 金线方心式苏画，烟云岔口式方心；月梁为单皮灰地仗、瓜柱和四架梁为一麻五灰地仗；月梁底色为青绿色 | 长廊D区梁架两侧彩画保存状况基本类似。四架梁两侧线法方心缺失严重，甚至完全看不清图案。四架梁底面为作染葫芦瓜图案的方心保存好，但大多污染较为严重，红色地攒退轱辘草（法轮卷草）图案的保存较差，图案缺失严重。烟云岔口式方心大多有缺失，烟云的沥粉贴金起翘脱落严重。片金卡子大多起翘脱落严重。箍头颜色缺失严重。<br>月梁保存较好，瓜柱表面污染严重。<br>四架梁的青色底色脱落比较严重，四架梁地仗龟裂普遍存在。其余较为严重的病害有油污、积尘、起翘、裂隙等 |

表4-11 长廊E区彩画保存现状

| 长廊分区示意图 | 长廊E区示意图 |
|---|---|
| 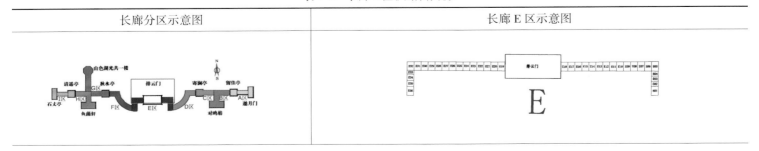 | |

| 位置 | |
|---|---|
| E 区东段外檐南侧彩画 |  |

| 彩画类型 | 保存状况 |
|---|---|
| 金线包袱式苏画，一麻五灰地仗 | 长廊 E 区东段外檐南侧彩画人物故事题材包袱心有一些人为划痕、戳痕，包袱心存在纸地仗脱落、污染、裂隙等病害。其余几种题材的包袱心大多保存尚好。烟云大多缺失较为严重，沥粉贴金起翘脱落严重。每一间都有一侧聚锦完全缺失，聚锦壳子沥粉贴金起翘脱落严重。找头的黑叶子花大多不存或缺失严重。片金卡子大多起翘脱落严重，尤其是垫板和额枋的卡子。箍头颜色缺失严重。檩、垫、枋三件找头底色脱落严重，最严重的是青色底色，其次是垫板的红色底色，绿色底色油污严重。地仗龟裂普遍存在。其余较为严重的病害有油污、积尘、起翘、裂隙、动物损害和水渍等 |

| 位置 | |
|---|---|
| E 区西段外檐南侧彩画 |  |

| 彩画类型 | 保存状况 |
|---|---|
| 金线包袱式苏画，一麻五灰地仗 | 长廊 E 区西段外檐南侧彩画人物故事题材包袱心有少量人为划痕、戳痕，包袱心存在纸地仗脱落、污染、裂隙等病害。其余几种题材的包袱心大多保存尚好。烟云大多保存尚好。聚锦保存较好，聚锦壳子沥粉贴金有少量起翘脱落。找头的黑叶子花大多保存尚好。片金卡子大多起翘脱落严重，尤其是垫板和额枋的卡子。箍头颜色缺失严重。檩、垫、枋三件找头底色脱落严重，最严重的是青色底色，其次是垫板的红色底色，绿色底色油污严重。地仗龟裂普遍存在。其余较为严重的病害有油污、积尘、起翘、裂隙、动物损害和水渍等 |

| 位置 | |
|---|---|
| E 区东段外檐北侧彩画 |  |

| 彩画类型 | 保存状况 |
|---|---|
| 金线包袱式苏画，一麻五灰地仗 | 长廊 E 区外檐北侧彩画人物故事题材包袱心的人为划痕、戳痕较南侧稍好，原因是北侧为背阴面，在长廊北侧游览的游客较少。包袱心存在纸地仗脱落、污染、裂隙等病害。其余几种题材的包袱心大多保存较好。烟云大多缺失较为严重，沥粉贴金起翘脱落严重。聚锦有污染，聚锦壳子沥粉贴金起翘脱落严重。找头的黑叶子花大多不存或缺失严重。片金卡子大多起翘脱落严重，尤其是垫板和额枋的卡子。箍头颜色缺失严重。檩、垫、枋三件找头底色脱落严重，比外檐南侧稍好，最严重的是青色底色，其次是垫板的红色底色，绿色底色油污严重。地仗龟裂遍存在。其余较为严重的病害有油污、积尘、起翘、裂隙、动物损害和水渍等 |

| 位置 | |
|---|---|
| E 区西段外檐北侧彩画 |  |

| 彩画类型 | 保存状况 |
|---|---|
| 金线包袱式苏画，一麻五灰地仗 | 长廊 E 区西段外檐北侧彩画人物故事题材包袱心有极少人为划痕、戳痕，包袱心存在纸地仗脱落、污染、裂隙等病害。其余几种题材的包袱心保存大多尚好。烟云保存大多尚好。聚锦保存较好，聚锦壳子沥粉贴金有少量起翘脱落。找头的黑叶子花大多保存尚好。片金卡子大多保存较好。箍头颜色缺失较严重，尤其是青色底色的箍头。檩、垫、枋三件找头底色脱落较少。地仗龟裂较少。其余较为严重的病害有油污、积尘、龟裂等 |

| 位置 | |
|---|---|
| E 区东段内檐南侧彩画 | |

| 位置 | |
|---|---|
| E 区东段内檐北侧彩画 | |

| 彩画类型 | 保存状况 |
|---|---|
| 金线包袱式苏画，一麻五灰地仗 | 长廊 E 区东段内檐两侧彩画保存状况基本类似。人物故事题材的包袱心有一些人为划痕、戳痕，原因是在长廊内部游览的游客人数最多。包袱心存在污染、裂隙等病害。其余几种题材的包袱心大多保存较好，但是也存在人为划痕。烟云大多保存尚好。每一间都有一侧聚锦完全缺失，聚锦壳子沥粉贴金起翘脱落严重。找头的黑叶子花有少量保存，或大部分脱落。片金卡子大多沥粉贴金起翘脱落严重。箍头颜色缺失较严重。<br>内檐檩、垫、枋三件找头底色脱落也比较严重，但比外檐稍好，比前几区也稍好，最严重的是青色底色，其次是垫板的红色底色，绿色底色油污严重。部分颜料粉化。地仗龟裂普遍存在。其余较为严重的病害有油污、积尘、起翘、裂隙等 |

| 位置 | |
|---|---|
| E 区西段内檐南侧彩画 | |

| 位置 | |
|---|---|
| E 区西段内檐北侧彩画 | |

| 彩画类型 | 保存状况 |
|---|---|
| 金线包袱式苏画，一麻五灰地仗 | 长廊 E 区西段内檐两侧彩画保存状况基本类似。人物故事题材的包袱心有一些人为划痕、戳痕，原因是在长廊内部游览的游客人数最多。包袱心存在污染、裂隙等病害。其余几种题材的包袱心大多保存较好，但是也有人为划痕存在。烟云大多保存尚好。聚锦保存较好，聚锦壳子沥粉贴金有少量起翘脱落。找头的黑叶子花大多保存尚好。片金卡子大多保存较好。箍头颜色缺失较严重，尤其是青色底色的箍头。檩、垫、枋三件找头底色脱落较少，但青色底色脱落较严重，绿色底色油污严重。地仗龟裂较少。其余较为严重的病害有油污、积尘、龟裂等 |

| 位置 | |
|---|---|
| E 区东段脊步彩画 | <br> |

| 彩画类型 | 保存状况 |
|---|---|
| 金线方心式苏画，脊檩和脊垫板为单皮灰地仗，脊枋为一麻五灰地仗；<br>方心图案为金鱼水草、紫藤花、桃柳燕三种图案交替 | 长廊 E 区东段双侧脊步彩画保存状况基本类似。脊枋方心有大白覆盖的痕迹，有一些积尘和污染较严重。每一面聚锦都有一侧也被大白覆盖，聚锦壳子沥粉贴金起翘脱落严重。双脊外侧找头的黑叶子花缺失也较为严重，双脊内侧找头的黑叶子花保存较好。色卡子大都有一些缺失。箍头颜色缺失严重。<br>脊步檩垫枋三件找头青色底色保存较好，其中青色底色有部分脱落，部分颜料粉化。地仗龟裂普遍存在。其余较为严重的病害有油污、积尘、起翘、裂隙等 |

| 位置 | |
|---|---|
| E 区西段脊步彩画 | <br> |

| 彩画类型 | 保存状况 |
|---|---|
| 金线方心式苏画，脊檩和脊垫板为单皮灰地仗，脊枋为一麻五灰地仗；<br>方心图案为金鱼水草、紫藤花、桃柳燕三种图案交替 | 长廊 E 区西段双侧脊步彩画保存状况基本类似。方心保存基本较好，有一些积尘和污染较严重。每一面聚锦都有一侧有被大白覆盖过的痕迹，画面模糊，聚锦壳子沥粉贴金起翘脱落严重。双脊外侧找头的黑叶子花缺失也较为严重，双脊内侧找头的黑叶子花保存较好。色卡子大都有一些缺失。箍头颜色少量缺失。<br>脊步檩、垫、枋三件找头底色保存较好，其中青色底色有部分脱落，绿色底色油污非常严重，以至于已经发黑，部分颜料粉化。地仗龟裂普遍存在。其余较为严重的病害有油污、积尘、起翘、裂隙等 |

| 位置 | |
|---|---|
| E 区东段梁架彩画 | 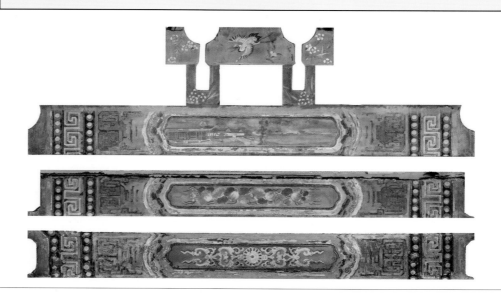 |

| 彩画类型 | 保存状况 |
|---|---|
| 金线方心式苏画, 烟云岔口式方心;<br>月梁为单皮灰地仗、瓜柱和四架梁为一麻五灰地仗;<br>月梁底色为青绿色 | 长廊 E 区东段梁架两侧彩画保存状况基本类似。四架梁两侧线法方心保存基本较好, 有个别积尘较严重。四架梁底面为作染葫芦瓜图案的方心保存较好, 红色地攒退轱辘草(法轮卷草)图案的保存稍差, 但与前几区相比保存较好。烟云岔口式方心大多有缺失, 烟云的沥粉贴金起翘脱落严重。片金卡子大多起翘脱落严重。箍头颜色缺失严重。<br>月梁和瓜柱保存较好。<br>四架梁的青色底色脱落比较严重, 四架梁地仗龟裂普遍存在。其余较为严重的病害有油污、积尘、起翘、裂隙等 |

| 位置 | |
|---|---|
| E 区西段梁架彩画 |  |

| 彩画类型 | 保存状况 |
|---|---|
| 金线方心式苏画, 烟云岔口式方心;<br>月梁为单皮灰地仗、瓜柱和四架梁为一麻五灰地仗;<br>月梁底色为青绿色 | 长廊 E 区西段梁架两侧彩画保存状况基本类似。四架梁两侧线法方心保存较好。四架梁底面为作染葫芦瓜图案的方心保存较好, 红色地攒退轱辘草(法轮卷草)图案的保存也较好。烟云岔口式方心有少量缺失, 烟云的沥粉贴金有少量起翘脱落。片金卡子有少量起翘脱落。<br>月梁和瓜柱保存较好。<br>四架梁的青色底色脱落比较严重, 四架梁地仗龟裂普遍存在。其余较为严重的病害有油污、积尘、起翘、裂隙等 |

表 4-12 长廊 F 区彩画保存现状

| 长廊分区示意图 | 长廊 F 区示意图 |
|---|---|
|  | |

| 位置 | |
|---|---|
| F 区外檐南侧彩画 |  |

| 彩画类型 | 保存状况 |
|---|---|
| 金线包袱式苏画,一麻五灰地仗 | 长廊 F 区外檐南侧彩画人物故事题材包袱心有少量人为划痕、戳痕,包袱心还存在在污染、裂隙等病害。其余几种题材的包袱心大多保存尚好。烟云大多保存尚好。聚锦保存较好,聚锦壳子沥粉贴金有少量起翘脱落。找头的黑叶子花大多保存尚好。片金卡子大多起翘脱落严重,尤其是檐檩和垫板的卡子。箍头颜色缺失严重。檩、垫、枋三件找头底色脱落较重,最严重的是青色底色,其次是垫板的红色底色,绿色底色油污严重。地仗龟裂普遍存在。其余较为严重的病害有油污、积尘、起翘、裂隙、动物损害和水渍等 |

| 位置 | |
|---|---|
| F 区外檐北侧彩画 |  |

| 彩画类型 | 保存状况 |
|---|---|
| 金线包袱式苏画,一麻五灰地仗 | 长廊 F 区外檐北侧彩画人物故事题材包袱心有极少量人为划痕、戳痕,包袱心还存在污染、裂隙等病害。其余几种题材的包袱心大多保存尚好。烟云大多保存尚好。聚锦保存较好,聚锦壳子沥粉贴金有少量起翘脱落。找头的黑叶子花大多保存尚好。片金卡子大多保存较好。箍头颜色缺失较严重,尤其是青色底色的箍头。檩、垫、枋三件找头底色脱落较少,绿色底色油污严重。地仗龟裂较少。其余较为严重的病害有油污、积尘、龟裂等 |

| 位置 | |
|---|---|
| F 区内檐南侧彩画 |  |
| 位置 | |
| F 区内檐北侧彩画 |  |

| 彩画类型 | 保存状况 |
|---|---|
| 金线包袱式苏画,一麻五灰地仗 | 长廊 F 区内檐两侧彩画保存状况基本类似。人物故事题材的包袱心有一些人为划痕、戳痕,原因是在长廊内部游览的游客人数最多。包袱心存在污染、裂隙等病害。其余几种题材的包袱心大多保存较好,但是也存在人为划痕。烟云大多保存尚好。聚锦保存较好,聚锦壳子沥粉贴金有少量起翘脱落。找头的黑叶子花大多保存尚好。片金卡子大多保存较好。箍头颜色缺失较严重,尤其是青色底色的箍头。檩、垫、枋三件找头底色脱落较少,但青色底色脱落稍显严重,绿色底色油污严重,以至于已经发黑。地仗龟裂较少。其余较为严重的病害有油污、积尘、龟裂等 |

| 位置 | |
|---|---|
| F 区脊步彩画 |  |

| 位置 | |
|---|---|
| F 区脊步彩画 |  |

| 彩画类型 | 保存状况 |
|---|---|
| 金线方心式苏画，脊檩和脊垫板为单皮灰地仗，脊枋为一麻五灰地仗；<br>方心图案为金鱼水草、紫藤花、桃柳燕三种图案交替 | 长廊 F 区双侧脊步彩画保存状况基本类似。方心保存基本较好，有一些积尘和污染较严重。聚锦保存较好，聚锦壳子沥粉贴金起翘脱落严重。双脊外侧找头的黑叶子花缺失也较为严重，双脊内侧找头的黑叶子花保存较好。色卡子大多有一些缺失，尤其是脊枋上的卡子。箍头颜色少量缺失。<br>脊步檩、垫、枋三件找头底色保存较好，其中青色底色有部分脱落，绿色底色油污非常严重，以至于已经发黑，部分颜料粉化。地仗龟裂普遍存在。其余较为严重的病害有油污、积尘、起翘、裂隙等 |

| 位置 | |
|---|---|
| F 区梁架彩画 |  |

| 彩画类型 | 保存状况 |
|---|---|
| 金线方心式苏画，烟云岔口式方心；<br>月梁为单皮灰地仗、瓜柱和四架梁为一麻五灰地仗；<br>月梁底色为青绿色 | 长廊 F 区梁架两侧彩画保存状况基本类似。四架梁两侧线法方心保存较好。有一些积尘较严重。四架梁底面为作染葫芦瓜图案的方心保存较好，红色地攒退轱辘草（法轮卷草）图案的保存稍差。烟云岔口式方心有少量缺失，烟云的沥粉贴金有少量起翘脱落。片金卡子有少量起翘脱落。<br>月梁和瓜柱污染较严重。<br>四架梁的青色底色脱落比较严重，绿色底色油污非常严重，以至于已经发黑，四架梁地仗龟裂普遍存在。其余较为严重的病害有油污、积尘、起翘、裂隙等 |

表 4-13　长廊 G 区彩画保存现状

| 长廊分区示意图 | 长廊 G 区示意图 |
|---|---|
|  | |

| 位置 | |
|---|---|
| G区外檐南侧彩画 |  |

| 彩画类型 | 保存状况 |
|---|---|
| 金线包袱式苏画，一麻五灰地仗 | 长廊G区外檐南侧彩画人物故事题材包袱心有少量人为划痕、戳痕，包袱心还存在污染、裂隙等病害。其余几种题材的包袱心大多保存尚好。烟云大多保存尚好。聚锦保存较好，聚锦壳子沥粉贴金有少量起翘脱落。找头的黑叶子花大多保存尚好或少量脱落。片金卡子大多起翘脱落严重，尤其是檐枋和垫板的卡子。箍头颜色缺失严重。檩、垫、枋三件找头底色脱落较重，最严重的是青色底色，其次是垫板的红色底色，绿色底色油污严重。地仗龟裂普遍存在。其余较为严重的病害有油污、积尘、起翘、裂隙、动物损害和水渍等 |

| 位置 | |
|---|---|
| G区外檐北侧彩画 |  |

| 彩画类型 | 保存状况 |
|---|---|
| 金线包袱式苏画，一麻五灰地仗 | 长廊G区外檐北侧彩画人物故事题材包袱心有极少量人为划痕、戳痕，包袱心还存在污染、裂隙等病害。其余几种题材的包袱心大多保存尚好。烟云大多保存尚好。聚锦保存较好，聚锦壳子沥粉贴金有少量起翘脱落。找头的黑叶子花大多保存尚好。片金卡子大多保存较好。箍头颜色缺失较严重，尤其是青色底色的箍头。檩、垫、枋三件找头底色脱落较少，绿色底色油污比较严重。地仗龟裂较少。其余较为严重的病害有油污、积尘、龟裂等 |

| 位置 | |
|---|---|
| G区内檐南侧彩画 |  |

| 位置 | |
|---|---|
| G区内檐北侧彩画 |  |

| 彩画类型 | 保存状况 |
|---|---|
| 金线包袱式苏画，一麻五灰地仗 | 长廊G区内檐两侧彩画保存状况基本类似。人物故事题材的包袱心有一些人为划痕、戳痕，原因是长廊内部游览的游客人数最多。包袱心存在污染、裂隙等病害。其余几种题材的包袱心大多保存较好，但是也存在人为划痕。烟云大多保存尚好。聚锦保存较好，聚锦壳子沥粉贴金有少量起翘脱落。找头的黑叶子花大多保存尚好。片金卡子大多保存较好。箍头颜色缺失较严重，尤其是青色底色的箍头。檩、垫、枋三件找头中青色底色脱落稍显严重，绿色底色油污严重，以至于已经部分发黑。地仗龟裂较少。其余较为严重的病害有油污、积尘、龟裂等 |

| 位置 | |
|---|---|
| G 区脊步彩画 | 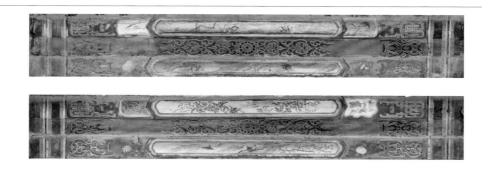 |

| 彩画类型 | 保存状况 |
|---|---|
| 金线方心式苏画，脊檩和脊垫板为单皮灰地仗，脊枋为一麻五灰地仗；<br>方心图案为金鱼水草、紫藤花、桃柳燕三种图案交替 | 长廊 G 区双侧脊步彩画保存状况基本类似。方心保存基本较好，有一些积尘和污染较严重。聚锦保存较好，聚锦壳子沥粉贴金起翘脱落严重。双脊外侧找头的黑叶子花缺失也较为严重，双脊内侧找头的黑叶子花保存较好。色卡子大多有一些缺失。箍头颜色少量缺失。<br>脊步檩、垫、枋三件找头底色保存较好，其中青色底色有部分脱落，绿色底色油污严重，以至于已经部分发黑，部分颜料粉化。地仗龟裂普遍存在。其余较为严重的病害有油污、积尘、起翘、裂隙等 |

| 位置 | |
|---|---|
| G 区梁架彩画 |  |

| 彩画类型 | 保存状况 |
|---|---|
| 金线方心式苏画，烟云岔口式方心；<br>月梁为单皮灰地仗、瓜柱和四架梁为一麻五灰地仗；<br>月梁底色为青绿色 | 长廊 G 区梁架两侧彩画保存状况基本类似。四架梁两侧线法方心保存较好。有一些积尘较严重。四架梁底面为作染葫芦瓜图案的方心保存较好，红色地攒退轱辘草（法轮卷草）图案的保存较差，图案缺失严重。烟云岔口式方心有少量缺失，烟云的沥粉贴金有少量起翘脱落。片金卡子有少量起翘脱落。<br>月梁和瓜柱污染较严重。<br>四架梁的青色底色脱落比较严重，四架梁地仗龟裂普遍存在。其余较为严重的病害有油污、积尘、起翘、裂隙等 |

表 4-14　长廊 H 区彩画保存现状

| 长廊分区示意图 | 长廊 H 区示意图 |
|---|---|
| 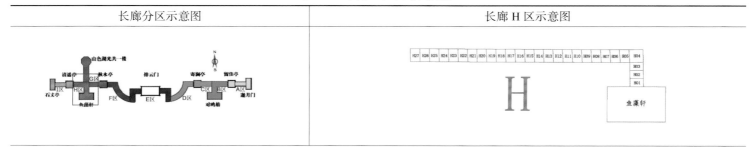 | |

| 位置 | |
|---|---|
| H区外檐南侧彩画 |  |

| 彩画类型 | 保存状况 |
|---|---|
| 金线包袱式苏画，一麻五灰地仗 | 长廊H区外檐南侧彩画人物故事题材包袱心有少量人为划痕、戳痕，包袱心还存在污染、裂隙等病害。其余几种题材的包袱心大多保存尚好。烟云大多保存尚好。聚锦保存较好，聚锦壳子沥粉贴金有少量起翘脱落。找头的黑叶子花大多脱落较严重。片金卡子大多起翘脱落严重，尤其是檐檩和垫板的卡子。箍头颜色缺失严重。檩、垫、枋三件找头底色脱落较重，最严重的是青色底色，其次是垫板的红色底色，绿色底色油污较严重。地仗龟裂普遍存在。其余较为严重的病害有油污、积尘、起翘、裂隙、动物损害和水渍等 |

| 位置 | |
|---|---|
| H区外檐北侧彩画 |  |

| 彩画类型 | 保存状况 |
|---|---|
| 金线包袱式苏画，一麻五灰地仗 | 长廊H区外檐北侧彩画人物故事题材包袱心有极少量人为划痕、戳痕，包袱心还存在污染、裂隙等病害。其余几种题材的包袱心大多保存尚好。烟云大多保存尚好。聚锦保存较好，聚锦壳子沥粉贴金有少量起翘脱落。找头的黑叶子花大多保存尚好。片金卡子大多保存较好。箍头颜色缺失较严重，尤其是青色底色的箍头。檩、垫、枋三件找头底色脱落较少，绿色底色油污比较严重。地仗龟裂较少。其余较为严重的病害有油污、积尘、龟裂等 |

| 位置 | |
|---|---|
| H区内檐南侧彩画 |  |

| 位置 | |
|---|---|
| H区内檐北侧彩画 |  |

| 彩画类型 | 保存状况 |
|---|---|
| 金线包袱式苏画，一麻五灰地仗 | 长廊H区内檐两侧彩画保存状况基本类似。人物故事题材的包袱心有一些人为划痕戳痕，原因是长廊内部游览的游客人数最多。包袱心存在污染、裂隙等病害。其余几种题材的包袱心大多保存较好，但是也存在人为划痕。烟云大多保存较好。聚锦保存较好，聚锦壳子沥粉贴金有少量起翘脱落。找头的黑叶子花大多保存尚好。片金卡子大多保存较好。箍头颜色缺失较严重，尤其是青色底色的箍头。檩、垫、枋三件找头中青色底色脱落稍显严重，绿色底色油污严重，以至于已经部分发黑。地仗龟裂较少。其余较为严重的病害有油污、积尘、龟裂等 |

| 位置 | |
|---|---|
| H区脊步彩画 |  |

| 彩画类型 | 保存状况 |
|---|---|
| 金线方心式苏画，脊檩和脊垫板为单皮灰地仗，脊枋为一麻五灰地仗；<br>方心图案为墨叶竹、金鱼水草、紫藤花、桃柳燕四种图案交替 | 　　长廊H区双侧脊步彩画保存状况基本类似。方心保存基本较好，有一些积尘和污染较严重。聚锦大部分保存较好，聚锦壳子沥粉贴金起翘脱落严重。双脊外侧找头的黑叶子花缺失也较为严重，双脊内侧找头的黑叶子花保存较好。色卡子大多有一些缺失，尤其是脊枋的色卡子。箍头颜色少量缺失。<br>　　脊步檩、垫、枋三件找头底色保存较好，其中青色底色有部分脱落，绿色底色油污严重，以至于已经发黑，部分颜料粉化。地仗龟裂普遍存在。其余较为严重的病害有油污、积尘、起翘、裂隙等 |

| 位置 | |
|---|---|
| H区梁架彩画 |  |

| 彩画类型 | 保存状况 |
|---|---|
| 金线方心式苏画，烟云岔口式方心；<br>月梁为单皮灰地仗、瓜柱和四架梁为一麻五灰地仗；<br>月梁底色为青绿色 | 　　长廊H区梁架两侧彩画保存状况基本类似。四架梁两侧线法方心保存较好。有一些积尘较严重。四架梁底面为作染葫芦瓜图案的方心保存较好，红色地攒退轱辘草（法轮卷草）图案的保存较差，图案大多有缺失。烟云岔口式方心有少量缺失，烟云的沥粉贴金有少量起翘脱落。片金卡子有少量起翘脱落。<br>　　月梁和瓜柱污染较严重。<br>　　四架梁的青色底色脱落比较严重，四架梁地仗龟裂普遍存在。其余较为严重的病害有油污、积尘、起翘、裂隙等 |

表 4-15　长廊 I 区彩画保存现状

| 长廊分区示意图 | 长廊 I 区示意图 |
|---|---|
| 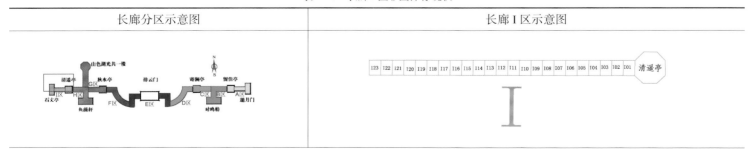 | |

| 位置 | |
|---|---|
| I 区<br>外檐南<br>侧彩画 | |

| 彩画类型 | 保存状况 |
|---|---|
| 金线包袱式苏画，一麻五灰地仗 | 长廊 I 区外檐南侧彩画人物故事题材包袱心有少量人为划痕、戳痕，包袱心还存在污染、裂隙等病害。其余几种题材的包袱心大多保存尚好。烟云大多保存尚好。聚锦保存较好，聚锦壳子沥粉贴金有少量起翘脱落。找头的黑叶子花大多脱落较严重。片金卡子大多起翘脱落严重，尤其是檐檩和垫板的卡子。箍头颜色缺失严重。檩、垫、枋三件找头底色脱落较重，最严重的是青色底色，其次是垫板的红色底色，绿色底色油污较严重。地仗龟裂普遍存在。其余较为严重的病害有油污、积尘、起翘、裂隙、动物损害和水渍等 |

| 位置 | |
|---|---|
| I 区<br>外檐北<br>侧彩画 | |

| 彩画类型 | 保存状况 |
|---|---|
| 金线包袱式苏画，一麻五灰地仗 | 长廊 I 区外檐北侧彩画人物故事题材包袱心有极少量人为划痕、戳痕，包袱心还存在污染、裂隙等病害。其余几种题材的包袱心大多保存尚好。烟云大多保存尚好。聚锦保存较好，聚锦壳子沥粉贴金有少量起翘脱落。找头的黑叶子花大多保存尚好。片金卡子大多保存较好。箍头颜色缺失较严重，尤其是青色底色的箍头。檩、垫、枋三件找头底色脱落较少，绿色底色油污比较严重。地仗龟裂较少。其余较为严重的病害有油污、积尘、龟裂等 |

| 位置 | |
|---|---|
| I 区<br>内檐南<br>侧彩画 | |

| 位置 | |
|---|---|
| I 区<br>内檐北<br>侧彩画 | |

| 彩画类型 | 保存状况 |
|---|---|
| 金线包袱式苏画，一麻五灰地仗 | 长廊 I 区内檐两侧彩画保存状况基本类似。人物故事题材的包袱心有一些人为划痕、戳痕，原因是长廊内部游览的游客人数最多。包袱心存在污染、裂隙等病害。其余几种题材的包袱心大多保存较好，但是存在有人为划痕。烟云大多保存较好。聚锦保存较好，聚锦壳子沥粉贴金有少量起翘脱落。找头的黑叶子花大多保存尚好。片金卡子大多保存较好。箍头颜色缺失较严重，尤其是青色底色的箍头。檩、垫、枋三件找头中青色底色脱落稍显严重，绿色底色油污严重，以至于已经部分发黑。地仗龟裂较少。其余较为严重的病害有油污、积尘、龟裂等 |

| 位置 | |
|---|---|
| Ⅰ区脊步彩画 |  |

| 彩画类型 | 保存状况 |
|---|---|
| 金线方心式苏画，脊檩和脊垫板为单皮灰地仗，脊枋为一麻五灰地仗；<br>方心图案为金鱼水草、紫藤花、桃柳燕三种图案交替 | 长廊Ⅰ区双侧脊步彩画保存状况基本类似。方心保存基本较好，有一些积尘和污染较严重。聚锦大部分保存较好，聚锦壳子沥粉贴金起翘脱落严重。双脊外侧找头的黑叶子花缺失也较为严重，双脊内侧找头的黑叶子花保存较好。色卡子大多有一些缺失，尤其是脊枋的色卡子。箍头颜色少量缺失。<br>脊步檩、垫、枋三件找头底色保存较好，其中青色底色有部分脱落，绿色底色油污严重，以至于已经发黑，部分颜料粉化。地仗龟裂普遍存在。其余较为严重的病害有油污、积尘、起翘、裂隙等 |

| 位置 | |
|---|---|
| Ⅰ区梁架彩画 | 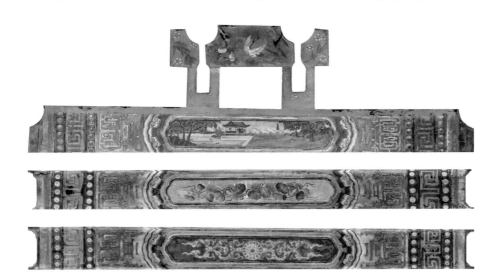 |

| 彩画类型 | 保存状况 |
|---|---|
| 金线方心式苏画，烟云岔口式方心；<br>月梁为单皮灰地仗、瓜柱和四架梁为一麻五灰地仗；<br>月梁底色为青绿色 | 长廊Ⅰ区梁架两侧彩画保存状况基本类似。四架梁两侧线法方心保存较好。有一些积尘较严重。四架梁底面为作染葫芦瓜图案的方心保存较好，红色地攒退轱辘草（法轮卷草）图案的保存较差，图案有部分缺失。烟云岔口式方心有少量缺失，烟云的沥粉贴金有少量起翘脱落。片金卡子有少量起翘脱落。<br>月梁和瓜柱污染较严重。<br>四架梁的青色底色脱落比较严重，四架梁地仗龟裂普遍存在。其余较为严重的病害有油污、积尘、起翘、裂隙等 |

## （五）邀月门、四座八角亭、山色湖光共一楼、对鸥舫和鱼藻轩彩画保存现状

邀月门、留佳亭、寄澜亭、秋水亭、清遥亭、山色湖光共一楼、对鸥舫和鱼藻轩的彩画保存现状见表4-16至表4-23。

表 4-16    邀月门彩画保存现状

| 邀月位置示意图 | 邀月门梁架图 |
|---|---|
| 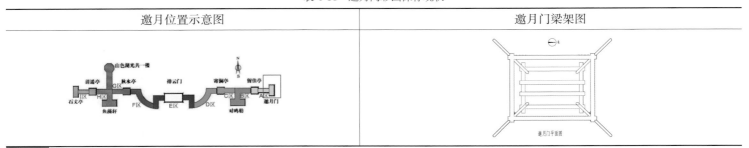 | |

| 位置 | |
|---|---|
| 外檐彩画 |  |

| 彩画类型 | 保存状况 |
|---|---|
| 金线方心式苏画，一麻五灰地仗 | 邀月门外檐彩画整体保存状况良好，有少量积尘，部分颜料因为制作材料的自然老化及光照的影响，造成彩画颜料层存在轻微的粉化脱落，颜色、纹样淡化；有部分彩画有少量水渍 |

| 位置 | |
|---|---|
| 内檐彩画 |  |

| 彩画类型 | 保存状况 |
|---|---|
| 金线方心式苏画，一麻五灰地仗 | 邀月门内檐彩画整体保存状况良好，有少量积尘，部分颜料因为制作材料的自然老化及光照的影响，造成彩画颜料层存在轻微的粉化脱落，颜色、纹样淡化；有部分彩画有少量水渍；部分绿色颜料上有油污 |

| 位置 | |
|---|---|
| A 区迎风板彩画 | |

| 位置 | |
|---|---|
| A 区迎风板彩画 | |

| 彩画名称 | 保存状况 |
|---|---|
| 《西湖风景》《西湖断桥风光》 | 邀月门迎风板的保存状况比彩画较差，两幅迎风板的最严重问题是龟裂、积尘和颜料粉化；其中《西湖风景》的水渍更加严重，《西湖断桥风光》的结垢和颜料粉化脱落更加严重 |

表 4-17 留佳亭彩画保存现状

| 留佳亭位置示意图 | 留佳亭梁架图 |
|---|---|

| 位置 | |
|---|---|
| 外檐彩画 | |

| 彩画类型 | 保存状况 |
|---|---|
| 金线方心式苏画，一麻五灰地仗 | 留佳亭外檐彩画整体保存状况较差，檩枋的方心保存较好，烟云岔口大多缺失较为严重，沥粉贴金起翘脱落严重。单侧聚锦缺失，聚锦壳子沥粉贴金起翘脱落严重。找头的黑叶子花大多不存。片金卡子大多起翘脱落严重。箍头颜色缺失严重。檩、垫、枋三件找头底色脱落非常严重，地仗龟裂普遍存在。其余较为严重的病害有油污、积尘、起翘、裂隙、动物损害和水渍等。垫板图案脱落严重 |

| 位置 | |
|---|---|
| 内檐彩画 | |

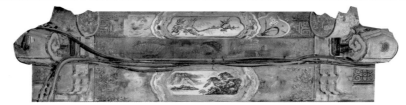

| 彩画类型 | 保存状况 |
|---|---|
| 金线方心式苏画，一麻五灰地仗 | 留佳亭内檐彩画整体保存状况较差，檩枋的方心保存基本较好，有一些积尘较严重。单侧聚锦缺失，聚锦壳子沥粉贴金起翘脱落严重。找头的黑叶子花部分缺失。卡子大都有一些缺失。箍头颜色缺失严重。脊步檩、垫、枋三件找头青色底色脱落比较严重，垫板油污严重，部分颜料粉化。地仗龟裂普遍存在。其余较为严重的病害有油污、积尘、起翘、裂隙等 |

| 位置 | |
|---|---|
| 趴梁彩画 | |

上层北趴梁北面

下层北趴梁北面

| 彩画类型 | 保存状况 |
|---|---|
| 金线方心式苏画，一麻五灰地仗 | 留佳亭趴梁彩画整体保存状况较差，方心大多有大白覆盖，有一些积尘较严重。找头的黑叶子花部分缺失。卡子大多有一些缺失。箍头颜色缺失严重。地仗龟裂、起翘严重。其余较为严重的病害有油污、积尘、裂隙等 |

| 位置 | |
|---|---|
| 内檐二层彩画 | |

| 彩画类型 | 保存状况 |
|---|---|
| 一麻五灰地仗 | 留佳亭内檐二层彩画保存较差，童柱（即外立面金步之柱）的绿色底色油污严重，抹角梁以上各枋和二层檐檩油污严重，颜料层大多有一些粉化脱落，青色地上流云团和绿地中黑叶子花大多有部分脱落 |

| 位置 | |
|---|---|
| 迎风板 | |

留佳亭内西迎风板——《大闹天宫》

| 位置 | |
|---|---|
| 迎风板 | |

留佳亭内东迎风板——《桃花源记》

| 彩画名称 | 保存状况 |
|---|---|
| 《大闹天宫》《桃花源记》 | 留佳亭《大闹天宫》迎风板的保存状况很差，最严重问题是龟裂、结垢和颜料粉化脱落，整个画面布满油斑，致使图案已经模糊不清。<br>留佳亭《桃花源记》迎风板的保存状况较好，人为划痕稍显严重，其次的问题是整个画面颜料层有轻度粉化脱落 |

表 4-18 寄澜亭彩画保存现状

| 寄澜亭位置示意图 | 寄澜亭梁架图 |
|---|---|
|  | |

| 位置 | |
|---|---|
| 外檐彩画 |  |

| 彩画类型 | 保存状况 |
|---|---|
| 金线方心式苏画，一麻五灰地仗 | 寄澜亭外檐彩画整体保存状况较差，檩枋的方心保存较好，烟云岔口大多缺失较为严重，沥粉贴金起翘脱落严重。聚锦保存较好，聚锦壳子沥粉贴金起翘脱落严重。找头的黑叶子花大多不存。片金卡子大多起翘脱落严重。箍头颜色缺失严重。檩、垫、枋三件找头底色脱落非常严重，地仗龟裂普遍存在。其余较为严重的病害有油污、积尘、起翘、裂隙、动物损害和水渍等。垫板图案保存较差 |

| 位置 | |
|---|---|
| 内檐彩画 |  |

| 彩画类型 | 保存状况 |
|---|---|
| 金线方心式苏画，一麻五灰地仗 | 寄澜亭内檐彩画整体保存状况较差，檩枋的方心保存基本较好，烟云岔口大多有一些缺失，沥粉贴金起翘脱落严重。聚锦保存较好，聚锦壳子沥粉贴金起翘脱落严重。找头的黑叶子花大多不存。片金卡子大多起翘脱落严重。箍头颜色缺失严重。檩、垫、枋三件找头底色脱落非常严重，地仗龟裂普遍存在，绿色底色的找头油污非常严重，已经形成黑色油污。其余较为严重的病害有积尘、起翘、裂隙和水渍等 |

| 位置 | |
|---|---|
| 趴梁彩画 | <br>上层北趴梁北面<br><br>下层南趴梁南面 |

| 彩画类型 | 保存状况 |
|---|---|
| 金线方心式苏画，一麻五灰地仗 | 寄澜亭趴梁彩画整体保存状况较好，方心保存基本较好，方心有一些积尘。找头的黑叶子花部分缺失。卡子大都有一些缺失。箍头颜色缺失严重。地仗有龟裂、起翘。找头底色有部分缺失，其余较为严重的病害有油污、积尘、裂隙等 |

| 位置 | |
|---|---|
| 内檐二层彩画 |  |

| 彩画类型 | 保存状况 |
|---|---|
| 一麻五灰地仗 | 寄澜亭内檐二层彩画保存较差，童柱（即外立面金步之柱）的石山青底色油污严重，抹角梁以上各枋和二层檐檩油污严重，尤其是绿色底色，颜料层大多有粉化脱落，青色地上流云团和绿地中黑叶子花大多有部分脱落 |

| 位置 | |
|---|---|
| 迎风板 | |

寄澜亭内西迎风板——《八大锤》

| 位置 | |
|---|---|
| 迎风板 | |

寄澜亭内东迎风板——《夜战马超》

| 彩画名称 | 保存状况 |
|---|---|
| 《八大锤》《夜战马超》 | 寄澜亭迎风板《八大锤》的保存状况较差，最严重问题是龟裂、结垢和颜料粉化脱落，整个画面布满油斑，致使图案稍显模糊；<br>寄澜亭迎风板《夜战马超》的保存状况稍好，整个画面颜料层有轻度粉化脱落 |

表 4-19　秋水亭彩画保存现状

| 秋水亭位置示意图 | 秋水亭梁架图 |
|---|---|
|  | |

| 位置 | |
|---|---|
| 外檐彩画 | |
| 彩画类型 | 保存状况 |
| 金线方心式苏画，一麻五灰地仗 | 秋水亭外檐彩画整体保存状况较差，檩枋的方心保存较好，烟云岔口大多缺失较为严重，沥粉贴金起翘脱落严重。聚锦保存较好，聚锦壳子沥粉贴金起翘脱落严重。找头的黑叶子花缺失严重。片金卡子大多起翘脱落严重。箍头颜色缺失严重。檩、垫、枋三件找头底色脱落非常严重，地仗龟裂普遍存在。其余较为严重的病害有油污、积尘、起翘、裂隙、动物损害和水渍等。垫板图案保存较差 |
| 位置 | |
| 内檐彩画 | |
| 彩画类型 | 保存状况 |
| 金线方心式苏画，一麻五灰地仗 | 秋水亭内檐彩画整体保存状况较好，檩枋的方心保存基本较好，烟云岔口大多保存尚好，沥粉贴金起翘脱落严重。聚锦保存较好，聚锦壳子沥粉贴金起翘脱落严重。找头的黑叶子花大多不存。片金卡子大多起翘脱落严重。箍头颜色缺失严重。檩、垫、枋三件找头底色脱落非常严重，尤其是青色底色，地仗龟裂普遍存在，绿色底色的找头油污非常严重，已经形成黑色油污。其余较为严重的病害有积尘、起翘、裂隙和水渍等 |
| 位置 | |
| 趴梁彩画 | |
| 彩画类型 | 保存状况 |
| 金线方心式苏画，一麻五灰地仗 | 秋水亭趴梁彩画方心保存基本较好，方心有一些积尘，其中下层东趴梁东面和北趴梁北面的方心有大白覆盖过的痕迹。找头的黑叶子花部分缺失。卡子大多有一些缺失。箍头颜色缺失严重。地仗有龟裂、起翘。找头底色有部分缺失，其余较为严重的病害有油污、积尘、裂隙等 |

上层北趴梁北面

下层南趴梁南面

| 位置 | |
|---|---|
| 内檐二层彩画 |  |

| 彩画类型 | 保存状况 |
|---|---|
| 一麻五灰地仗 | 秋水亭内檐二层彩画保存一般，童柱（即外立面金步之柱）的石山青底色有油污，抹角梁以上各枋和二层檐檩油污严重，尤其是绿色底色，颜料层大多有粉化脱落，青色地上流云团大多完全脱落，绿地中黑叶子花大多有部分脱落 |

| 位置 | |
|---|---|
| 迎风板 | <br>秋水亭内西迎风板——《竹林七贤》 |

| 位置 | |
|---|---|
| 迎风板 | <br>秋水亭内东迎风板——《枪挑小梁王》 |

| 彩画名称 | 保存状况 |
|---|---|
| 《竹林七贤》《枪挑小梁王》 | 秋水亭迎风板《竹林七贤》和《枪挑小梁王》的保存状况基本类似，这两面迎风板保存状况均较差，最严重的问题是龟裂、结垢和颜料粉化脱落，整个画面布满油斑，致使图案稍显模糊 |

表 4-20 清遥亭彩画保存现状

| 清遥亭位置示意图 | 清遥亭梁架图 |
|---|---|
|  | |

| 位置 | |
|---|---|
| 外檐彩画 |  |

| 彩画类型 | 保存状况 |
|---|---|
| 金线方心式苏画，一麻五灰地仗 | 清遥亭外檐彩画整体保存状况一般，檩枋的方心保存较好，烟云盆口大多有缺失，沥粉贴金起翘脱落严重。聚锦保存较好，聚锦壳子沥粉贴金起翘脱落严重。找头的黑叶子花有部分缺失。片金卡子大多有龟裂起翘。箍头颜色缺失严重。檩、垫、枋三件找头底色都有脱落，绿色找头底色油污严重，地仗龟裂普遍存在。其余较为严重的病害有油污、积尘、结垢、起翘、裂隙、动物损害和水渍等。垫板图案保存较差 |

| 位置 | |
|---|---|
| 内檐彩画 |  |

| 彩画类型 | 保存状况 |
|---|---|
| 金线方心式苏画，一麻五灰地仗 | 清遥亭内檐彩画整体保存状况一般，檩枋的方心保存基本较好，烟云盆口大多保存尚好，沥粉贴金起翘脱落严重。聚锦保存较好，聚锦壳子沥粉贴金起翘脱落严重。找头的黑叶子花大多不存。片金卡子大多有龟裂起翘。箍头颜色缺失严重。檩、垫、枋三件找头底色都有脱落，地仗龟裂普遍存在，绿色底色的找头油污非常严重，已经形成黑色油污。其余较为严重的病害有积尘、结垢、起翘、裂隙和水渍等 |

| 位置 | |
|---|---|
| 趴梁彩画 | 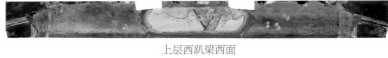<br>上层西趴梁西面<br><br>下层南趴梁北面 |

| 彩画类型 | 保存状况 |
|---|---|
| 金线方心式苏画，一麻五灰地仗 | 清遥亭趴梁彩画方心保存基本较好，方心有一些积尘，其中下层东趴梁东面和西趴梁西面的方心有大白覆盖。找头的黑叶子花部分缺失。卡子大多有一些缺失。箍头颜色缺失严重。地仗有龟裂、起翘。找头底色有部分缺失，其余较为严重的病害有油污、积尘、裂隙等 |

| 位置 | |
| --- | --- |
| 内檐二层彩画 |  |

| 彩画类型 | 保存状况 |
| --- | --- |
| 一麻五灰地仗 | 秋水亭内檐二层彩画保存一般，童柱（即外立面金步之柱）的石山青底色有油污，抹角梁以上各枋和二层檐檩油污严重，尤其是绿色底色，颜料层大多粉化脱落，青色地上流云团大多完全脱落，绿地中黑叶子花大多有部分脱落 |

| 位置 | |
| --- | --- |
| 迎风板 |  |

秋水亭内西迎风板——《竹林七贤》

| 位置 | |
| --- | --- |
| 迎风板 |  |

秋水亭内东迎风板——《枪挑小梁王》

| 彩画类型 | 保存状况 |
| --- | --- |
| 《竹林七贤》《枪挑小梁王》 | 秋水亭迎风板《竹林七贤》和《枪挑小梁王》的保存状况基本类似，这两面迎风板保存状况均较差，最严重的问题是龟裂、结垢和颜料粉化脱落，整个画面布满油斑，致使图案稍显模糊 |

表 4-21 山色湖光共一楼彩画保存现状

| 山色湖光共一楼位置示意图 | 山色湖光共一楼梁架图 |
|---|---|
| 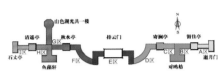 |  |

| 位置 | 一层外檐彩画 |
|---|---|

| 彩画类型 | 保存状况 |
|---|---|
| 金线包袱式苏画、金线方心式苏画，一麻五灰地仗 | 山色湖光共一楼一层外檐彩画整体保存状况较好，檩枋的包袱心和方心保存较好，烟云有部分缺失，沥粉贴金有轻微龟裂起翘。小额枋部分聚锦缺失严重，聚锦壳子有轻微龟裂起翘。找头的黑叶子花保存较好。片金卡子保存较好。斗拱和灶火门彩画保存较好。青色地箍头颜色缺失严重。地仗龟裂普遍存在。其余较为严重的病害有积尘和水渍等 |

| 位置 | 一层内檐彩画 |
|---|---|

| 彩画类型 | 保存状况 |
|---|---|
| 金线包袱式苏画、金线方心式苏画，一麻五灰地仗 | 山色湖光共一楼一层内檐彩画整体保存状况一般，檩枋的包袱心和方心保存较好，小额枋烟云岔口有部分缺失，沥粉贴金有轻微龟裂起翘。聚锦保存较好，聚锦壳子有轻微龟裂起翘。找头的黑叶子花有部分缺失。色卡子有部分脱落。箍头颜色缺失严重。檩枋找头底色都有脱落，尤其是青色地。地仗龟裂普遍存在，绿色底色的找头油污非常严重，已经形成黑色油污。其余较为严重的病害有积尘、结垢、起翘、裂隙和水渍等 |

| 位置 | 一层金步彩画 |
|---|---|

| 彩画类型 | 保存状况 |
|---|---|
| 金线方心式苏画，海墁式苏画，一麻五灰地仗 | 山色湖光共一楼一层金步彩画保存状况一般，彩画整体积尘严重。方心保存尚好，烟云岔口有部分缺失。找头的黑叶子花部分缺失。色卡子大都有一些缺失。箍头颜色有部分缺失。地仗有龟裂、起翘。找头底色有部分缺失，其余较为严重的病害有油污、裂隙和空鼓等 |

| 位置 | | |
|---|---|---|
| 一层抱头梁穿插枋 |   山色湖光共一楼一层抱头梁、穿插枋侧面   山色湖光共一楼一层抱头梁、穿插枋底面 | |
| **彩画类型** | **保存状况** | |
| 一麻五灰地仗 | 山色湖光共一楼一层抱头梁、穿插枋保存状况基本类似。抱头梁的色卡子和卡子间的黑叶子花团都有部分脱落，箍头和绿底色也有不同程度的脱落；穿插枋的香色卡子和卡子间的异兽和灵仙祝寿图案脱落严重，箍头和青底色脱落严重。地仗普遍有龟裂、起翘，其余较为严重的病害有积尘、油污、裂隙等 | |
| 位置 | | |
| 迎风板 |  山色湖光共一楼一层迎风板 | |
| **彩画类型** | **保存状况** | |
| 风景线法 | 风景线法迎风板均保存状况一般，最严重的问题是积尘、污染、龟裂、结垢和颜料粉化脱落，还有以往油饰时滴落的油漆污染。整个画面布满油斑，致使图案稍显模糊 | |
| 位置 | | |
| 二层外檐彩画 |  | |
| **彩画类型** | **保存状况** | |
| 金线包袱式苏画、金线方心式苏画，一麻五灰地仗 | 山色湖光共一楼二层外檐彩画整体保存状况较好，包袱心基本全部缺失，方心保存较差，包袱心的烟云基本缺失，沥粉贴金有轻微龟裂起翘。聚锦基本全部缺失，聚锦壳子有轻微龟裂起翘。找头的黑叶子花保存较好。片金卡子保存较好。斗拱和灶火门彩画保存较好。青色地箍头颜色缺失严重。地仗龟裂普遍存在。其余较为严重的病害有积尘和水渍等 | |

| 位置 | |
|---|---|
| 二层内檐彩画 | <br>山色湖光共一楼二层内檐西南彩画<br><br>山色湖光共一楼二层内檐北彩画 |

| 彩画类型 | 保存状况 |
|---|---|
| 金线包袱式苏画、一麻五灰地仗 | 山色湖光共一楼二层内檐彩画整体保存状况一般，东、西、南、北内檐的包袱心有大白覆盖，其他四面包袱心保存尚好。烟云保存较好，沥粉贴金有轻微龟裂起翘。部分聚锦也有大白覆盖的痕迹，聚锦壳子有轻微龟裂起翘。找头的黑叶子花有部分缺失。色卡子有部分脱落。箍头颜色缺失严重。找头底色都脱落，尤其是青色地。地仗龟裂普遍存在，绿色底色的找头油污非常严重，已经形成黑色油污。其余较为严重的病害有积尘、结垢、起翘、裂隙、空鼓和水渍等 |

| 位置 | |
|---|---|
| 二层金步彩画 |  |

| 彩画类型 | 保存状况 |
|---|---|
| 金线方心式苏画，海墁式苏画，一麻五灰地仗 | 山色湖光共一楼二层金步彩画保存状况尚好，彩画整体积尘严重。方心保存尚好，烟云岔口有部分缺失。找头的黑叶子花部分缺失。色卡子大都有一些缺失。箍头颜色有部分缺失。地仗有龟裂、起翘。找头底色有部分缺失，其余较为严重的病害有油污、裂隙和空鼓等 |

| 位置 | |
|---|---|
| 二层抱头梁穿插枋 | <br>山色湖光共一楼二层抱头梁、穿插枋侧面<br><br>山色湖光共一楼二层抱头梁、穿插枋底面 |

| 彩画类型 | 保存状况 |
|---|---|
| 海墁式苏画，一麻五灰地仗 | 山色湖光共一楼二层抱头梁、穿插枋保存状况基本类似。抱头梁的黑叶子花团都有部分脱落，箍头和绿底色也有不同程度的脱落；穿插枋的流云团图案有部分脱落，箍头和青底色有轻微脱落。地仗普遍有龟裂、起翘，其余较为严重的病害有积尘、油污、裂隙等 |

| 位置 |  |
|---|---|
| 三层外檐彩画 | |

| 彩画类型 | 保存状况 |
|---|---|
| 金线包袱式苏画、金线方心式苏画,一麻五灰地仗 | 山色湖光共一楼三层外檐彩画整体保存状况较差,檩枋的包袱心和方心基本全部缺失,烟云基本缺失,沥粉贴金有轻微龟裂起翘。聚锦基本全部缺失,聚锦壳子有轻微龟裂起翘。找头的黑叶子花保存较好。片金卡子保存较好。斗拱和灶火门彩画保存较好。青色地箍头和找头颜色缺失严重。地仗龟裂普遍存在。其余较为严重的病害有积尘和水渍等 |

表 4-22　对鸥舫彩画保存现状

| 对鸥舫位置示意图 | 对鸥舫梁架图 |
|---|---|
| | |

| 位置 |  对鸥舫东次间南檐南面  对鸥舫西次间西檐西面 |
|---|---|
| 外檐南侧山面彩画 | |

| 彩画类型 | 保存状况 |
|---|---|
| 金线包袱式苏画,一麻五灰地仗 | 对鸥舫外檐南侧和山面彩画包袱心保存尚好,包袱心存在颜料层粉化脱落、污染、裂隙等病害。烟云大多缺失较为严重,尤其是硬烟云,沥粉贴金起翘脱落严重。外檐南侧聚锦保存尚好,聚锦壳子沥粉贴金起翘脱落严重。找头的黑叶子花大多不存或缺失严重。片金卡子大多起翘脱落严重,尤其是垫板和额枋的卡子。箍头颜色缺失严重。檩、垫、枋三件找头底色脱落非常严重,尤其是额枋的找头底色。柁头、柱头、檩头等部位彩画保存状况都不好,积尘、颜料层脱落严重。地仗龟裂普遍存在。其余较为严重的病害有油污、积尘、起翘、裂隙、动物损害和水渍等 |

| 位置 | 对鸥舫东次间北檐北面 |
|---|---|
| 外檐北侧彩画 | |

| 彩画类型 | 保存状况 |
|---|---|
| 金线包袱式苏画，一麻五灰地仗 | 对鸥舫外檐北侧彩画整体保存状况较南侧稍好。包袱心保存较好，存在颜料层粉化脱落、污染、裂隙等病害。除廊间外的烟云大多缺失比较严重，尤其是硬烟云，但较外檐南侧稍好，沥粉贴金起翘脱落严重。外檐北侧聚锦保存尚好，聚锦壳子沥粉贴金起翘脱落严重。找头的黑叶子花有部分缺失。片金卡子都有起翘脱落，尤其是垫板和额枋的卡子。箍头颜色有部分缺失。檩垫枋三件找头底色有部分缺失。绿色找头有油污。柁头、柱头、檩头等部位彩画保存状况尚好。地仗龟裂普遍存在。其余较为严重的病害有油污、积尘、起翘、裂隙等 |

| 位置 | |
|---|---|
| 内檐彩画 | <br>对鸥舫东次间北檐南面<br><br><br>对鸥舫西次间西檐东面 |

| 彩画类型 | 保存状况 |
|---|---|
| 金线包袱式苏画，一麻五灰地仗 | 对鸥舫内檐彩画保存状况基本类似。包袱心存在的主要问题是污染、油污、裂隙等病害。烟云大多保存较好，烟云的沥粉贴金有轻微起翘脱落。聚锦保存尚好，聚锦壳子沥粉贴金有轻微起翘脱落。找头的黑叶子花有部分缺失。片金卡子都有起翘脱落，尤其是垫板和额枋的卡子。箍头颜色有部分缺失。檩、垫、枋三件找头中的绿色和红色找头有油污，尤其是绿色底色的油污已经几乎完全变黑。柱头等部位彩画保存状况尚好。地仗龟裂普遍存在。其余较为严重的病害有油污、积尘、起翘、裂隙等 |

| 位置 | |
|---|---|
| 抱头梁穿插枋 |  <br>对鸥舫抱头梁、穿插枋侧面<br><br> <br>对鸥舫抱头梁、穿插枋底面 |

| 彩画类型 | 保存状况 |
|---|---|
| 一麻五灰地仗 | 对鸥舫抱头梁的片金卡子和卡子间的黑叶子花团都有部分脱落，箍头和绿底色也有不同程度的脱落；抱头梁的绿色底色油污非常严重，已经几乎完全变黑。穿插枋侧面的片金卡子和卡子间的灵仙祝寿图案脱落严重，大部分基本不存，底面的切活保存尚好；箍头和青底色脱落严重。抱头梁、穿插枋地仗普遍有龟裂、起翘。其余较为严重的病害有积尘、油污、裂隙等 |

表 4-23　鱼藻轩彩画保存现状

| 鱼藻轩位置示意图 | 鱼藻轩梁架图 |
|---|---|
|  | |

| 位置 | |
|---|---|
| 外檐南侧山面彩画 | <br>鱼藻轩东次间南檐南面<br><br><br>鱼藻轩东次间东檐东面 |

| 彩画类型 | 保存状况 |
|---|---|
| 金线搭袱子苏画、金线包袱式苏画，一麻五灰地仗 | 　　鱼藻轩外檐南侧和山面彩画包袱心、方心保存尚好，包袱心存在颜料层粉化脱落、污染、裂隙等病害，两个山面的额枋上鸟粪污染非常严重。烟云大多缺失较为严重，尤其是硬烟云，沥粉贴金起翘脱落严重。外檐聚锦保存尚好，聚锦壳子沥粉贴金起翘脱落严重。找头的黑叶子花大都缺失严重。片金卡子大都起翘脱落严重，尤其是垫板和额枋的卡子。箍头颜色缺失严重。檩、垫、枋三件找头底色脱落非常严重，尤其是垫板的找头底色，绿色底色油污严重。柁头、柱头、檩头等部位彩画保存状况都不好，积尘、颜料层脱落严重。地仗龟裂普遍存在。其余较为严重的病害有油污、积尘、起翘、裂隙、动物损害和水渍等 |

| 位置 | |
|---|---|
| 外檐北侧彩画 | <br>鱼藻轩东次间北檐北面 |

| 彩画类型 | 保存状况 |
|---|---|
| 金线搭袱子苏画、金线包袱式苏画，一麻五灰地仗 | 　　鱼藻轩外檐北侧彩画整体保存状况较南侧稍好。包袱心、方心保存较好，存在颜料层粉化脱落、污染、裂隙等病害。除廊间外的烟云大多缺失比较严重，尤其是硬烟云，但较外檐南侧稍好，沥粉贴金起翘脱落严重。外檐北侧聚锦保存尚好，聚锦壳子沥粉贴金起翘脱落严重。找头的黑叶子花有部分缺失。片金卡子都有起翘脱落，尤其是垫板和额枋的卡子。箍头颜色有部分缺失。檩、垫、枋三件找头底色有部分缺失。绿色找头有油污。柁头、柱头、檩头等部位彩画保存状况尚好。地仗龟裂普遍存在。其余较为严重的病害有油污、积尘、起翘、裂隙等 |

| 位置 | |
|---|---|
| 内檐下金步彩画 | <br>鱼藻轩西次间南檐北面 |

| 位置 | |
|---|---|
| 内檐下金步彩画 |

鱼藻轩东次间北下金步南面 |

| 彩画类型 | 保存状况 |
|---|---|
| 金线包袱式苏画，一麻五灰地仗 | 鱼藻轩内檐、下金步彩画保存状况基本类似。包袱心存在的主要问题是污染、油污、裂隙、颜料层脱落等病害。烟云大多保存较好，烟云的沥粉贴金有轻微起翘脱落。聚锦保存尚好，聚锦壳子沥粉贴金有轻微起翘脱落。找头的黑叶子花有部分缺失。色卡子都有起翘脱落，尤其是垫板和额枋的卡子。箍头颜色有部分缺失。檩、垫、枋三件找头中的绿色和红色找头有油污，尤其是绿色底色的油污已经变黑。柱头等部位彩画保存状况尚好。地仗龟裂普遍存在。其余较为严重的病害有油污、积尘、起翘、裂隙等 |

| 位置 | |
|---|---|
| 脊步上金步彩画 |  |

| 彩画类型 | 保存状况 |
|---|---|
| 金线方心式苏画，脊檩和脊垫板为单皮灰地仗，脊枋为一麻五灰地仗 | 鱼藻轩双侧脊步彩画、上金步保存状况基本类似。方心保存基本较好，有一些积尘和污染较严重。聚锦保存较好，聚锦壳子沥粉贴金起翘脱落严重。找头的黑叶子花保存较好。色卡子大都有一些缺失。箍头颜色少量缺失。脊步檩、垫、枋三件找头底色保存较好，其中青色底色有部分脱落，绿色底色油污严重，以至于已经部分发黑，部分颜料粉化。垫板图案保存不好。地仗龟裂普遍存在。其余较为严重的病害有油污、积尘、起翘、裂隙等 |

| 位置 | |
|---|---|
| 梁架彩画 |  |

| 彩画类型 | 保存状况 |
|---|---|
| 金线包袱式苏画、金线方心式苏画；月梁为单皮灰地仗、瓜柱和四架梁为一麻五灰地仗 | 鱼藻轩梁架彩画保存状况基本类似。六架梁和随梁的包袱心存在的主要问题是污染、油污、裂隙、颜料层脱落等病害。烟云大多保存较好，烟云的沥粉贴金有轻微起翘脱落。聚锦保存尚好，聚锦壳子沥粉贴金有轻微起翘脱落。找头的黑叶子花有部分缺失。色卡子都有起翘脱落。箍头颜色有部分缺失。绿色找头有油污，已经变黑。四架梁两侧方心保存较好。有一些积尘较严重。色卡子有少量起翘脱落。四架梁鸟粪污染非常严重。绿色找头有油污，已经变黑。<br>月梁和瓜柱污染较严重。<br>梁架整体地仗龟裂普遍存在；其余较为严重的病害有油污、积尘、起翘、裂隙等 |

| 位置 | | |
|---|---|---|
| 抱头梁 穿插枋 | 鱼藻轩抱头梁、穿插枋侧面 | |
| | 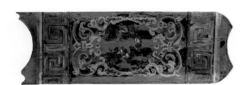鱼藻轩抱头梁、穿插枋底面 | |

| 彩画类型 | 保存状况 |
|---|---|
| 一麻五灰地仗 | 鱼藻轩抱头梁的色卡子和卡子间的黑叶子花团都有部分脱落，箍头和绿底色也有不同程度的脱落。抱头梁的绿色底色油污严重，已经形成形成黑斑。穿插枋侧面的香色卡子和卡子间的图案脱落严重，大部分基本不存，底面的切活保存不好。箍头和青底色脱落严重。抱头梁、穿插枋地仗普遍有龟裂、起翘。其余较为严重的病害有积尘、油污、裂隙等 |

## （六）病害面积

长廊彩画的病害面积和油饰保护修复面积见表 4-24 和表 4-25。

表 4-24　长廊彩画病害面积统计表

| 位置 | 空鼓及剥离（地仗病害）/m² | 污染（鸟粪、水渍、污渍、结垢、油烟等）/m² | 粉化（表面颜料病害）/m² | 裂隙 /m² | 龟裂起翘（表面颜料病害）/m² | 地仗缺失（地仗脱落及划痕）/m² | 补绘修复 /m² | 合计面积 /m² |
|---|---|---|---|---|---|---|---|---|
| A 区 23 | 56.60 | 56.82 | 85.30 | 71.60 | 83.11 | 8.98 | 300.63 | 663.03 |
| B 区 27 | 51.90 | 32.68 | 51.02 | 67.85 | 45.83 | 31.67 | 415.42 | 696.37 |
| C 区 23 | 44.90 | 10.30 | 26.20 | 106.37 | 12.80 | 24.46 | 397.88 | 622.90 |
| D 区 41 | 116.50 | 74.70 | 173.03 | 102.56 | 127.81 | 12.52 | 585.38 | 1192.52 |
| E 区 36 | 86.00 | 67.65 | 151.90 | 187.34 | 117.99 | 7.18 | 728.42 | 1346.49 |
| F 区 41 | 105.60 | 96.35 | 205.74 | 219.33 | 161.20 | 10.25 | 531.03 | 1329.50 |
| G 区 32 | 60.80 | 78.96 | 160.02 | 180.32 | 125.88 | 25.40 | 417.64 | 1049.03 |
| H 区 27 | 58.10 | 66.03 | 130.41 | 117.13 | 105.37 | 8.33 | 353.70 | 839.06 |
| I 区 23 | 55.40 | 56.75 | 115.18 | 110.68 | 91.22 | 2.12 | 301.62 | 732.96 |
| 邀月门 | 24.65 | 29.30 | 78.60 | 33.95 | 120.22 | 3.16 | 0.00 | 289.88 |
| 留佳亭 | 43.19 | 7.90 | 15.79 | 11.84 | 25.66 | 7.20 | 124.24 | 235.83 |

| 位置 | 空鼓及剥离（地仗病害）/m² | 污染（鸟粪、水渍、污渍、结垢、油烟等）/m² | 粉化（表面颜料病害）/m² | 裂隙/m² | 龟裂起翘（表面颜料病害）/m² | 地仗缺失（地仗脱落及划痕）/m² | 补绘修复/m² | 合计面积/m² |
|---|---|---|---|---|---|---|---|---|
| 对鸥舫 | 59.66 | 37.85 | 75.69 | 56.77 | 123.00 | 9.94 | 104.26 | 467.18 |
| 寄澜亭 | 57.95 | 8.90 | 16.92 | 10.80 | 26.80 | 7.50 | 124.24 | 253.11 |
| 秋水亭 | 63.19 | 9.86 | 17.72 | 12.90 | 27.76 | 9.10 | 124.24 | 264.78 |
| 山色湖光共一楼 | 268.44 | 290.22 | 580.44 | 135.33 | 943.22 | 44.74 | 169.25 | 2431.65 |
| 鱼藻轩 | 109.44 | 70.43 | 140.85 | 105.64 | 228.88 | 18.24 | 188.75 | 862.23 |
| 清遥亭 | 64.32 | 10.96 | 18.58 | 13.75 | 28.56 | 8.20 | 124.24 | 268.61 |
| 总计 | 1326.66 | 1005.64 | 2043.40 | 1544.15 | 2395.32 | 239.00 | 4990.95 | 13545.12 |

表 4-25　长廊油饰保护修复面积统计表

| 位置 | A 区 | B 区 | C 区 | D 区 | E 区 | F 区 | G 区 | H 区 | I 区 |
|---|---|---|---|---|---|---|---|---|---|
| 油饰总面积/m² | 1014.38 | 1299.89 | 1014.38 | 1804.94 | 1598.02 | 1800.72 | 1411.78 | 1185.84 | 1017.46 |
| 位置 | 邀月门 | 留佳亭 | 对鸥舫 | 寄澜亭 | 秋水亭 | 鱼藻轩 | 山色湖光共一楼 | 逍遥亭 | 合计 |
| 油饰总面积/m² | 109.86 | 520.25 | 631.73 | 520.25 | 520.25 | 760.89 | 1262.46 | 520.25 | 16993.35 |

# （七）病害成因分析

颐和园长廊彩画病害的形成原因主要有以下几个方面：一是自然环境的影响和彩画制作材料的自然老化，造成彩画中的胶结材料降解，彩画颜料本身失去黏结强度；二是污染、积尘与长期疏于维护；三是建筑漏雨导致的损坏；四是木构件的开裂变形造成彩画的损坏；五是人为造成的损害。

## 1. 自然因素

彩画病害是彩画材料与保存环境共同作用而使彩画发生老化变质的结果。造成彩画病害的环境影响因素主要包括：温湿度、光辐射、空气环境以及微生物等几个方面。北京的气候为典型的暖温带半湿润大陆性季风气候，夏季高温多雨，冬季寒冷干燥，春、秋短促；全年降水的80%集中在夏季6、7、8三个月，7、8月有大雨，但是10月的降雨也较频繁，而且此时温度也在急速下降，大量的水被冻在地下、地面、砖石内部，结冰膨胀，第二年3、4月随着温度的上升，结冰融化，这样的冻融年复一年地发生，造成道路、建筑的损坏。冻融的损害在建筑上包括地面上都可以看到，非常明显。

通过对检测数据的分析，可以看出颐和园周边 6 月和 8 月湿度变化较大，相对湿度最高为 92%，最低为 50%，最低和最高相对湿度差在 40% 上下浮动。如果检测更加密集，这种相对湿度变化应该更加剧烈。颐和园 11 月至转年 2 月间温度都会在 0℃ 上下浮动，如果处于相对湿度超过 80% 的高湿情况下，温度低于 0℃，彩画表面很容易形成冷凝水，严重时水在颜料中乃至地仗中造成冻融，破坏胶结材料，使颜料层粉化、龟裂、起翘甚至脱落。

温湿度计的数据显示，颐和园长廊全年的温度在 –17.8~34.3 ℃ 之间，全年相对湿度（RH%）在 16%~96% 之间，气温和湿度的变化范围较大，容易导致彩画病害的产生。其中，1979 年的大修由于使用"包袱预制"工艺，而在高湿度的条件下，纸张很容易滋生微生物病害，如现场调研中发现长廊 E 区东段的彩画表面存在黑色的 *Cladosporium* 属真菌，这种真菌能降解乳胶及一些高分子材料，从而破坏长廊彩画。观察长廊整体保存状况可知，长廊西段彩画状况好于东段彩画，考虑东、西两侧温湿度的差异（西侧温度较高、相对湿度较小），故西段彩画比东段彩画保存得更好。

风速、风向：长廊附近风向以西南风为主，而风速则呈现由南向北递减的趋势，即离昆明湖越近，风速越大，最大风速可达 2.3 m/s，故风速可作为长廊南侧外檐彩画保存状况不佳的因素之一。

光照度：以鱼藻轩和山色湖光共一楼两点一线，南北向共设置 9 个测试点，从南到北随着建筑物遮挡，测试点的光度值从超量程的 10000 lux 减弱至 500 lux 以内，根据鱼藻轩至山色湖光共一楼一线的长廊彩画的保存状况（长廊南侧及鱼藻轩南侧的彩画表面颜料褪色较为严重）可知，光照度值过大是长廊靠近昆明湖一侧（南侧）彩画保存状况不好的原因之一。

## 2. 污染、积尘与长期疏于维护的因素

大气中的灰尘与大气的正常组分（如氧气）之间，通过光化学氧化反应、催化氧化反应或其他化学反应转化生成的颗粒物，如二氧化硫转化生成硫酸盐。大气中的灰尘不仅数量巨大，而且具有相当活泼的理化特性。积尘的危害是缓慢、长期的，也是显而易见的，灰尘的堆积造成画面纹样不清晰，在温湿度适宜的条件下还会在彩画表面生成霉变，使画面变色黑化。

长廊彩画因积尘中高浓度的 $SO_4^{2-}$ 和 $Cl^-$ 及 $Ca^{2+}$ 的存在而形成酥解等病害；且长廊积尘的粒径范围为 0.919~1.207 μm，中位径为 30.56~45.48 μm，小粒径的积尘可轻易进入彩画裂隙，进一步加剧彩画表面的龟裂、颜料层脱落等病害。

因此，提高旧彩画制作材料的黏结强度，保持适宜、稳定的温湿度，加强日常除尘维护管理，是科学有效的基本保护措施，也是减缓彩画劣化发展速度的必要方法。

## 3. 彩画制作工艺的因素

长廊彩画在 20 世纪七八十年代期间重绘，重绘中使用了包袱预制工艺，即彩画先画在纸上，然后再裱糊贴到建筑上。虽然绘画工艺简单、节省时间，但纸张非常怕水，一旦多次遇水就会造成脱落，或者颜色脱落、霉变，是彩画病害发生的隐患，尤其在外檐步位，不利于彩画的长期保护。

## 4. 人为影响和损坏的因素

颐和园作为清代皇家园林、世界文化遗产，全年参观游客数量巨大。长廊彩画位置较低，导游和游客触手可及，因此留下了大量的人为划痕。

**5. 建筑漏雨造成的水渍和微生物污染的因素**

部分建筑有漏雨现象，造成彩画表面有大面积水渍、变色和微生物霉斑，内檐彩画也因建筑构件的开裂变形造成彩画的脱落缺失。

第五章
建筑空间规划设计与文化

颐和园长廊始建于清乾隆十五年（1750年），后被英法联军烧毁，清光绪十二年（1886年）重建。颐和园长廊是我国古代园林中最长的游廊，它东起邀月门，西至石丈亭，全长728米，共273间，廊宽2.28米，柱高2.52米，柱间2.49米。中间建有象征春、夏、秋、冬的"留佳""寄澜""秋水""清遥"四座八角重檐的亭子。长廊东西两边南向各有伸向湖岸的一段短廊，衔接着对鸥舫和鱼藻轩两座水榭。西部北面又有一段短廊，接着一座八面三层的建筑——山色湖光共一楼。

长廊的地基随着万寿山南麓的地势高低而起伏，它的走向随着昆明湖北岸的凹凸而弯曲。设计者巧妙地利用廊间的建筑作为高低和变向的连接点，避免了长廊过直、过长和地势不平，营造出曲折、绵延、无尽的廊式。

长廊每一根廊枋上都绘有大小不同的苏式彩画，共14 000余幅。1990年，长廊以建筑形式独特、绘画丰富多彩，被评为世界上最长的画廊。

1998年11月，颐和园被列入《世界遗产名录》。联合国教科文组织世界遗产委员会评价如下："北京颐和园始建于公元1750年，1860年在战火中严重损毁，1886年在原址上重新进行了修缮。其亭台、长廊、殿堂、庙宇和小桥等人工景观与自然山峦和开阔的湖面相互和谐、艺术地融为一体，堪称中国风景园林设计中的杰作。"可见长廊在颐和园中的地位及重要性。所以，研究其规划设计的技艺并体现其文化内涵很重要。

# 一、颐和园长廊规划设计浅析

颐和园长廊是我国古典园林中最长的游廊，其贯通于前山山麓临湖的平坦地带，北依万寿山，南临昆明湖，东起邀月门，西至石丈亭，全长728米，可分为9段[86]，共273间。长廊将分布在湖山之间的楼、台、亭、阁、轩、馆、舫、榭圈廊起来，既密切了湖山之间的关系，也丰富了湖山交接处的景观，与万寿山前山各建筑共同构建成了皇家园林建筑群中一幅壮阔的"屋包山"画卷。

《日下旧闻考》记载："乐寿堂后折而西为方池，池北为乐安和。乐安和之西长廊相接，直达石丈亭。"[87]长廊自乐寿堂西侧邀月门起，止于石舫东侧石丈亭。乾隆十九年一份奏折附件中记载大报恩延寿寺门前有往东、往西游廊各一段。各段均有两座八角重檐亭。东段亭名为"寄澜""留佳"，西段亭名为"秋水""清遥"。东段两亭之间南接面阔三间的水榭对鸥舫，西段两亭之间南接面阔三间的水榭鱼藻轩。廊西端的石丈亭东西向坐落，廊北侧为山色湖光共一楼。可见此时各殿座均已建成。咸丰十年（1860年），长廊遭英法联军焚毁，光绪十四年（1888年），垂花门，寄澜、留佳、秋水、清遥四亭，对鸥舫，鱼藻轩，山色湖光共一楼，石丈亭和烧毁的廊子重建完成。

## （一）平面设计分析

作为前山庞大景区集群的核心，颐和园长廊这组位于前山中部的中央建筑群在园林整体规划中

---

86.长廊可分为9段：邀月门至留佳亭段（共23间）、留佳亭至寄澜亭段（共47间）、寄澜亭至排云门段（共59间）、排云门至秋水亭段（共59间）、秋水亭至清遥亭段（共47间）、清遥亭至石丈亭段（共23间）、对鸥舫支廊（共3间）、鱼藻轩支廊（共3间）、山色湖光共一楼支廊（共9间）。

87.《日下旧闻考》清漪园建筑相关部分（摘录）。

占有举足轻重的位置。万寿山前山建筑群（前山组群）利用五轴布局安排，由疏密向疏朗过渡，通过贯通、扩散，将前山全部散建统一为一个有机整体，将整个前山景区布局控制得严整自由；并沿山麓建有一条长廊，犹如一条纽带，横在前山之上，层层递进，它与纵置的 5 条中轴相配合，共同构成了前山建筑布局的纲领。

前山组群极富感染力的艺术效果不仅取决于轴线安排和几何对位关系的营建，固然也得益于对建筑造型、比例、尺度、色彩的精心推敲，同时也依靠前山其他建筑的烘托、对比和配衬。颐和园长廊宽 2.28 米，柱高 2.52 米，开间 2.49 米，整体尺度比一般庭园和居住院落的游廊大出三分之一左右，此种建筑尺度的处理，则是基于其成景作用和主要交通干线的功能需要。因此其比其他游廊要更高大一些，但又不至于高于排云门等前山建筑单体，既能满足前山整体成景尺度的要求，又以其体量对比烘托前山主体建筑。

为避免长廊过长过直的单调感，平面上运用直中有曲的变化，于长廊的中央部位随湖岸的弯曲作成新月状，正中折向排云门形成临湖的广场；长廊的地基随着万寿山南麓的地势高低而起伏；作为横向延伸线较长的重点装饰，四亭、水榭穿插立面，形成延绵曲折、富于变化的长廊，避免了因直而长、生硬单调的感觉。

万寿山前山建筑群利用层层台阁将山坡完全覆盖，营造出与镇江金山寺有着异曲同工之妙的艺术形象。建筑群体相互结合，浑然一体。弘历游历江南时对这种特殊的景观倍加赞赏，誉之为"望山且无山，胜在屋包山"。长廊七百余米延绵展开的意象，平行沿湖岸边绵延的汉白玉石栏板，镶嵌着湖山交接的部分，以示前山整体独特的精雕细刻，突显出万寿山前山"屋包山"的意蕴。

写意园林空间场景的感知和空间记忆的营造取决于观者的游览路线和园林中景的布置。前山组群由一条长廊串联起来。在廊道路线的引导下，观者的情感和时空认知实为造园者引导所得。

前山组群两翼对称布置鸥舫、鱼藻轩，分别成为长廊东西段的构图重心。作为前山组群两个较远的配衬点，它们与前山组群的部分主体建筑分别构成几何对位网络，在一定程度上保证了组团式平面布局的条理与脉络，既丰富了临湖的景观，又是前山一带观赏昆明湖面平远水景与玉泉山西山借景的重要景点。

## （二）长廊空间设计分析

通过启、承、转、合、遮、漏等设计手段，长廊的廊道发挥了对空间进行融合、统筹、转换、组合、连通、引导等作用，串通起孤立的园林要素。在"游廊"的过程中，长廊以移步异景的方式表达出园林态势的"开合起伏"，最终构成无始、无终、无限的多面时空[88]。设计者巧妙地利用弯曲的长廊串联起一座座建筑，与水面融为一体，构成空间的统一性。楼、廊、景环环相扣，丰富多样的空间组合形式，妙趣横生。

长廊地处昆明湖与前山建筑之间，起着桥梁的作用，把两者连接在一起。创造了人类在自然与人工环境转换中，建筑与自然景观巧妙融合的缓冲与过渡地带。这既说明了古代宫廷建筑的严谨规划，又在规划中凸显出千变万化、推陈出新的一面。这一结构在东西两个方向上发挥着导向作用，引导人们前进的方向和路线，引导人们在空间间转换。颐和园长廊曲径通幽，将昆明湖岸与万寿山山脚连接起来，有效地划清山水界限。此举不仅让山湖风光更加鲜明，同时也起到了为游人引导的作用。

除了空间过渡和引导功能外，长廊还可以发挥物理防护作用，如遮风避雨等。长廊为双面空廊，临湖形成天然的取景框，移步异景，对面昆明湖上的风光便一一呈现在观者眼前，营建出如诗如画的环境气氛，别有一番情调。观者都能在昆明湖上目睹景色，仿佛置身于一幅具有别样情调的绝美画卷。长廊的设计者通过巧妙地将建筑与景物连接在一起，使游人在游园时仿佛置身于一幅画，意犹未尽，流连忘返。

## （三）长廊自然形成文旅体验空间

颐和园长廊作为我国古典园林中最长的游廊，不仅仅是连接建筑与景观的纽带，更是一幅壮阔"屋包山"画卷的重要底景。长廊将建筑、山水融合起来，给予游者开合起伏的景观观赏体验，创造出如诗如画的环境氛围。漫步长廊内部，体会长廊的蜿蜒曲折，游者可以感受到丰富的空间变化和引导，以及巧妙的时空交互设计。长廊内的彩画装饰叙述着不同的历史故事，具有极高的艺术价值与文化价值，也极大增加了游览过程中游者的空间体验感。在游览颐和园时，长廊是重要的过渡区域和导视线，为游者提供了独特的空间记忆和感知。无论是从平面设计还是从空间设计分析来看，颐和园长廊都展现了中国古典园林的精湛艺术和人文情怀。

# 二、颐和园长廊文化胜景

## （一）廊的出现

廊，是有顶的通道，是传统建筑中的一种重要建筑形式，是园林建筑中不可缺少的建筑，也是

---

88. 袁菲雨. 探析山水画透视法下传统园林廊道的时空设计：以颐和园长廊为例 [J]. 大众文艺,2021（1）：53-54.

园林中极富特点、极具功能的建筑。

《园冶》中对廊的定义："廊者，庑出一步也，宜曲宜长则胜。古之曲廊，俱曲尺曲；今予所构曲廊，之字曲者，随形而弯，依势而曲；或蟠山腰，或穷水际，通花渡壑，蜿蜒无尽，斯寤园之'篆云'也。予见润之甘露寺数间高下廊，传说鲁班所造。"

廊的类别有：单面廊、双面廊、直廊、曲廊、复廊、回廊、双层廊、爬山廊、叠落廊、游廊等。富于变化的廊是中国古代建筑中的重要组成部分。殿堂檐下的廊，作为室内外的过渡空间，是构成建筑物的重要手段。园林中的游廊则主要起着划分景区、造成多种多样的空间变化、增加景深、引导最佳观赏路线等作用，而颐和园中的长廊就是园林游廊最为杰出的典范。

廊的建筑结构有木结构、石结构、砖结构、竹结构等。

廊顶有平顶、坡顶、拱顶等。

"样式雷"家族对我国古代建筑的贡献巨大。"样式雷"是清代雷氏建筑世家的誉称。雷氏家族自清康熙年间到民国初年的 200 余年中，共有八代十几人主持皇家各类建筑工程，负责建筑设计、建筑图样绘制等。由于雷氏供职于皇家建筑机构"样式房"，故称"样式雷"。故宫、天坛、颐和园、承德避暑山庄、清东陵、清西陵等世界文化遗产的设计建造或重建修缮，均有"样式雷"家族参与其中，而第四代雷家玺、第七代雷廷昌、第八代雷献彩承担了万寿山清漪园（今颐和园的前身）的设计和修建，主持万寿山庆典及颐和园重修设计。

## （二）颐和园内不同的廊

廊在颐和园中的布局构思巧妙。长廊建在万寿山脚下、昆明湖北岸狭长的地带，不仅描绘出万寿山的南坡，亦勾画出昆明湖的北岸。谐趣园内，三部一曲、五步一折的百间游廊，沟通了园内的五处轩堂、七座亭榭，把仅有数亩地的园林景物延伸得无比深邃。佛香阁四周的游廊，扩展了这座宏大建筑的体积，使其更显庄重。园中各种各样的曲廊、回廊、游廊、水廊、花廊、抄手廊、爬山廊等联阁串殿，环山绕水。从东宫门不远的德和园开始，到乐寿堂、宜云馆、玉澜堂，通过长廊到排云门、排云殿，直到万寿山半腰的德辉殿，向西直到听鹂馆、石丈亭，是一条包揽全园主要景物的路线。这条路线全部由廊连通，迂回缭绕，绵延不断。宜云馆后通往颐乐殿的廊，一边砌有廊壁，一边设有槛窗和隔扇，为廊中所不常见。从排云殿两侧，到德辉殿的爬山廊，黄色琉璃瓦做顶，势若游龙盘空，气势宏伟。园中最多的是两面透空的廊，两柱之间，上有楣子，下有与栏杆合成一体的坐凳。还有半边封闭的半廊，廊壁上每间都开有一个不同形状的什锦窗。庭院内的抄手廊和爬山廊多采用这种形式。

颐和园长廊代表了中国园林建筑的最高技艺，是园林建筑的经典代表作品之一，可谓匠心独运的大手笔。颐和园长廊蕴含丰富的文化寓意，恰如一条纽带把万寿山和昆明湖连接在一起，创造出千姿百态的园林景观。（图5-1）

图 5-1　长廊藻井

### 1. 组成核心

万寿山前山，建筑密集，布局严谨，以佛香阁为中心，从中部向两侧对称地展开。中部主体建筑群采取严格的对称布局，形成一条中轴线。从昆明湖畔的"云辉玉宇"牌楼开始，向北，通过排云门、二宫门、排云殿、德辉殿、佛香阁，直至山顶的智慧海，层层上升，使得万寿山上下连成一体，构成了用琉璃瓦覆盖的前山建筑群。中轴线的东侧，是"高大"的万寿山昆明湖、石碑和转轮藏。西侧，是全部用铜铸成的宝云阁。万寿山上还有景福阁、千峰彩翠、意迟云在、重翠亭、福荫轩、写秋轩、云松巢、画中游、邵窝殿等殿阁楼台，大都相对应在主体建筑群的两侧，可供游者登临欣赏昆明湖的景色。为进一步强调和凸显前山中央建筑群的地位和视觉形象，建筑群全部采用黄色琉璃瓦顶，在绿色山体的映衬下更显得富丽堂皇，光彩夺目。

这组建筑同时形成颐和园全园风景纵向的中轴线，其与贯穿整个前山地区的长廊形成为南北垂直的中轴线，构成颐和园全园风景的总体格局。

### 2. 寓意"福"到

当年修建颐和园，皇帝是为给慈禧祝寿，而如何表现出"福""禄""寿"，使其"万寿无疆"，给设计者出了一道难题。"样式雷"第七代传人雷廷昌巧用心思，将长廊设计成"蝙蝠"之状：昆明湖北岸中部轮廓线明显呈现弓形，弓形长入湖面部分，形成蝙蝠的头部；向左右延伸出去的长廊，如同蝙蝠的翅膀；万寿山建筑群如同蝙蝠的身体。"蝠"与"福"同音，寓意多福，且"永世存在""万寿无疆"。

长廊像一条美丽的彩链，将分布在昆明湖、万寿山之间的亭、阁、台、楼、轩、舫、馆、榭有机地串联成为一个整体。廊像一位无声的导游，引导着来自各地的游者，它既是颐和园整体园林的骨架之一，同时又组织起多层次的空间路线，令游者移步易景，美不胜收。通透的廊身设计，一边是宽阔的水面，一边是绿树掩映下的建筑，伸向这边的"榭"，立起那边的"楼"，游者可以欣赏到不同层次、千变万化的风景。长廊不同的弯曲、笔直，除了更好地表现美好外，还有更加实用的功能。几个亭子的设计，也对建筑本身起到了加固的作用。

## （三）长廊彩画外的一种文化表现

长廊内外，除了有 14 000 多幅建筑彩画外，在其出入口的上方以及长廊所涉及的亭、轩内壁上方，均有内容不同、形式各异的匾额悬挂，其同样蕴含着优秀的中国文化内涵。（图 5-2、图 5-3）

中国建筑的匾，最早见于南朝宋羊欣《笔阵图》："前汉萧何善篆籀，为前殿成，覃思三月，

图 5-2　长廊彩画 1

以题其额，观者如流。"直到清朝初期李渔在《闲情偶记》中列"联匾"专篇，论及"大书于木""匾取其横，联妙在直"，用悬匾挂联的形式，在建筑艺术上不仅有重点的标志作用，而且是界定室内视觉空间的特殊手段之一。园林文人品题成为构成中国园林诗话艺术载体的重要组成部分。匾和额本是两个概念，悬在厅堂上的为匾，嵌在门屏上方的为额，名门额。后因两者形状相似，人们习惯上统称其为匾额。

图 5-3　长廊彩画 2

　　中国古典园林中的匾额题刻（包括砖刻、石刻）主要被用作题刻园名、景名，陶情写性，借以抒发人们的审美情怀和感受，也有人用其来歌颂纪念人物。匾额是一种独立的文艺小品，内容读之有声，观之有形，品其文字内容内涵丰富。不少匾额均源于古代那些脍炙人口的诗文佳作，极简的文字显得典雅、含蓄、立意深邃、情调高雅，能引发游人的诗意联想。其内容融诗、文、辞、赋于一身，尽显中国文化中特有的诗情画意的深邃意境。（图 5-4）

　　长廊入口垂花门匾额"邀月门"，意为邀请明月之门，其借用唐代李白诗《月下独酌》："举杯邀明月，对影成三人"之意。（图 5-5）

　　长廊东部亭匾额（南侧）"留佳亭"（图 5-6），意为美景佳趣长留之亭，还有宋·京镗《满江红·浣花因赋》："跨鹄骑鲸归去后，桥西潭北留佳赏。"

**乾隆诗　留佳亭（乾隆三十四年）**

峭崅小平处，虚亭恰宜此。宁在构筑多，得景斯为美。

背峙万寿山，林光正如洗。面临昆明湖，波容复浩弥。

适来引佳兴，亦半留于彼。

　　留佳亭匾额（内西侧）"文思光被"，意为帝王睿智广施天下（图 5-7）。语出《文心雕龙·时序》："今圣历方兴，文思光被，海岳降神，才英秀发。"意为：现今圣王依次承继大统，文德谋略广为布施；山海神灵来护，俊杰人才辈出，如花绽放。原句是对南齐帝王的歌颂，这里借以赞美当政者的睿智文采。"文思"用于歌颂皇帝时，指才智道德，"光被"广被、遍及。

　　长廊东中部亭匾额（南侧）"寄澜亭"，意为寄托情怀于波澜之亭（图 5-8）。

　　"寄澜"乾隆皇帝在此作诗时曾引用孟子名言："观水有术，必观其澜。日月有明，容光必照焉。流水之为物也，不盈科不行。君子之志于道也，不成章不达。"以观水寄托读经求道的情怀。

　　石舫附近的寄澜堂题名同此寓意。

**乾隆诗　寄澜亭口号（乾隆三十六年）**

观水曾闻曰有术，澜行亦复籍盈科。

设于不住知其寄，百岁光阴殊几多。

长廊中西部亭匾额（南侧）"秋水亭"，意为观赏清澈湖水之亭（图5-9）。

"秋水"秋天的江湖水。秋水以明澈为特征，所以又用来形容镜面、剑光或眼睛。

唐·王勃《滕王阁序》：落霞与孤鹜齐飞，秋水共长天一色。

长廊西部临水敞轩匾额"鱼藻轩"，意为观鱼游戏于水藻之轩（图5-10）。

"鱼藻"语出《诗经·小雅·鱼藻》：鱼在在藻，有颁其首。歌颂的是周武王于镐京宴饮诸侯的盛事。后世多以"鱼藻"寓意太平盛世，万物各得其所、各得其乐。

皇家宫苑及建筑常用"鱼藻"命名，如汉代有"鱼藻宫"，唐代有"鱼藻池"，汉代都城有"鱼藻门"，金代有"鱼藻殿"。

国学大师王国维于1927年6月2日在鱼藻轩前自溺而亡，事后北京大学在此举行了追悼会。

**乾隆诗 鱼藻轩（乾隆五十二年）**

冰浦渐流渐，聊迟鱼乐知。潜渊亦在藻，梯几送观诗。

朱注谓颂语，毛笺称刺辞。设云寓物性，实亦戒于斯。

图 5-4　长廊匾额

图 5-5　"邀月门"匾额

图 5-6　"留佳亭"匾额

图 5-7　"文思光被"匾额

图 5-8　"寄澜亭"匾额

图 5-9　"秋水亭"匾额

图 5-10　"鱼藻轩"匾额

　　匾额可以帮助游者将其视野、思路引向匾额之外的广阔空间，由此产生一种特殊的艺术意境，而不大的匾额似乎获得了灵魂，使观者在有限的空间里看到了无限丰富的内涵世界。一些匾额是对所在风景的写意，可以对游者起到"导游"的作用。

　　颐和园长廊堪称中国传统建筑的经典之作，其中蕴含了丰富的艺术作品，充满了文化底蕴，使其非常和谐、优美，富有皇家园林的文化底蕴。（图 5-11）

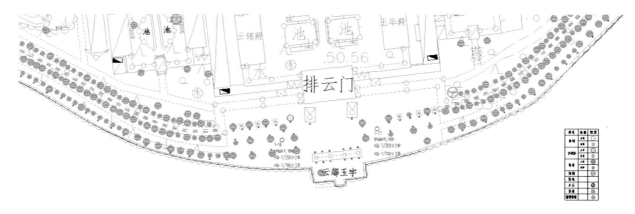

图 5-11　前山组群——排云门

163

# 第六章 彩画与微环境

颐和园是我国现存规模最大、样式最全的清代皇家彩画基因库。彩画是对自然环境变化最为敏感的文物类型之一，极易受到侵蚀与破坏。颐和园由山体、水体、建筑、景观、植被、动物等元素构成，这些元素共同营造了园内的风、光、热、湿等物理环境，这些复杂环境对彩画会产生巨大影响。尤其是近年来随着城市建设的大规模进行，颐和园生态环境随之发生了巨大改变，物理环境对彩画的影响程度也日益加大，使彩画产生开裂、褪色、粉化的现象。彩画监测可以确定彩画开裂、褪色、粉化的程度。

本项目选取颐和园典型室外区域彩画作为研究对象，对彩画所处区域的微环境进行物理指标监测，同时开发能够监测风速、风压、照度、温度、湿度等物理参数的软硬件系统，并以周期为单位监测彩画本体信息，形成基础资料数据库，为更好地保护颐和园彩画提供支持。

本项目选取颐和园长廊的 6 个监测处的 16 幅彩画作为研究对象，通过定期进行彩画监测，确定彩画色彩衰变情况，形成基础资料数据库，并利用彩画所处区域微环境的监测数据做联动分析，识别彩画色彩衰变的影响因素。在长期监测过程中，通过累积的数据逐步分析彩画受损的原因，并有针对性地对彩画进行预防性保护，为更好地保护颐和园彩画提供支持与保障。

# 一、长廊彩画色彩监测

## （一）项目意义

彩画监测工作主要有如下价值。

1）采用新技术和新方法对彩画的科学、准确、高效监测起到积极作用。在传统的保护工艺的基础上，引入新技术和新方法可以使对彩画的保护更加科学、准确、高效。

2）通过对彩画的物理环境及其本体信息的监测可以建立彩画的基础资料数据库，该数据库的建立可以为保护颐和园彩画提供科学支持。

3）彩画信息监测系统的建立可以申报国家发明专利，并应用于更多其他彩画的保护及监测。

4）颐和园彩画体现出中华民族的传统特色，对其的保护与监测研究也是对我国重要的文化财富的保护；同时，也可以为对外文化交流、发展文化旅游、开发旅游手工艺纪念品生产提供基础资料。

总之，针对颐和园彩画进行保护与监测研究是至关重要的。同时，本项目的研究成果亦可对传统彩画的修复以及仿古建筑的彩画保护工作加以引导，具有广阔的应用前景。综上所述，本项目具有独特的创新点和较大的研究意义。

## （二）技术路线

长廊彩画色彩监测的技术路线如图 6-1 所示。

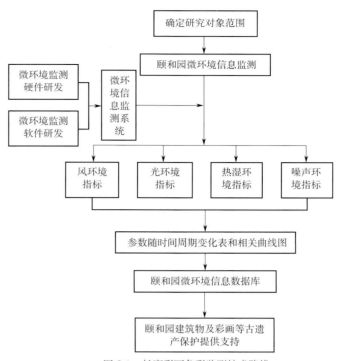

图 6-1 长廊彩画色彩监测技术路线

## （三）监测指标、方法及监测数据采集方式

### 1. 监测参量

监测参量包括：色坐标 $x$，$y$，亮度值 $lv$。开裂情况由仪器拍摄照片获得。

### 2. 硬件设施

硬件设施包括：二维色彩亮度计；D65 标准光源。

### 3. 设施功能

1）二维色彩亮度计的功能是提取彩画的色坐标和亮度信息。

2）D65 标准光源是色温为 6500 K 的光源，用于模拟正午太阳光，保证彩画在其标准光源的照射下和在太阳光的照射下达到等同的效果。

### 4. 测试点选择

颐和园长廊上的留佳亭、寄澜亭、秋水亭、清遥亭、对鸥舫与留佳亭之间以及石丈亭与清遥亭之间的彩画。在留佳亭、寄澜亭、秋水亭、清遥亭各选取每个亭子中的两幅彩画，在鸥舫与留佳亭之间以及石丈亭与清遥亭之间各选取 4 幅彩画进行测试。

### 5. 取样点选择原则

1）选取彩画所包含的主要色调。

2）观察彩画褪变色状况，选择褪变色情况较明显的颜色。

3）取样点尽量能覆盖彩画所有区域。

4）取样点确定后，每次测试均选择此点进行对比研究。

5）每幅彩画选取 9 个取样点。

### 6. 具体方法

颐和园彩画信息监测主要采用现场实测的方式进行。首先，在夜晚环境下，采用 D65 标准光源对长廊彩画进行照射，然后使用二维色彩亮度计测量彩画主要构成颜色的色坐标及亮度值。通过使用这种现场精确测量的方法采集原始彩画信息。在收集彩画信息的过程中，提取相同点在不同时间时的色坐标信息，彩画监测每一季度进行一次，一年监测四次，最后分析彩画的褪色原因。

# 二、寄澜亭微气候监测

## （一）项目目的

颐和园是中国现存规模最大、保存最完整的皇家园林，为中国四大名园之一；其位于北京市海淀区，距北京城区 15 km，占地约 290 km$^2$。颐和园是以昆明湖、万寿山为基址，以杭州西湖风景为蓝本，汲取江南园林的某些设计手法和意境而建成的一座大型天然山水园，也是保存最完整的一座皇家行宫御苑，被誉为皇家园林博物馆。作为世界文化遗产，颐和园是我国最重要的皇家园林之一。园内拥有大量珍贵文物、建筑、动植物资源和建筑彩画，以及良好的生态环境。

颐和园由山体、水体、建筑、景观、植被、动物等元素构成，这些元素共同营造了园内的风、光、热、湿及噪声等物理环境，这些复杂的环境会对建筑物及彩画等古遗产产生巨大影响。近年来，随着城市建设的大规模进行，颐和园生态环境也随之发生了巨大改变，物理环境对建筑物及彩画等古遗产的影响程度日益加大。如何确定风速、风压、光照、温度、湿度等自然环境因素对彩画及建筑等古遗产的影响，已成为亟待解决的问题。

本项目选取颐和园典型的 5 个室外画为监测对象，取地点分别为德和园南侧、德和园北侧、寄澜堂院内、谐趣园、南湖岛。本项目对建筑物及彩画等古遗产所处区域的微环境物理指标进行监测，同时开发能够监测风速、风向、风压、照度、辐照度、紫外辐照度、温度、湿度及噪声等物理参数的软硬件系统，形成基础资料数据库，为更好地保护颐和园建筑物及彩画等古遗产提供支持。

## （二）项目意义

环境监测的工作主要有如下价值。

（1）颐和园微环境监测系统可以对建筑物及彩画等古遗产所处区域的风、光、热、湿及噪声等物理环境参数进行监测,采集微环境物理量指标数据,形成基础资料数据库;通过微环境基础资料数据库,可以辅助分析园内的风、光、热、湿及噪声等物理环境对颐和园建筑物及彩画等古遗产的影响。

（2）颐和园成园于封建社会晚期,其建筑彩画几乎涵盖了中国古代建筑的所有彩画类型,既有金碧辉煌的和玺彩画,又有图案繁复的旋子彩画,以及精美的苏式彩画和整片连做的海墁彩画等。颐和园作为迄今为止保存最为完整的皇家园林,从一个侧面反映出中国古代园林建筑彩画的高超工艺和绘制水平。颐和园彩画保护对中华文化人类学、民俗生态学、宗教及美术史学研究都具有很重要的价值。随着考察和研究的推进,颐和园彩画的内涵将得到更充分的挖掘,将发挥其更大的价值,让人们得到更多关于中华文化的认识,同时也可以骄傲地向全世界展示。

## （三）监测指标、数据精度及设备

### 1. 监测参量

监测参量包括：风速、风向、照度、辐射照度、紫外辐照度、温度及湿度等。

### 2. 监测参量精度

各参量的监测精度见表 6-1。

表 6-1 监测参量表

| 数据内容 | 范围 | 单位 | 精度 |
| --- | --- | --- | --- |
| 空气温度 | −40.00~80.00 | ℃ | 0.1 ℃ |
| 空气湿度 | 0.00~100.00 | 1% | 0.1% |
| 照度 | 0~20 000.00 | Lux | 1 Lux |
| 风速 | 0.00~20.00 | m/s | 0.1 m/s |
| 风向 | 0~16.00 | — | — |
| 太阳辐照 | 0~2 000.00 | W/m$^2$ | 0.1 W/m$^2$ |
| 紫外辐照 | 0~20 000.00 | μW/cm$^2$ | 0.1 μW/cm$^2$ |
| 31.5 Hz 噪声分量 | 0.00~200.00 | dB | 0.1 dB |
| 62.5 Hz 噪声分量 | 0.00~200.00 | dB | 0.1 dB |
| 125 Hz 噪声分量 | 0.00~200.00 | dB | 0.1 dB |
| 250 Hz 噪声分量 | 0.00~200.00 | dB | 0.1 dB |
| 500 Hz 噪声分量 | 0.00~200.00 | dB | 0.1 dB |
| 1 kHz 噪声分量 | 0.00~200.00 | dB | 0.1 dB |
| 2 kHz 噪声分量 | 0.00~200.00 | dB | 0.1 dB |
| 4 kHz 噪声分量 | 0.00~200.00 | dB | 0.1 dB |
| 8 kHz 噪声分量 | 0.00~200.00 | dB | 0.1 dB |
| 噪声总量 | 0.00~200.00 | dB | 0.1 dB |

### 3. 监测设备

#### （1）主机软件设计

主机盒上运行 RT-Thread 实时操作系统。该操作系统可以有效地管理系统资源,保证系统能够实时响应。另外，本项目针对使用的单片机，移植了 Modbus 总线协议栈，开发了 WiFi 模块的驱动程序。

在操作系统内，建立了数据采集线程、数据发送线程、更新配置线程、电流监控线程和看门狗线程（图 6-2）。各线程的功能如下。

1）数据采集线程定时调用 Modbus 总线协议栈，向总线上的各传感器分别发送命令要求接收数据；接收到数据之后，数据采集线程通过文件系统将数据存入 SD 卡；另外，数据采集线程还负责维护 SD 卡内数据文件的完整性，删除不完整的数据条目。

2）数据发送线程通过 Wi-Fi 驱动程序定时向服务器发起通信；通信建立后通过文件系统读取数据文件，将没有上传的数据条目上传到服务器。

3）更新配置线程定时与服务器建立通信，通信建立后接收服务器发送的采样频率、系统时间等参数，然后更新本地的各项参数。

4）电流监控线程负责监控向传感器供电的输出电流，当电流过载的时候自动停止供电，防止电线、传感器起火。

5）看门狗线程定时更新"看门狗"计时器；当系统出错或死机时，看门狗线程停止更新，使计数器溢出，系统重启。

本系统具有本地存储、网络传输、电流监控和自动复位等功能；能够自动定时采集数据并上传到服务器，同时自动检查数据条目的完整性并在本地备份数据；通过电流监控、自动复位等功能，实现系统的自我检测、自我纠错和自我保护，使系统能够在无人干预的情况下长期稳定地安全运行。

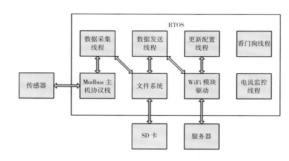

图 6-2 主机软件结构

### （2）主机终端盒硬件设计

进行数据终端盒的设计时，考虑到工作现场处于北方户外环境，基于如下几条原则完成最终设计。

防水防尘标准：一般在户外工作的电子设备外壳要求防护标准达 IP54；本系统要求 $7 \times 24$ h 连续工作并处于长期无人维护状态，需要适当提升防护标准以提高环境适应性和系统稳定性。

防火：数据终端盒要接入主电源，必须保证供电安全，保证不出现短路事故引发的起火；同时，要做好防雷防浪涌保护。

可维护性：数据终端盒的可维护性指其本体出故障后可以直接被备用机替换而无须改变系统其他器件（传感器、电源等）的布局，并且在现场组装拆卸无须使用电烙铁。

有限冗余：在实现数据采集和传输功能时，即使能够保证数据及时上传至服务器处理，也要保证数据终端盒自身有能力进行足够长时间的采集和数据备份。

有限的自侦错自保护功能：自身发现问题后，可以通过网络通报自身故障，提醒人类及时更换。

综合以上五大原则，数据终端盒的设计方案如下。

1）机械与外壳部分。

采用成品铸铝壳体作为数据终端盒的外壳，几何尺寸为 180 mm × 120 mm × 130 mm。成品壳体本身的防护标准为 IP66，基于此选定壳体的接插件，防护标准均高于 IP66（航空插头用 IP68，防水天线插座用 IP68）。根据每一个接插件的外形尺寸对铝制壳体进行精密开孔加工，保证接插件与壳体表面的密封性能。数据终端盒的最终防护标准为 IP66（指产品完全防止外物侵入，且可完全防止灰尘进入，承受猛烈的海浪冲击或强烈喷水时，电器的进水量应不致达到有害的影响）。

最终版数据终端盒共有 5 个接插件，包括 N 天线插座一个，12 V 主电源输入一个，主传感器总线和副传感器总线各一个，命令调试与程序下载接口一个。每个接插件都是免工具拆卸的，方便现场替换。

采用无线通信技术时，N 天线插座作为一种广泛应用的标准射频插座，有很多天线可以与之接驳。目前的系统中采用 WiFi 无线通信模块，可以接驳中心频率为 2.4 GHz 的鞭状全向天线和平板定向天线，最大限度地适应现场无线信号环境。

壳体内部容纳实现功能的电路部分，电路板为三层结构，靠铜柱坚固连接。固定电路板时，为铸铝外壳底部设计了固定电路模块的加强筋，完成了电路板和壳体的相对固定并使数据终端盒具备一定的抗冲击性能。

2）电路设计部分。

电路设计分为两大部分：电路板的电源层（第一层）；电路板的功能实现层（第二、三层）。

进行电源层设计时，尽可能考虑到会发生的极端情况。对主电源 12 V 输入做了完全隔离的设计，保证其在出现电源故障时不会引起功能元器件烧毁。同时，为了保护隔离电源自身不因为外界因素而损坏，在隔离电源的 12 V 输入侧增加了放电管作为防雷保护，并且设置常规的滤波等手段防止浪涌与强电磁干扰经由电源 12 V 输入口串入隔离电源内部。在极端情况下，隔离电源损坏会导致电源输入端短路，进而导致连通输入级的保险丝熔断切断整个回路，这是出现故障后防止短路的最终保护手段。

进行功能实现层设计时，在实现数据采集暂存传输的基本功能的基础上，实现数据有限冗余和有限自侦错功能。

第二层的设计主要包含核心供电模块，主控微控制器（MCU）与实时钟（备用时钟供电系统），两个带供电的传感器接口（带有电流输出监测和短路保护控制），调试接口（3 线串口，连接 PC 机，方便线下和现场调试与查看主控工作状态），海量存储用 SD 存储卡（实现数据冗余），通信供电模块（适应不同的通信模块的供电需求），通信模块转接板接口（更换通信模块不更换二层主控，实现通信模块的通用化）。设计中，所有的器件均采用工业级工作温度范围（–40~80 ℃）的产品，以保证在北方低温状态下的工作稳定性。在二层硬件设计上，考虑了故障自检，设立传感器输出接口的电流输出监测，可以通过工作电流的变化判断传感器链是否出现故障。由于有些传感器裸露在外，一旦短路会有起火危险，电流监测点系统可以立即侦测到短路现象，并在热量还未开始积累时，强行切断传感器的电源供给，保证安全。

第三层设计为通信模块转接板，目前设计了 WiFi 通信模块的接口转接板，主控 MCU 可以对 WiFi 通信模块采用异步串口控制，发送数据，工作稳定。WiFi 通信模块带有 IPX 天线插座，在数据终端盒的壳体上的防水 N 天线插头转接为 IPX 插头，直接连接 WiFi 通信模块，可保证最小的信号衰减。

## 4. 智能传感器开发

### （1）温湿度传感器

选用 SHT15 数字温湿度传感器测量环境温度和相对湿度。SHT15 是一款高度集成的温湿度传感器，提供全标定的数字输出，无须标定即可互换使用，具有卓越的长期稳定性。传感器包括一个电容性聚合体测湿敏感元件、一个用能隙材料制成的测温元件，并在同一芯片上与 14 位的 A/D 转换器以及串行接口电路实现无缝连接（图 6-3）。因此，该产品具有品质卓越、响应超快、抗干扰能力强、性价比高等优点。

SHT15 温湿度传感器的温度量程为 –40 ~ 120 ℃，测温精度为 ± 0.3 ℃（环境温度为 25 ℃时），重复率为 ± 0.1℃，响应时间为 5 ~ 30 s；相对湿度量程为 0 ~ 100% RH（相对湿度），测湿精度为 ± 2.0% RH，重复率为 0.1% RH，响应时间 4 s。

选用意法半导体公司生产的通用 8 位单片机 stm8s103f3p6 作为传感器端控制器，其定时从 SHT15 芯片端读取数据，从传感器中读出的数据并不是最终的结果，需要控制器对数据进行预处理，将数据整理成为最终的温度数据和湿度数据，等待主机端通过数据总线请求数据，最终将数据上传。

选用透气的塑料护套，再将制作好的传感器电路装入塑料护套。塑料护套可以对传感器进行一定程度的保护，同时又能保证 SHT15 传感器与外界环境有足够的接触。

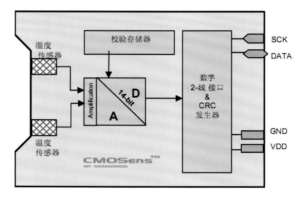

图 6-3　SHT15 结构

**（2）照度传感器**

照度传感器选用 TSL2561 光强度数字转换芯片。TSL2561 是 TAOS 公司推出的一款高速、低功耗、宽量程、可编程的光强度数字转换芯片，该芯片可广泛应用于各类显示屏的监控，目的是在多变的光照条件下，使显示屏提供最好的显示亮度并尽可能地降低电源功耗；还能够用于街道光照控制、安全照明等众多场合。该芯片的主要特点为：可编程配置许可的光强度上下阈值，当实际光照度超过该阈值时给出中断信号；数字输出符合标准的 I²C 总线协议；模拟增益和数字输出时间可编程控制；1.25 mm × 1.75 mm 超小封装；在低功耗模式下，功耗仅为 0.75 mW；自动抑制 50 Hz/60 Hz 的光照波动。

TSL2561 是第二代周围环境光强度传感器。通道 0 和通道 1 是两个光敏二极管，其中通道 0 对可见光和红外线都敏感，而通道 1 仅对红外线敏感。积分式 A/D 转换器对流过光敏二极管的电流进行积分，并转换为数字量，在转换结束后将转换结果存入芯片内部通道 0 和通道 1 各自的寄存器。当一个积分周期完成之后，积分式 A/D 转换器将自动开始下一个积分转换过程。微控制器和 TSL2561 则可通过 I²C 总线协议访问。对 TSL2561 的控制是通过对其内部的 16 个寄存器的读写实现的。

光强度数字转换芯片的数据采集以及处理任务依然选用通用 8 位单片机 stm8s103f3p6 来完成，该单片机通过标准的 I²C 总线协议将数据从 TSL2561 中读出后对数据进行处理，经标定后计算得出传感器接收到的光强度信息。处理后得到的传感器数据范围为 0~20 000 Lux，数据更新频率 0.5 Hz。

将制作好的电路板固定在专用的嵌有透光小球的塑料盒中，透光的塑料盒既能满足传感器在室外工作时防水、防尘等需求，又能保证透光。在整个传感器封装好之后，再对传感器重新进行标定，以保证传感器的精度。

**（3）风速传感器**

风速传感器选用 JL–FS2 三杯式脉冲型风速传感器探头。

该风速传感器有效风速测量范围为 0 ~ 30 m/s，最小分辨率为 0.1 m/s，启动风速为 0.4 ~ 0.8 m/s；传感器能够在 –40 ~ 80 ℃范围内稳定工作。

传感器输出类型为脉冲型，传感器内部有编码器，风杯每旋转过一个固定的角度就输出一个数字脉冲。本系统利用 stm8 单片机对传感器输出的脉冲进行采集，通过测量脉冲的周期得到风杯转动的频率，再由转动频率计算得出当前时刻的风速。单片机依然将采集到的风速信息暂存在内部 RAM 中，并定时更新数据，同时等待主机请求数据，将数据上传。整个传感器功耗小于 0.3 W，接插件为防水航空插头，能够适应恶劣的外部环境。

**5. 服务器开发**

**（1）网络协议设计与实现**

本系统网络协议实现了可靠的、基于链接的数据传输。该协议兼容使用机器码与文本传输，做到了有效的部分加密与身份认证，在具体情境下，保证了数据传输的安全，称为 ddsp 认证与传输协议。

**（2）可靠性、基于链接的数据传输协议**

本数据传输协议以 TCP 协议为基础，利用了 TCP 链接提供的可靠的、顺序的、基于连接的特性。数据内容均编码后打包进入 TCP 包，在解码端再解码为机器可识别的数据。通过基于 TCP 协议的方式，保证了 DDSP 协议的可靠性，并能与绝大多数网络无缝衔接，提高了协议的兼容性。

**（3）兼容机器码与文本**

本数据传输协议有别于传统的数据传输协议，本协议兼容使用了机器码与文本的传输编码方式。由于机器码具有机器依赖性，传统的数据传输协议常常将数据编码为文本后再进行传输，这样的方式保证了兼容性，但是也增加了传输的数据字节数，大大减少了数据传输的效率。对于短时间高速传输大量数据，这种方法成了提高效率的瓶颈。因此，本协议兼容了机器码传输与文本传输的优点，在数据中，使用协议确定的字节序和字节长度表示字段，最大程度上缩减字段中的无效部分。在协议的同步上，使用文本内容，以起到区别于机器码的作用。由于同步信息的发送频率较低，因此部分使用文本数据在带来正确性的同时也不失数据传输的效率性。

**（4）有效加密**

使用机器码表示数据的另一个优点即能提高系统的加密程度。不同的系统有其合适的加密级别，对于本项目，有效的部分加密即可满足需求。因此，使用机器码让潜在的数据拦截、窃取的难度增加，即使发生数据拦截，从比特码转化成可辨别的数据，也不是一件容易的事。

**（5）身份认证**

本系统实现了有效的身份认证，具体地，使用了挑战应答的方式。在客户端发送请求码的同时，服务器要求其对一组 256 长度的数据进行快速变换，如果变换结果与服务器变换结果一致，则身份认证成功。该变换是身份认证的核心，它利用了大素数分解的复杂度，并在此基础上做了其他变换。

这个自主设计的身份认证系统，有效地提高了数据传输的有效性，也保证了一定的安全性和数据的可信度。

**（6）服务器协议设计与实现**

本系统服务器运行在硬虚拟化的类 Unix 主机上，由 JAVA 实现。该服务器软件基于 JVM 实现了在不同服务器软硬件平台上的无缝移植性，并实现了 daemon 化和日志管理系统。

**（7）双池结构**

本服务器软件实现了数据传输线程池和数据库连接池的双池结构，充分提高了系统的效率，有效地利用连接资源，并以此实现了重要的处理并发的能力。双池结构的使用有效利用了现代计算机多核心、多 CPU 的特点，使系统的可扩展性有了显著提高。

**（8）本地数据持久化**

本服务器使用了 MySql 数据库作为本地数据持久化的支持系统。MySql 数据库具有兼容性强、轻量级等特点，这些特点符合本项目对数据持久化的要求。使用 MySql 数据库也体统了统一的数据查询方式，能够为无缝衔接后续数据，进而完成展示与数据分析任务奠定基础。

**（9）主从同步**

本服务器软件的重要任务是处理从客户端上传的数据包。本系统构建了多级缓冲机制，在保证正确性的前提下，大大提高了数据传输的效率。同时基于路径遍历分析的软件测试方法，保证了主从同步的健壮性。

# （四）监测数据采集方式

硬件设施包括：主机终端盒端、传感器端（温湿度传感器、照度传感器、风速传感器）、服务器端。

环境数据采集系统主要分为传感器端、主机终端盒端、服务器端三部分，系统框图如图 6-4 所示。以下简要介绍主机终端盒端和传感器。

主机终端盒端是整个系统的核心部分，负责从传感器端获取采集到的环境数据，将得到的数据存储到本地 SD 卡中，并适时地将数据通过网络上传至服务器。每个传感器中都配有 8 位单片机作为控制器并植入了标准 Modbus 工业总线的从机协议栈。主机终端盒端运行了一套精简的嵌入式操作系统，并植入了 Modbus 主机协议栈，与传感器互联。按照协

图 6-4　环境数据集采系统结构

议标准，总线上最多可以容纳 255 个从机，即一套系统最多能够悬挂 255 个传感器同时工作。

传感器是一种检测装置，能感受到被测量的信息，并能将检测感受到的信息按一定规律变换成为

电信号或其他所需形式的信息输出，以满足信息的传输、处理、存储、显示、记录和控制等要求。

# 三、监测数据与分析

## （一）长廊 16 幅彩画的命名规则

留佳亭处的两幅彩画分别命名为"留佳亭东侧迎风板"和"留佳亭西侧迎风板"。对鸥舫与留佳亭之间的 4 幅彩画分别命名为"寄澜亭－留佳亭外檐南侧第 45 间""寄澜亭－留佳亭内檐南侧第 45 间""寄澜亭－留佳亭内檐北侧第 45 间"和"寄澜亭－留佳亭外檐北侧第 45 间"。寄澜亭处的两幅彩画分别命名为"寄澜亭东侧迎风板"和"寄澜亭西侧迎风板"。秋水亭处的两幅彩画分别命名为"秋水亭东侧迎风板"和"秋水亭西侧迎风板"。清遥亭处的两幅彩画分别命名为"清遥亭东侧迎风板"和"清遥亭西侧迎风板"。石丈亭和清遥亭之间的 4 幅彩画分别命名为"石丈亭－清遥亭外檐南侧第 245 间""石丈亭－清遥亭内檐南侧第 245 间""石丈亭－清遥亭内檐北侧第 245 间"和"石丈亭－清遥亭外檐北侧第 245 间"。彩画测试点分布如图 6-5 所示。

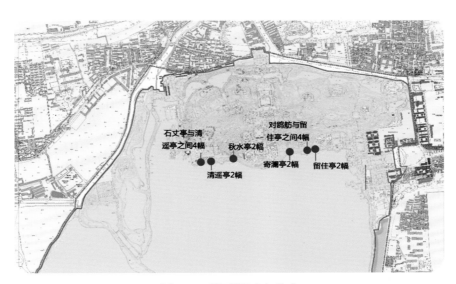

图 6-5　彩画测试点分布

原始数据的处理方法是在每幅彩画上选取 9 个样本点进行色彩信息提取，形成初步的数据表格，为之后的分析提供数据基础。样本点选取原则：①选取彩画所包含的主要色调；②样本点尽量包含所有的颜色范围；③样本点尽量能覆盖彩画所有区域；④样本点确定后，每次测试均选择此点进行对比研究。

## （二）2016 年监测数据及阶段性分析结论

2016 年全年四个季度信息采集日期如下：第一季度 3 月 30 日，第二季度 7 月 6 日，第三季度 9 月 28 日，第四季度 11 月 7 日。

经过对原始数据进行处理，提取出 16 幅彩画共 144 个样本点的原始色彩信息，将全年数据进行对比分析，计算出各样本点在每两个季度监测时间间隔内的色彩变化量即色漂移，并得到相应的分析结论。

**175**

## 1. 留佳亭东侧迎风板

留佳亭东侧迎风板样本点位置和色漂移数据分别如图 6-6、图 6-7 和表 6-2 所示。

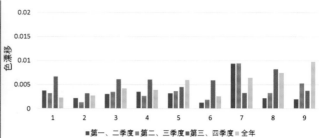

图 6-6　留佳亭东侧迎风板样本点位置　　　　　　图 6-7　各季度及全年色漂移对比

表 6-2　样本点色彩信息数据表及各季度色漂移

| 取样点 | 2016 年 3 月 30 日 | | 2016 年 7 月 6 日 | | 2016 年 9 月 28 日 | | 2016 年 11 月 7 日 | |
|---|---|---|---|---|---|---|---|---|
| | $x$ | $y$ | $x$ | $y$ | $x$ | $y$ | $x$ | $y$ |
| 1 | 0.335 0 | 0.365 3 | 0.339 4 | 0.361 5 | 0.339 4 | 0.361 5 | 0.334 5 | 0.366 0 |
| 2 | 0.300 2 | 0.335 2 | 0.301 1 | 0.338 4 | 0.301 1 | 0.338 4 | 0.300 2 | 0.341 5 |
| 3 | 0.319 3 | 0.369 3 | 0.320 4 | 0.366 5 | 0.320 4 | 0.366 5 | 0.319 4 | 0.372 5 |
| 4 | 0.317 0 | 0.369 7 | 0.322 1 | 0.367 6 | 0.322 1 | 0.367 6 | 0.318 2 | 0.372 2 |
| 5 | 0.274 9 | 0.330 5 | 0.275 4 | 0.328 8 | 0.275 4 | 0.328 8 | 0.274 0 | 0.333 1 |
| 6 | 0.327 9 | 0.367 2 | 0.327 2 | 0.366 5 | 0.327 2 | 0.366 5 | 0.326 3 | 0.372 3 |
| 7 | 0.354 6 | 0.353 4 | 0.355 1 | 0.352 1 | 0.355 1 | 0.352 1 | 0.356 1 | 0.355 2 |
| 8 | 0.298 0 | 0.345 0 | 0.297 4 | 0.346 5 | 0.297 4 | 0.346 5 | 0.302 6 | 0.352 8 |
| 9 | 0.318 6 | 0.359 4 | 0.314 2 | 0.358 6 | 0.314 2 | 0.358 6 | 0.316 1 | 0.361 8 |

## 2. 留佳亭西侧迎风板

留佳亭西侧迎风板样本点位置和色漂移数据分别如图 6-8、图 6-9 和表 6-3 所示。

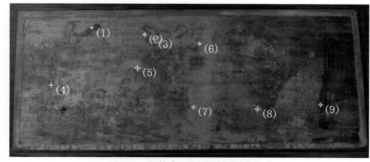

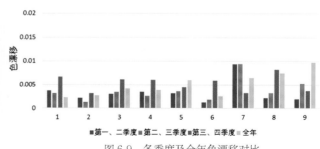

图 6-8　留佳亭西侧迎风板样本点位置　　　　　　图 6-9　各季度及全年色漂移对比

表 6-3 样本点色彩信息数据及各季度色漂移数据

| 取样点 | 2016 年 3 月 30 日 | | 2016 年 7 月 6 日 | | 2016 年 9 月 28 日 | | 2016 年 11 月 7 日 | |
| --- | --- | --- | --- | --- | --- | --- | --- | --- |
| | x | y | x | y | x | y | x | y |
| 1 | 0.332 7 | 0.367 0 | 0.331 7 | 0.362 2 | 0.339 4 | 0.361 5 | 0.340 3 | 0.366 6 |
| 2 | 0.340 1 | 0.376 2 | 0.348 8 | 0.377 9 | 0.301 1 | 0.338 4 | 0.342 9 | 0.377 3 |
| 3 | 0.360 4 | 0.366 5 | 0.360 8 | 0.361 3 | 0.320 4 | 0.366 5 | 0.360 7 | 0.366 6 |
| 4 | 0.342 6 | 0.369 9 | 0.345 0 | 0.368 7 | 0.322 1 | 0.367 6 | 0.353 2 | 0.367 9 |
| 5 | 0.348 5 | 0.377 1 | 0.354 1 | 0.378 8 | 0.275 4 | 0.328 8 | 0.354 2 | 0.377 3 |
| 6 | 0.349 5 | 0.378 7 | 0.356 5 | 0.381 5 | 0.327 2 | 0.366 5 | 0.354 9 | 0.381 3 |
| 7 | 0.348 8 | 0.378 2 | 0.354 2 | 0.378 4 | 0.355 1 | 0.352 1 | 0.350 3 | 0.377 2 |
| 8 | 0.354 6 | 0.377 4 | 0.360 8 | 0.379 4 | 0.297 4 | 0.346 5 | 0.348 3 | 0.374 6 |
| 9 | 0.334 6 | 0.366 8 | 0.338 1 | 0.366 0 | 0.314 2 | 0.358 6 | 0.327 5 | 0.367 2 |

### 3. 寄澜亭 – 留佳亭外檐南侧第 45 间

寄澜亭 – 留佳亭外檐南侧第 45 间样本点位置和色漂移数据分别如图 6-10、图 6-11 和表 6-4 所示。

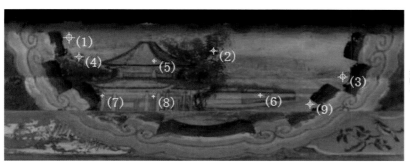

图 6-10 寄澜亭 – 留佳亭外檐南侧第 45 间样本点位置

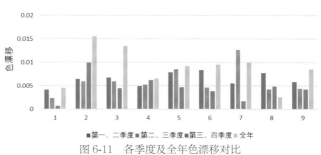

图 6-11 各季度及全年色漂移对比

表 6-4 样本点色彩信息数据及各季度色漂移数据

| 取样点 | 2016 年 3 月 30 日 | | 2016 年 7 月 6 日 | | 2016 年 9 月 28 日 | | 2016 年 11 月 7 日 | |
| --- | --- | --- | --- | --- | --- | --- | --- | --- |
| | x | y | x | y | x | y | x | y |
| 1 | 0.3222 | 0.3538 | 0.3262 | 0.3549 | 0.3394 | 0.3615 | 0.3235 | 0.3543 |
| 2 | 0.28 | 0.3715 | 0.2864 | 0.3725 | 0.3011 | 0.3384 | 0.2821 | 0.3670 |
| 3 | 0.2929 | 0.3364 | 0.2989 | 0.3396 | 0.3204 | 0.3665 | 0.2964 | 0.3397 |
| 4 | 0.3051 | 0.405 | 0.3083 | 0.4087 | 0.3221 | 0.3676 | 0.3067 | 0.4114 |
| 5 | 0.3208 | 0.3514 | 0.326 | 0.3574 | 0.2754 | 0.3288 | 0.3230 | 0.3549 |
| 6 | 0.3388 | 0.3659 | 0.3469 | 0.3681 | 0.3272 | 0.3665 | 0.3459 | 0.3679 |
| 7 | 0.3466 | 0.3787 | 0.3519 | 0.377 | 0.3551 | 0.3521 | 0.3435 | 0.3686 |
| 8 | 0.3714 | 0.3483 | 0.3727 | 0.356 | 0.2974 | 0.3465 | 0.3690 | 0.3556 |
| 9 | 0.3142 | 0.3601 | 0.3196 | 0.3623 | 0.3142 | 0.3586 | 0.3166 | 0.3640 |

### 4. 寄澜亭 – 留佳亭内檐南侧第 45 间

寄澜亭 – 留佳亭内檐南侧第 45 间样本点位置和色漂移数据分别如图 6-12、图 6-13 和表 6-5 所示。

图 6-12　寄澜亭 – 留佳亭内檐南侧第 45 间样本点位置

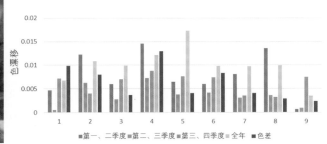

图 6-13　各季度及全年色漂移对比

表 6-5　样本点色彩信息数据及各季度色漂移数据

| 取样点 | 2016 年 3 月 30 日 | | 2016 年 7 月 6 日 | | 2016 年 9 月 28 日 | | 2016 年 11 月 7 日 | |
|---|---|---|---|---|---|---|---|---|
| | $x$ | $y$ | $x$ | $y$ | $x$ | $y$ | $x$ | $y$ |
| 1 | 0.332 2 | 0.358 3 | 0.336 3 | 0.360 7 | 0.339 4 | 0.361 5 | 0.338 4 | 0.367 1 |
| 2 | 0.336 1 | 0.367 1 | 0.344 7 | 0.375 8 | 0.301 1 | 0.338 4 | 0.339 0 | 0.374 9 |
| 3 | 0.304 8 | 0.339 1 | 0.305 4 | 0.345 1 | 0.320 4 | 0.366 5 | 0.300 7 | 0.348 7 |
| 4 | 0.314 7 | 0.349 0 | 0.326 9 | 0.357 0 | 0.322 1 | 0.367 6 | 0.325 2 | 0.359 6 |
| 5 | 0.322 8 | 0.338 3 | 0.326 2 | 0.343 8 | 0.275 4 | 0.328 8 | 0.320 1 | 0.344 9 |
| 6 | 0.316 8 | 0.345 3 | 0.316 8 | 0.351 3 | 0.327 2 | 0.366 5 | 0.313 7 | 0.354 7 |
| 7 | 0.306 4 | 0.334 7 | 0.310 5 | 0.341 7 | 0.355 1 | 0.352 1 | 0.308 1 | 0.343 8 |
| 8 | 0.317 8 | 0.341 6 | 0.322 9 | 0.354 2 | 0.297 4 | 0.346 5 | 0.318 9 | 0.354 4 |
| 9 | 0.328 1 | 0.354 8 | 0.327 6 | 0.355 3 | 0.314 2 | 0.358 6 | 0.327 7 | 0.363 0 |

### 5. 寄澜亭 – 留佳亭内檐北侧第 45 间

寄澜亭 – 留佳亭内檐北侧第 45 间样本点位置和色漂移数据分别如图 6-14、图 6-15 和表 6-6 所示。

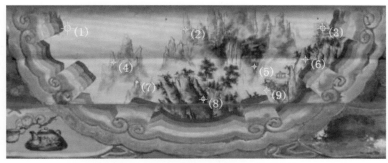

图 6-14　寄澜亭 – 留佳亭内檐北侧第 45 间样本点位置

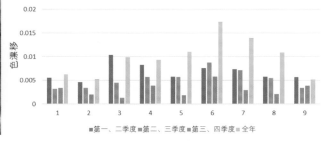

图 6-15　各季度及全年色漂移对比

表 6-6 样本点色彩信息数据及各季度色漂移数据

| 取样点 | 2016 年 3 月 30 日 | | 2016 年 7 月 6 日 | | 2016 年 9 月 28 日 | | 2016 年 11 月 7 日 | |
|---|---|---|---|---|---|---|---|---|
| | $x$ | $y$ | $x$ | $y$ | $x$ | $y$ | $x$ | $y$ |
| 1 | 0.341 0 | 0.362 1 | 0.340 2 | 0.367 6 | 0.339 4 | 0.361 5 | 0.339 5 | 0.369 0 |
| 2 | 0.352 8 | 0.368 8 | 0.355 6 | 0.372 5 | 0.301 1 | 0.338 4 | 0.353 6 | 0.372 6 |
| 3 | 0.317 9 | 0.351 5 | 0.323 8 | 0.360 1 | 0.320 4 | 0.366 5 | 0.320 7 | 0.358 5 |
| 4 | 0.336 7 | 0.356 5 | 0.337 6 | 0.364 8 | 0.322 1 | 0.367 6 | 0.333 5 | 0.364 3 |
| 5 | 0.318 1 | 0.349 3 | 0.320 2 | 0.354 7 | 0.275 4 | 0.328 8 | 0.316 6 | 0.349 8 |
| 6 | 0.366 0 | 0.367 0 | 0.370 3 | 0.373 3 | 0.327 2 | 0.366 5 | 0.367 6 | 0.371 3 |
| 7 | 0.329 3 | 0.361 4 | 0.331 0 | 0.368 6 | 0.355 1 | 0.352 1 | 0.327 8 | 0.363 4 |
| 8 | 0.310 4 | 0.343 5 | 0.313 9 | 0.348 1 | 0.297 4 | 0.346 5 | 0.311 3 | 0.345 6 |
| 9 | 0.328 5 | 0.357 6 | 0.332 2 | 0.361 9 | 0.314 2 | 0.358 6 | 0.330 9 | 0.363 2 |

## 6. 寄澜亭 – 留佳亭外檐北侧第 45 间

寄澜亭 – 留佳亭外檐北侧第 45 间样本点位置和色漂移数据分别如图 6-16、图 6-17 和表 6-7 所示。

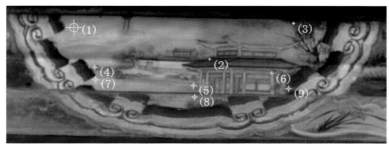

图 6-16 寄澜亭 – 留佳亭外檐北侧第 45 间样本点位置

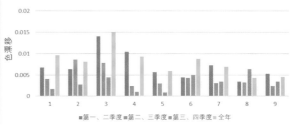

图 6-17 各季度及全年色漂移对比

表 6-7 样本点色彩信息数据及各季度色漂移数据

| 取样点 | 2016 年 3 月 30 日 | | 2016 年 7 月 6 日 | | 2016 年 9 月 28 日 | | 2016 年 11 月 7 日 | |
|---|---|---|---|---|---|---|---|---|
| | $x$ | $y$ | $x$ | $y$ | $x$ | $y$ | $x$ | $y$ |
| 1 | 0.315 9 | 0.344 6 | 0.321 6 | 0.348 3 | 0.339 4 | 0.361 5 | 0.318 5 | 0.347 7 |
| 2 | 0.305 7 | 0.328 2 | 0.309 7 | 0.333 2 | 0.301 1 | 0.338 4 | 0.309 0 | 0.339 0 |
| 3 | 0.304 9 | 0.343 0 | 0.306 8 | 0.357 0 | 0.320 4 | 0.366 5 | 0.298 7 | 0.358 7 |
| 4 | 0.311 1 | 0.359 5 | 0.315 7 | 0.368 9 | 0.322 1 | 0.367 6 | 0.312 6 | 0.367 8 |
| 5 | 0.297 1 | 0.357 4 | 0.300 3 | 0.362 1 | 0.275 4 | 0.328 8 | 0.298 5 | 0.360 8 |
| 6 | 0.393 1 | 0.393 0 | 0.389 3 | 0.390 6 | 0.327 2 | 0.366 5 | 0.391 9 | 0.391 1 |
| 7 | 0.310 5 | 0.350 0 | 0.316 9 | 0.353 6 | 0.355 1 | 0.352 1 | 0.313 2 | 0.355 4 |
| 8 | 0.347 4 | 0.363 8 | 0.347 1 | 0.367 3 | 0.297 4 | 0.346 5 | 0.343 0 | 0.366 9 |
| 9 | 0.301 1 | 0.373 7 | 0.298 4 | 0.378 3 | 0.314 2 | 0.358 6 | 0.296 1 | 0.374 9 |

### 7. 寄澜亭东侧迎风板

寄澜亭东侧迎风板样本点位置和色漂移数据分别如图 6-18、图 6-19 和表 6-8 所示。

图 6-18　寄澜亭东侧迎风板样本点位置

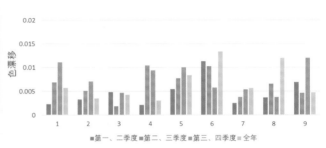

图 6-19　各季度及全年色漂移对比

表 6-8　样本点色彩信息数据及各季度色漂移数据

| 取样点 | 2016 年 3 月 30 日 | | 2016 年 7 月 6 日 | | 2016 年 9 月 28 日 | | 2016 年 11 月 7 日 | |
|---|---|---|---|---|---|---|---|---|
| | $x$ | $y$ | $x$ | $y$ | $x$ | $y$ | $x$ | $y$ |
| 1 | 0.299 5 | 0.335 4 | 0.301 6 | 0.334 4 | 0.339 4 | 0.361 5 | 0.303 8 | 0.338 0 |
| 2 | 0.322 9 | 0.356 5 | 0.325 6 | 0.358 5 | 0.301 1 | 0.338 4 | 0.328 3 | 0.359 1 |
| 3 | 0.278 1 | 0.356 3 | 0.283 0 | 0.356 3 | 0.320 4 | 0.366 5 | 0.284 0 | 0.359 0 |
| 4 | 0.276 4 | 0.368 3 | 0.278 5 | 0.368 8 | 0.322 1 | 0.367 6 | 0.280 6 | 0.367 9 |
| 5 | 0.251 2 | 0.309 0 | 0.255 5 | 0.312 4 | 0.275 4 | 0.328 8 | 0.253 9 | 0.315 5 |
| 6 | 0.284 3 | 0.373 0 | 0.290 6 | 0.363 6 | 0.327 2 | 0.366 5 | 0.283 6 | 0.376 9 |
| 7 | 0.302 7 | 0.335 1 | 0.300 2 | 0.334 7 | 0.355 1 | 0.352 1 | 0.297 1 | 0.341 6 |
| 8 | 0.273 3 | 0.316 8 | 0.274 8 | 0.320 2 | 0.297 4 | 0.346 5 | 0.272 6 | 0.318 5 |
| 9 | 0.341 2 | 0.357 4 | 0.334 5 | 0.355 5 | 0.314 2 | 0.358 6 | 0.324 1 | 0.355 0 |

### 8. 寄澜亭西侧迎风板

寄澜亭西侧迎风板样本点位置和色漂移数据分别如图 6-20、图 6-21 和表 6-9 所示。

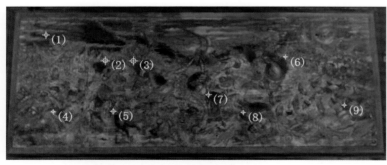

图 6-20　寄澜亭西侧迎风板样本点位置

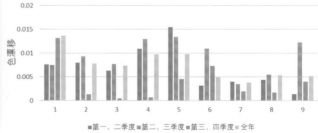

图 6-21　各季度及全年色漂移对比

表 6-9　样本点色彩信息数据及各季度色漂移数据

| 取样点 | 2016 年 3 月 30 日 | | 2016 年 7 月 6 日 | | 2016 年 9 月 28 日 | | 2016 年 11 月 7 日 | |
|---|---|---|---|---|---|---|---|---|
| | $x$ | $y$ | $x$ | $y$ | $x$ | $y$ | $x$ | $y$ |
| 1 | 0.322 0 | 0.356 8 | 0.325 3 | 0.349 9 | 0.339 4 | 0.361 5 | 0.311 3 | 0.345 7 |
| 2 | 0.355 5 | 0.378 2 | 0.363 5 | 0.378 6 | 0.301 1 | 0.338 4 | 0.353 3 | 0.377 5 |
| 3 | 0.321 9 | 0.362 6 | 0.328 2 | 0.362 8 | 0.320 4 | 0.366 5 | 0.320 4 | 0.361 8 |
| 4 | 0.349 4 | 0.373 7 | 0.360 3 | 0.374 5 | 0.322 1 | 0.367 6 | 0.348 0 | 0.374 1 |
| 5 | 0.314 7 | 0.356 9 | 0.329 3 | 0.362 0 | 0.275 4 | 0.328 8 | 0.320 5 | 0.360 4 |
| 6 | 0.356 7 | 0.368 9 | 0.355 5 | 0.371 8 | 0.327 2 | 0.366 5 | 0.351 4 | 0.369 8 |
| 7 | 0.329 4 | 0.355 9 | 0.333 0 | 0.357 6 | 0.355 1 | 0.352 1 | 0.331 6 | 0.358 3 |
| 8 | 0.368 2 | 0.366 3 | 0.371 7 | 0.369 0 | 0.297 4 | 0.346 5 | 0.366 3 | 0.366 4 |
| 9 | 0.320 6 | 0.355 7 | 0.321 6 | 0.356 6 | 0.314 2 | 0.358 6 | 0.312 7 | 0.350 9 |

### 9. 秋水亭东侧迎风板

秋水亭东侧迎风板样本点位置和色漂移数据分别如图 6-22、图 6-23 和表 6-10 所示。

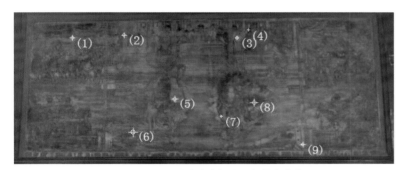

图 6-22　秋水亭东侧迎风板样本点位置

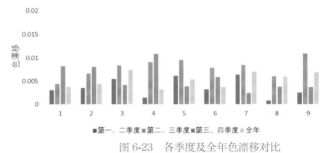

图 6-23　各季度及全年色漂移对比

表 6-10　样本点色彩信息数据及各季度色漂移数据

| 取样点 | 2016 年 3 月 30 日 | | 2016 年 7 月 6 日 | | 2016 年 9 月 28 日 | | 2016 年 11 月 7 日 | |
|---|---|---|---|---|---|---|---|---|
| | $x$ | $y$ | $x$ | $y$ | $x$ | $y$ | $x$ | $y$ |
| 1 | 0.328 0 | 0.364 2 | 0.325 7 | 0.362 2 | 0.339 4 | 0.361 5 | 0.326 2 | 0.366 0 |
| 2 | 0.355 9 | 0.375 1 | 0.358 3 | 0.377 7 | 0.301 1 | 0.338 4 | 0.353 4 | 0.379 0 |
| 3 | 0.306 7 | 0.381 5 | 0.311 6 | 0.379 1 | 0.320 4 | 0.366 5 | 0.301 7 | 0.382 2 |
| 4 | 0.329 0 | 0.350 5 | 0.328 4 | 0.349 2 | 0.322 1 | 0.367 6 | 0.322 1 | 0.355 4 |
| 5 | 0.351 4 | 0.373 3 | 0.356 5 | 0.376 8 | 0.275 4 | 0.328 8 | 0.348 8 | 0.375 4 |
| 6 | 0.328 4 | 0.377 5 | 0.331 4 | 0.378 7 | 0.327 2 | 0.366 5 | 0.324 0 | 0.377 4 |
| 7 | 0.377 7 | 0.366 0 | 0.375 8 | 0.359 9 | 0.355 1 | 0.352 1 | 0.366 9 | 0.361 2 |
| 8 | 0.333 1 | 0.358 6 | 0.333 8 | 0.358 1 | 0.297 4 | 0.346 5 | 0.325 6 | 0.360 6 |
| 9 | 0.355 1 | 0.375 3 | 0.357 1 | 0.376 9 | 0.314 2 | 0.358 6 | 0.346 0 | 0.380 6 |

### 10. 秋水亭西侧迎风板

秋水亭西侧迎风板样本点位置和色漂移数据分别如图 6-24、图 6-25 和表 6-11 所示。

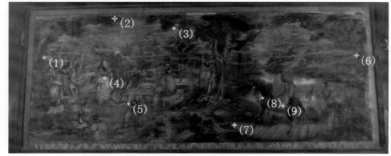

图 6-24　秋水亭西侧迎风板样本点位置

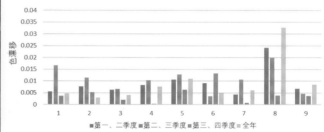

图 6-25　各季度及全年色漂移对比

表 6-11　样本点色彩信息数据及各季度色漂移数据

| 取样点 | 2016 年 3 月 30 日 | | 2016 年 7 月 6 日 | | 2016 年 9 月 28 日 | | 2016 年 11 月 7 日 | |
|---|---|---|---|---|---|---|---|---|
| | $x$ | $y$ | $x$ | $y$ | $x$ | $y$ | $x$ | $y$ |
| 1 | 0.324 2 | 0.367 2 | 0.329 8 | 0.366 8 | 0.339 4 | 0.361 5 | 0.313 0 | 0.355 5 |
| 2 | 0.322 0 | 0.359 8 | 0.329 0 | 0.363 1 | 0.301 1 | 0.338 4 | 0.322 8 | 0.363 2 |
| 3 | 0.36 7 | 0.377 5 | 0.370 5 | 0.382 8 | 0.320 4 | 0.366 5 | 0.361 9 | 0.382 0 |
| 4 | 0.320 7 | 0.382 7 | 0.328 9 | 0.384 5 | 0.322 1 | 0.367 6 | 0.318 9 | 0.382 6 |
| 5 | 0.358 8 | 0.378 8 | 0.367 7 | 0.384 6 | 0.275 4 | 0.328 8 | 0.353 3 | 0.375 7 |
| 6 | 0.367 0 | 0.362 9 | 0.358 2 | 0.365 4 | 0.327 2 | 0.366 5 | 0.346 6 | 0.355 6 |
| 7 | 0.376 1 | 0.389 2 | 0.378 2 | 0.393 0 | 0.355 1 | 0.352 1 | 0.369 9 | 0.386 6 |
| 8 | 0.324 5 | 0.344 2 | 0.337 7 | 0.364 4 | 0.297 4 | 0.346 5 | 0.322 3 | 0.346 5 |
| 9 | 0.371 5 | 0.383 4 | 0.367 3 | 0.388 7 | 0.314 2 | 0.358 6 | 0.365 6 | 0.380 5 |

### 11. 清遥亭东侧迎风板

清遥亭东侧迎风板样本点位置和色漂移数据分别如图 6-26、图 6-27 和表 6-12 所示。

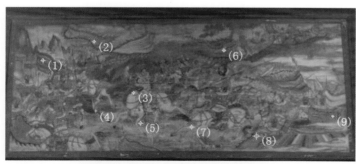

图 6-26　清遥亭东侧迎风板样本点位置

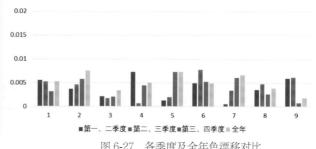

图 6-27　各季度及全年色漂移对比

表 6-12 样本点色彩信息数据及各季度色漂移数据

| 取样点 | 2016 年 3 月 30 日 | | 2016 年 7 月 6 日 | | 2016 年 9 月 28 日 | | 2016 年 11 月 7 日 | |
|---|---|---|---|---|---|---|---|---|
| | $x$ | $y$ | $x$ | $y$ | $x$ | $y$ | $x$ | $y$ |
| 1 | 0.285 0 | 0.376 1 | 0.290 6 | 0.376 2 | 0.339 4 | 0.361 5 | 0.287 1 | 0.374 5 |
| 2 | 0.376 5 | 0.390 4 | 0.372 9 | 0.391 3 | 0.301 1 | 0.338 4 | 0.379 8 | 0.394 7 |
| 3 | 0.352 4 | 0.376 0 | 0.354 6 | 0.376 2 | 0.320 4 | 0.366 5 | 0.357 4 | 0.379 0 |
| 4 | 0.314 6 | 0.345 8 | 0.321 9 | 0.346 8 | 0.322 1 | 0.367 6 | 0.326 5 | 0.348 9 |
| 5 | 0.312 8 | 0.364 0 | 0.313 0 | 0.365 3 | 0.275 4 | 0.328 8 | 0.317 3 | 0.369 3 |
| 6 | 0.375 5 | 0.356 5 | 0.374 8 | 0.361 4 | 0.327 2 | 0.366 5 | 0.371 8 | 0.367 3 |
| 7 | 0.346 7 | 0.370 3 | 0.346 9 | 0.369 8 | 0.355 1 | 0.352 1 | 0.348 9 | 0.377 7 |
| 8 | 0.380 0 | 0.358 2 | 0.380 8 | 0.361 7 | 0.297 4 | 0.346 5 | 0.374 9 | 0.366 0 |
| 9 | 0.394 1 | 0.341 4 | 0.388 5 | 0.343 5 | 0.314 2 | 0.358 6 | 0.382 3 | 0.344 6 |

## 12. 清遥亭西侧迎风板

清遥亭西侧迎风板样本点位置和色漂移数据分别如图 6-28、图 6-29 和表 6-13 所示。

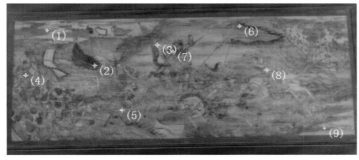

图 6-28 清遥亭西侧迎风板样本点位置

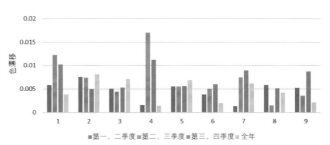

图 6-29 各季度及全年色漂移对比

表 6-13 样本点色彩信息数据及各季度色漂移数据

| 取样点 | 2016 年 3 月 30 日 | | 2016 年 7 月 6 日 | | 2016 年 9 月 28 日 | | 2016 年 11 月 7 日 | |
|---|---|---|---|---|---|---|---|---|
| | $x$ | $y$ | $x$ | $y$ | $x$ | $y$ | $x$ | $y$ |
| 1 | 0.316 2 | 0.349 6 | 0.322 0 | 0.349 2 | 0.339 4 | 0.361 5 | 0.313 9 | 0.353 9 |
| 2 | 0.298 6 | 0.363 7 | 0.305 9 | 0.362 0 | 0.301 1 | 0.338 4 | 0.297 4 | 0.365 8 |
| 3 | 0.333 2 | 0.363 9 | 0.338 1 | 0.365 1 | 0.320 4 | 0.366 5 | 0.335 7 | 0.371 2 |
| 4 | 0.374 9 | 0.356 0 | 0.374 9 | 0.354 4 | 0.322 1 | 0.367 6 | 0.356 0 | 0.358 8 |
| 5 | 0.311 1 | 0.364 0 | 0.316 5 | 0.365 3 | 0.275 4 | 0.328 8 | 0.310 7 | 0.371 1 |
| 6 | 0.384 1 | 0.356 7 | 0.381 1 | 0.359 1 | 0.327 2 | 0.366 5 | 0.381 3 | 0.363 2 |
| 7 | 0.325 0 | 0.349 7 | 0.326 2 | 0.350 3 | 0.355 1 | 0.352 1 | 0.322 3 | 0.354 0 |
| 8 | 0.368 8 | 0.362 9 | 0.366 3 | 0.368 2 | 0.297 4 | 0.346 5 | 0.369 1 | 0.371 1 |
| 9 | 0.329 6 | 0.351 2 | 0.325 7 | 0.354 7 | 0.314 2 | 0.358 6 | 0.329 6 | 0.358 8 |

### 13. 石丈亭 – 清遥亭外檐南侧第 245 间

石丈亭 – 清遥亭外檐南侧第 245 间样本点位置和色漂移数据分别如图 6-30、图 6-31 和表 6-14 所示。

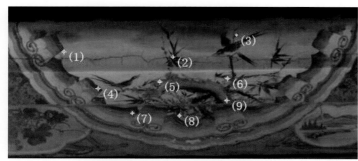

图 6-30　石丈亭 – 清遥亭外檐南侧第 245 间样本点位置

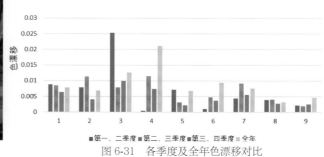

图 6-31　各季度及全年色漂移对比

表 6-14　样本点色彩信息数据及各季度色漂移数据

| 取样点 | 2016 年 3 月 30 日 | | 2016 年 7 月 6 日 | | 2016 年 9 月 28 日 | | 2016 年 11 月 7 日 | |
|---|---|---|---|---|---|---|---|---|
| | $x$ | $y$ | $x$ | $y$ | $x$ | $y$ | $x$ | $y$ |
| 1 | 0.309 0 | 0.355 0 | 0.317 6 | 0.357 0 | 0.339 4 | 0.361 5 | 0.314 9 | 0.358 5 |
| 2 | 0.316 0 | 0.344 6 | 0.319 4 | 0.351 7 | 0.301 1 | 0.338 4 | 0.315 0 | 0.343 5 |
| 3 | 0.334 8 | 0.331 4 | 0.360 2 | 0.331 3 | 0.320 4 | 0.366 5 | 0.353 5 | 0.325 8 |
| 4 | 0.357 1 | 0.343 5 | 0.357 6 | 0.343 5 | 0.322 1 | 0.367 6 | 0.356 3 | 0.339 6 |
| 5 | 0.321 9 | 0.356 9 | 0.329 0 | 0.358 2 | 0.275 4 | 0.328 8 | 0.328 3 | 0.357 6 |
| 6 | 0.368 8 | 0.341 7 | 0.369 5 | 0.340 9 | 0.327 2 | 0.366 5 | 0.362 8 | 0.342 0 |
| 7 | 0.353 8 | 0.350 2 | 0.356 6 | 0.353 7 | 0.355 1 | 0.352 1 | 0.352 8 | 0.352 4 |
| 8 | 0.335 4 | 0.363 6 | 0.339 3 | 0.364 1 | 0.297 4 | 0.346 5 | 0.338 1 | 0.367 6 |
| 9 | 0.332 9 | 0.358 1 | 0.334 2 | 0.359 9 | 0.314 2 | 0.358 6 | 0.331 6 | 0.361 6 |

### 14. 石丈亭 – 清遥亭内檐南侧第 245 间

石丈亭 – 清遥亭内檐南侧第 245 间样本点位置和色漂移数据分别如图 6-32、图 6-33 和表 6-15 所示。

图 6-32　石丈亭 – 清遥亭内檐南侧第 245 间样本点位置

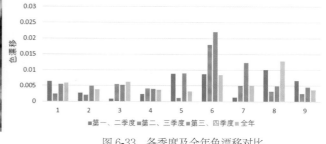

图 6-33　各季度及全年色漂移对比

表 6-15　样本点色彩信息数据及各季度色漂移数据

| 取样点 | 2016 年 3 月 30 日 | | 2016 年 7 月 6 日 | | 2016 年 9 月 28 日 | | 2016 年 11 月 7 日 | |
|---|---|---|---|---|---|---|---|---|
| | $x$ | $y$ | $x$ | $y$ | $x$ | $y$ | $x$ | $y$ |
| 1 | 0.328 7 | 0.357 0 | 0.333 3 | 0.361 5 | 0.339 4 | 0.361 5 | 0.328 9 | 0.364 2 |
| 2 | 0.298 2 | 0.336 0 | 0.299 2 | 0.338 6 | 0.301 1 | 0.338 4 | 0.296 2 | 0.343 4 |
| 3 | 0.336 9 | 0.359 7 | 0.337 2 | 0.360 6 | 0.320 4 | 0.366 5 | 0.335 1 | 0.365 0 |
| 4 | 0.327 8 | 0.352 4 | 0.329 2 | 0.350 5 | 0.322 1 | 0.367 6 | 0.324 5 | 0.354 0 |
| 5 | 0.301 5 | 0.329 1 | 0.292 7 | 0.327 9 | 0.275 4 | 0.328 8 | 0.295 2 | 0.337 1 |
| 6 | 0.307 8 | 0.328 0 | 0.312 4 | 0.335 4 | 0.327 2 | 0.366 5 | 0.312 0 | 0.339 9 |
| 7 | 0.311 2 | 0.357 3 | 0.310 5 | 0.356 2 | 0.355 1 | 0.352 1 | 0.309 9 | 0.366 3 |
| 8 | 0.323 4 | 0.337 4 | 0.327 4 | 0.346 7 | 0.297 4 | 0.346 5 | 0.319 8 | 0.348 2 |
| 9 | 0.305 6 | 0.343 4 | 0.310 0 | 0.348 4 | 0.314 2 | 0.358 6 | 0.305 3 | 0.352 0 |

## 15. 石丈亭 – 清遥亭内檐北侧第 245 间

石丈亭–清遥亭内檐北侧第 245 间样本点位置和色漂移数据分别如图 6-34、图 6-35 和表 6-16 所示。

图 6-34　石丈亭–清遥亭内檐北侧第 245 间样本点位置

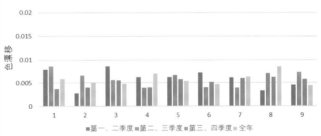

图 6-35　各季度及全年色漂移对比

表 6-16　样本点色彩信息数据及各季度色漂移数据

| 取样点 | 2016 年 3 月 30 日 | | 2016 年 7 月 6 日 | | 2016 年 9 月 28 日 | | 2016 年 11 月 7 日 | |
|---|---|---|---|---|---|---|---|---|
| | $x$ | $y$ | $x$ | $y$ | $x$ | $y$ | $x$ | $y$ |
| 1 | 0.339 0 | 0.370 1 | 0.345 6 | 0.374 6 | 0.339 4 | 0.361 5 | 0.340 3 | 0.374 1 |
| 2 | 0.307 9 | 0.334 4 | 0.309 1 | 0.336 9 | 0.301 1 | 0.338 4 | 0.306 4 | 0.334 9 |
| 3 | 0.330 8 | 0.370 5 | 0.332 4 | 0.379 0 | 0.320 4 | 0.366 5 | 0.324 2 | 0.378 5 |
| 4 | 0.327 8 | 0.349 6 | 0.332 3 | 0.354 0 | 0.322 1 | 0.367 6 | 0.328 6 | 0.357 2 |
| 5 | 0.324 5 | 0.375 6 | 0.329 0 | 0.380 0 | 0.275 4 | 0.328 8 | 0.321 3 | 0.380 9 |
| 6 | 0.314 2 | 0.337 2 | 0.317 0 | 0.343 9 | 0.327 2 | 0.366 5 | 0.310 2 | 0.343 6 |
| 7 | 0.310 3 | 0.351 8 | 0.314 6 | 0.356 2 | 0.355 1 | 0.352 1 | 0.313 6 | 0.360 2 |
| 8 | 0.359 3 | 0.389 7 | 0.358 4 | 0.392 9 | 0.297 4 | 0.346 5 | 0.347 5 | 0.388 0 |
| 9 | 0.338 0 | 0.363 1 | 0.339 1 | 0.367 5 | 0.314 2 | 0.358 6 | 0.330 8 | 0.367 9 |

### 16. 石丈亭 – 清遥亭外檐北侧第 245 间

石丈亭 – 清遥亭外檐北侧第245间样本点位置和色漂移数据分别如图6-36、图6-37和表6-17所示。

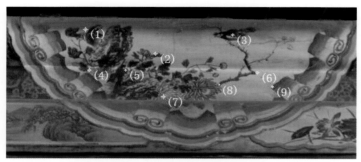

图 6-36　石丈亭 – 清遥亭外檐北侧第 245 间样本点位置

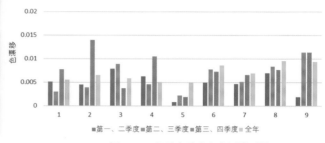

图 6-37　各季度及全年色漂移对比

表 6-17　样本点色彩信息数据及各季度色漂移数据

| 取样点 | 2016 年 3 月 30 日 | | 2016 年 7 月 6 日 | | 2016 年 9 月 28 日 | | 2016 年 11 月 7 日 | |
|---|---|---|---|---|---|---|---|---|
| | $x$ | $y$ | $x$ | $y$ | $x$ | $y$ | $x$ | $y$ |
| 1 | 0.282 3 | 0.349 6 | 0.286 9 | 0.351 8 | 0.339 4 | 0.361 5 | 0.283 4 | 0.357 0 |
| 2 | 0.297 5 | 0.329 9 | 0.299 6 | 0.333 9 | 0.301 1 | 0.338 4 | 0.305 4 | 0.350 8 |
| 3 | 0.292 5 | 0.318 4 | 0.298 8 | 0.323 2 | 0.320 4 | 0.366 5 | 0.292 6 | 0.320 9 |
| 4 | 0.316 5 | 0.362 7 | 0.316 8 | 0.369 0 | 0.322 1 | 0.367 6 | 0.310 7 | 0.375 4 |
| 5 | 0.303 9 | 0.334 6 | 0.304 5 | 0.335 2 | 0.275 4 | 0.328 8 | 0.303 4 | 0.335 1 |
| 6 | 0.328 7 | 0.353 7 | 0.329 7 | 0.348 8 | 0.327 2 | 0.366 5 | 0.329 0 | 0.363 5 |
| 7 | 0.341 8 | 0.359 3 | 0.343 9 | 0.363 5 | 0.355 1 | 0.352 1 | 0.340 1 | 0.366 3 |
| 8 | 0.339 3 | 0.364 8 | 0.338 5 | 0.357 9 | 0.297 4 | 0.346 5 | 0.334 0 | 0.365 8 |
| 9 | 0.362 3 | 0.337 3 | 0.361 1 | 0.338 8 | 0.314 2 | 0.358 6 | 0.356 6 | 0.342 1 |

## （三）寄澜亭东西两侧微环境数据对比

寄澜亭东西两侧微环境数据对比如图 6-38 至图 6-40 所示。

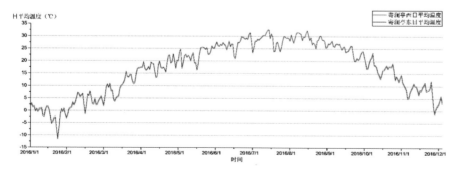

图 6-38　寄澜亭东西两侧全年日平均温度对比

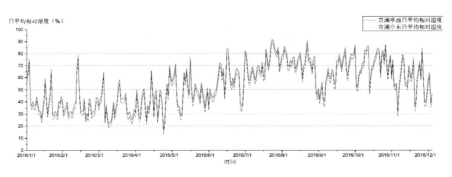

图 6-39 寄澜亭东西两侧全年日平均相对湿度对比

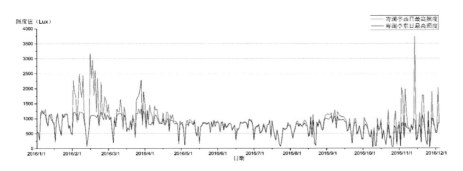

图 6-40 寄澜亭东西两侧全年日最高照度对比

## （四）分析结论及保护性建议

1）颐和园长廊彩画色彩在一年中的变化规律：在 2016 年度监测周期内，色彩变化较小；本监测项目开始时，部分彩画已经发生严重衰变，已经达到色彩衰变阈值，导致监测得到色漂移并不明显。

2）虽然在本年度监测周期内彩画色彩变化较小，但通过现场观测和监测图片分析，可以看出留佳亭和寄澜亭处，西侧彩画明显比东侧衰变严重。结合寄澜亭处微环境的监测数据可知，寄澜亭东西两侧照度值有明显差异，其他微环境指标相差不大。由此可知，光照是造成西侧彩画衰变严重的重要因素。

# 第七章 保护修复试验

# 一、试验依据

颐和园长廊彩画的保护修复试验以国际、国内文物保护的相关法律法规、准则及保存现状勘察、病害原因分析结果及现状评估，以及以往彩画的材料筛选试验结果为依据，保护的最终目的是有效地防止和延缓彩画的破坏速度，最大限度地将彩画所蕴含的历史信息留给后人。

保护修复实施前，需要对保护彩画的材料及方法开展研究与试验。根据前期勘察结果，在实验室开展试验，针对病害种类筛选出合适的保护材料和修复技术，以提高彩画自身的强度和与支撑体之间的黏结强度，增强彩画的稳定性。通过实验室试验筛选出几种效果较好的材料，并经过一段时间的观察，评估这些材料和工艺的保护效果，将这些初步筛选出的材料应用于现场试验，最终选择出保护修复施工中使用的材料。

为达到上述目的，既要结合传统的制作工艺，又要兼顾修复需求和修复效果。要利用各种材料的不同性能，对两者做科学的兼顾，以达到保护目的。在保护修复中，要优先使用传统或与传统兼容的材料和技术，以最少干预为原则，借鉴历史资料、照片，尽可能重现文物原本的状态，恢复一个完整的形象。

本试验针对病害种类筛选合适的保护材料和修复技术，以提高彩画整体的强度，保持相对稳定性，探寻修复规律和评估修复效果，是保护修复工程的依据和技术支撑。

# 二、试验位置

根据颐和园长廊彩画主要病害种类，保护试验将对颜料层表面污染、霉斑、纸地仗起翘、油灰地仗层缺失等病害开展治理。由于颐和园为北京重要的世界文化遗产地，也是北京最为知名的旅游景区之一，工作组在选择试验区域时，既兼顾了多种要修复病害，又充分考虑了尽量减少对游客游览的影响。因此试验区域选择在 E 区的东段和 G 区的山色湖光共一楼的南侧的迎风板（图 7-1）。在 E 区进行试验时，考虑到对游客的保护，对该区域的 E02—E04 进行了全封闭，在封闭外围安放了注意安全标识和告示牌，并在试验区域内搭设脚手架（图 7-2、图 7-3）。

1）颐和园长廊彩画 E03 内檐东侧聚锦的清洗加固试验位置如图 7-4 所示。

2）颐和园长廊彩画 E02 北侧梁架北面方心的清洗加固试验位置如图 7-5 所示。

3）颐和园长廊彩画 E02 内檐东侧包袱心的清洗加固试验位置如图 7-6 所示。

4）颐和园长廊彩画 E03 内檐东侧包袱心的清洗试验位置如图 7-7 所示。

5）颐和园长廊彩画 E03 外檐东侧包袱心、聚锦的清洗加固试验位置如图 7-8 所示。

6）颐和园长廊彩画 E04 内檐东侧包袱心的清洗加固试验位置如图 7-9 所示。

7）颐和园长廊彩画 E02 外檐东侧南柁头的空鼓油灰地仗灌浆、修补试验位置如图 7-10 所示。

8）颐和园长廊彩画 G32 北侧迎风板画的清洗加固试验位置如图 7-11 所示。

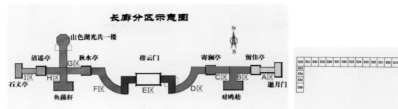

图 7-1　颐和园长廊彩画试验区域（红色框线内）

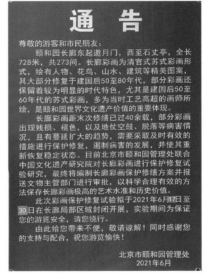

图 7-2　颐和园长廊彩画试验区域——E 区封闭区域及临时无障碍斜坡、试验通告

图 7-3　颐和园长廊彩画试验区域外注意安全标识

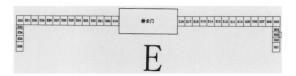

图 7-4　颐和园长廊彩画 E03 内檐东侧聚锦试验位置（红色框线内）

图 7-5　颐和园长廊彩画 E02 北侧梁架北面方心试验位置（红色框线内）

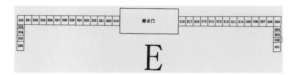

图 7-6　颐和园长廊彩画 E02 内檐东侧包袱心试验位置（红色框线内）

图 7-7　颐和园长廊彩画 E03 内檐东侧包袱心试验位置（红色框线内）

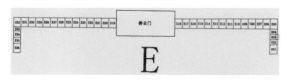

图 7-8　颐和园长廊彩画 E03 外檐东侧包袱心、聚锦试验位置（红色框线内）

图 7-9　颐和园长廊彩画 E04 内檐东侧包袱心试验位置（红色框线内）

图 7-10　颐和园长廊彩画 E02 外檐东侧南柁头试验位置（红色框线内）

**192**

图 7-11　颐和园长廊彩画 G32 北侧迎风板画试验位置（红色框线内）

# 三、试验内容

根据前期勘察结果，针对颐和园长廊彩画的病害状况，筛选适合的保护材料和相对应的工艺，经过一段时间的观察，评估这些材料和工艺的效果，为最终的保护措施提供依据。试验内容主要包括：筛选颜料层表面除尘及清洗方法和材料；筛选包袱心纸地仗回贴、加固提高其强度的保护材料和纸地仗修补材料；筛选油灰地仗修补材料。

## （一）试验步骤

在对目前彩画相关的保护工作进行调查分析的基础上，对现行处理彩画的材料与方法进行归纳与评估，确立选择试验用的清洗、加固材料，对颐和园长廊彩画进行保护修复试验，工作内容如下：

1）纸地仗彩画、油灰地仗彩画表面严重积尘的清除；

2）纸地仗彩画表面污染物（包括霉斑）、油灰地仗彩画表面污染物的清除；

3）纸地仗彩画回贴、加固、修补；

4）油灰地仗彩画的地仗层修补；

5）效果评估。

## （二）试验工具

试验工具如图 7-12 所示，其他工具包括中性绵纸、脱脂棉等工具，柯尼卡 CR-10 Plus 型色差检测（图 7-13）。

国际照明委员会（Commission Internationale de L'Eclairage / International，CIE）的色度模型是最早使用的模型之一。它是三维模型，其中，$x$ 和 $y$ 两维定义颜色，第 3 维定义亮度。CIE 在 1976 年规定了两种颜色空间：一种是用于自照明的颜色空间；另一种是用于非自照明的颜色空间，叫作 CIE 1976 L*a*b*，或者 CIE LAB。CIE LAB 系统使用的坐标叫作对色坐标（Opponent Color Coordinate）（图 7-14）。

| 清洗工具 | 加固工具 | 修补工具 |
|---|---|---|
| 洗耳球 | 60 mL 注射器 | 刮刀 |
| 毛刷 | 20 mL 注射器 | 抹灰刀 |
| 海绵 | 10 mL 注射器 | 砂纸 |
| 镊子、手术刀 | 1 mL 注射器 | |

图 7-12　试验工具

 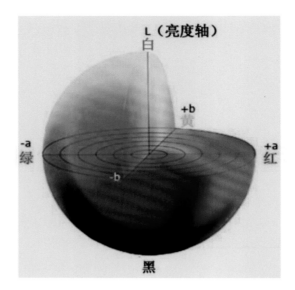

图 7-13 柯尼卡 CR-10 Plus 型色差检测仪　　图 7-14 对色坐标

CIE LAB 使用 $b$，$a$ 和 $L$ 坐标轴定义 CIE 颜色空间。其中，$L$ 值代表光亮度，其值从 0（黑色）到 100（白色）。$b$ 和 $a$ 代表色度坐标，其中 $a$ 代表红 – 绿轴，$b$ 代表黄 – 蓝轴，它们的值从 0 到 10。$a=b=0$ 表示无色，因此 $L$ 就代表从黑到白的比例系数。使用对色坐标的方法来自这样的概念：颜色不能同时是红和绿，或者同时是黄和蓝，但颜色可以被认为是红和黄、红和蓝、绿和黄以及绿和蓝的组合。

CIE LAB 颜色空间：

明度指数 $L$（亮度轴），表示黑白，0 为黑色，100 为白色，0~100 之间为灰色；

色品指数 $a$（红 – 绿轴），正值为红色，负值为绿色；

色品指数 $b$（黄 – 蓝轴），正值为黄色，负值为蓝色。

## （三）试验材料

根据前期试验及相关彩画保护工程经验，选取加固效果较好、性能较稳定的 10 种保护材料（表 7-1），在颐和园长廊彩画上开展了进一步的可操作性试验。材料中明胶、桃胶为中国绘画中最常用的黏结材料，尤其明胶是古建筑彩画颜料的原黏结材料，使用最多。AC33 丙烯酸乳液和改性丙烯酸乳液、聚醋酸乙烯乳液是彩画、壁画颜料层保护中常用的现代加固材料，其中改性丙烯酸乳液为敦煌研究院长期用于古代壁画保护的保护材料，在以前的彩画保护试验中也多次使用过。彩画、壁画颜料层加固的要求基本一致，而且这种材料在壁画保护中性能表现良好，作为比对材料在此次试验中加以使用。这几种材料在环境温度 20℃以上时，操作及渗透效果都较好，尤其加有渗透剂的改性丙烯酸乳液，在不同地仗的彩画上渗透都比较理想。但在环境温度 10℃以下时，使用明胶、桃胶时就需要加温保温，操作时没有现代加固材料方便。加固前，选用 50% 乙醇水溶液作为彩画清洗溶液，清除试验区彩画表面的污染物；对一些较难清除的表面污染物，使用 1%EDTA 水溶液进行清洗。

试验中纸地仗回贴、修补时，使用的黏结材料为小麦淀粉糨糊。油灰地仗修补使用的材料为油满、砖灰。

表 7-1 彩画保护修复试验材料

| 编号 | 材料名称 | 生产地/牌号（厂家） | 原始状态 | 固含量 | 溶剂 | 使用比例（%） | 备注 |
|---|---|---|---|---|---|---|---|
| 1 | 无水乙醇 | 中国/北京化工厂 | 液态 | — | 去离子水 | 50 | 表面清洗 |
| 2 | EDTA | 中国/北京化工厂 | 固态 | — | 去离子水 | 1 | 表面清洗 |
| 3 | 桃胶 | 中国/绘画用材料 | 固态 | — | 去离子水 | 5 | 起翘层回贴 |
| | | | | | | 3 | 颜料层加固 |
| 4 | 明胶 | 中国/绘画用材料 | 固态 | — | — | 2 | 起翘层回贴 |
| | | | | | | 1 | 颜料层加固 |
| | | | | | | 1.5 | 颜料层加固 |
| 5 | 聚醋酸乙烯乳液 | 中国/BT-09B（北京市大效亭黏合剂厂） | 乳液 | 50 | 去离子水 | 5 | 起翘层回贴 |
| | | | | | | | 颜料层加固 |
| 6 | 丙烯酸乳液 | 英国/AC33 | 乳液 | 50 | 去离子水 | 5 | 起翘层回贴、颜料层加固 |
| 7 | 改性丙烯酸乳液 | 中国/（兰州知本化工） | 乳液 | 50 | 去离子水 | 3 | 起翘层回贴 |
| | | | | | | 1.5 | 颜料层加固 |
| 8 | 有机硅改性丙烯酸乳液 | 中国/（兰州知本化工） | 乳液 | 50 | 去离子水 | 2 | 起翘层回贴 |
| | | | | | | 1 | 颜料层加固 |
| 9 | 小麦淀粉 | 中国 | 固态 | — | 去离子水 | 25 | 纸地仗回贴、修补 |
| 10 | 油满、砖灰 | 中国/彩画传统材料 | 固态 | — | 去离子水 | — | 地仗层回贴、修补 |

## 1. 明胶

明胶由从动物的骨、生皮、肌腱、膜及其他结缔组织中提取的胶原蛋白精制而成，是一种多肽天然有机高分子化合物，其结构式为

COOH
|
$H_2N$— C — H
|
R

式中：R 为氨基酸多肽大分子。

明胶的技术指标见表 7-2，其他特性如下。

酸碱性：明胶分子中的氨基呈碱性，而羧基呈酸性，因此明胶既能与酸反应，又能与碱反应，是一种两性化合物。

稳定性：明胶颗粒周围的水化膜（水化层）以及非等电状态时明胶颗粒所带的同性电荷互相排斥，是明胶的胶体系统稳定的主要原因。

盐析：高浓度中性盐可使明胶的多肽分子脱水并中和其所带电荷，从而降低明胶的溶解度并沉淀析出，即盐析；但这种作用并不引起明胶变性，是可逆的物理变化。

表 7-2　明胶的技术指标

| 项目 | 外观 | 水分（105 ℃） | 灰分（650 ℃） | pH 值 | 黏度（12.5%，60 ℃） |
|---|---|---|---|---|---|
| 指标 | 淡黄色细颗粒或薄片 | ≤ 12 % | ≤ 2.5 % | 5.5 ~ 7.0 | ≥ 5.0 mPa·s |

## 2. 桃胶

桃胶为蔷薇科植物桃或山桃等树皮中分泌出来的树脂。夏季采收，用刀切割树皮，待树脂溢出后收集，再进行水浸，洗去杂质，晒干。树胶的主要组成为半乳糖、鼠李糖、α–葡糖醛酸等。桃胶有足够的水溶性和适当的黏度。桃胶以固体和溶液两种形式存在。桃胶可用于配制水溶性胶黏剂，也可用作增稠剂、乳化剂。桃胶的技术指标见表 7-3。

表 7-3　桃胶的技术指标

| 项目 | 外观 | 水份（105 ℃） | 灰份（650 ℃） | pH 值 | 黏度 mPa·s（15%，25 ℃） |
|---|---|---|---|---|---|
| 指标 | 白色或乳黄色粉末 | ≤ 5% | ≤ 3% | 6.0 ~ 7.0 | ≥ 30.0 mPa·s |

## 3. 聚醋酸乙烯乳液

中文名称：聚醋酸乙烯酯

英文名称：Poly（vinyl acetate）

中文别名：聚醋酸乙烯乳液、白乳胶、白胶水、聚乙烯乙酸

分子式：$C_4H_6O_2$

物性数据：

1）性状：无色黏稠液或淡黄色透明玻璃状颗粒，无臭，无味，有韧性和塑性。

2）密度（g/mL,25/4℃）：1.191。

3）熔点（℃）：60。

4）折射率：1.45~1.47。

5）溶解性：不能与脂肪酸和水互溶，可与乙醇、醋酸、丙酮、乙酸乙酯互溶。

聚醋酸乙烯乳液用作聚乙烯醇、醋酸乙烯–氯乙烯共聚物、醋酸乙烯–乙烯共聚物的原料，广泛用于制备涂料、黏合剂等。热塑性树脂在酸或碱性溶剂中水解成聚乙烯醇，是制备聚乙烯醇的主要原料。当分子中含有光敏化剂时对光敏感，在紫外光或电子束作用下发生分解反应，具有正性感光树脂特性。聚乙酸乙烯酯能溶于多种有机溶剂，能与多种带双键的单体共聚，从而引入各种官能团，具有不同性能；常作为黏合剂使用；对光和热稳定，加热到 250 ℃以上时会分解出醋酸。

乳液聚合是一种或几种烯类单体在乳化剂的分散稳定作用下经自由基引发剂引发，在水相中呈水包油乳状液分散的聚合反应过程。聚合产物是以微胶粒（$0.1\sim1.0\mu m$）状态分散在水相中的乳状液，稳定性优良。由于以水作介质，它具有价格低廉、使用安全、无污染的优点，广泛用于黏合剂、涂料、纺织印染和纸张助剂的生产。

### 4. ZB-SE-3A 改性丙烯酸乳液

拟采用壁画修复材料文物保护专用材料 ZB-SE-3A 改性丙烯酸乳液（兰州知本化工科技有限公司生产）进行彩画加固。

ZB-SH-3A 改性丙烯酸乳液的基本特性见表 7-4 和表 7-5。

表 7-4　ZB-SH-3A 改性丙烯酸乳液组成

| 组成 | 含量（重量比） |
| --- | --- |
| 水 | 33% |
| 聚丙烯酸酯 | 57.2% |
| 羟乙基纤维素 | 0.5% |
| 乳化剂（阴离子、非离子表面活性剂） | 1.7% |
| 乙二醇 | 4.5% |
| 消泡剂 | 0.7% |
| 助成膜剂 | 1.7% |
| 防霉、杀菌剂 | 0.2% |
| NH4OH | 0.4% |
| 其他 | 0.1% |

表 7-5　ZB-SH-3A 改性丙烯酸乳液技术指标

| 项目 | 指标 |
| --- | --- |
| 外观 | 乳白或浅蓝色，无粗颗粒和异物 |
| pH 值 | 8~9 |
| 固含量（或不挥发物）（%） | ≥ 44 |
| 黏度（Pa·s） | ≥ 0.48 |
| 最低成膜温度（℃） | ≥ 5 |
| 丙烯酯单体残留（%） | 0.1 |
| 稀释稳定性 | 合格 |
| 机械稳定性 | 合格 |
| 冻融稳定性 | 合格 |
| 化学稳定性 | 合格 |

改性丙烯酸乳液的优缺点如下。

优点：涂膜光泽柔和，耐候性、保光性、保色性、抗水解性及机械物理性能较好。

缺点：最低成膜温度（MFT）偏高、乳液稳定性偏低、乳液流变性特别是黏度不能有效调节；透湿性、耐水性、耐溶剂性差，容易出现低温变脆、高温发黏的现象。

### 5. ZB-SH-1 有机硅改性丙烯酸乳液

拟采用壁画修复材料文物保护专用材料 ZB-SH-1 有机硅改性丙烯酸乳液（兰州知本化工科技有限公司生产）进行彩画加固。

ZB-SH-1 有机硅改性丙烯酸乳液的基本特性见表 7-6 和表 7-7。

表 7-6　有机硅改性丙烯酸乳液的组成

| 组成 | 含量（重量比） |
| --- | --- |
| 水 | 47% |
| 有机硅改性聚丙烯酸酯 | 57% |
| 乳化剂（OP-10） | 2.0% |
| 助成膜剂（乙二醇丁醚、二乙二醇丁醚） | 2.0% |

表 7-7　有机硅丙烯酸乳液的技术标准

| 项目 | 指标 |
| --- | --- |
| 外观 | 乳白色或浅蓝色，无粗颗粒和异物 |
| pH 值 | 8~9 |
| 固含量（或不挥发物）（%） | ≥ 44 |
| 黏度（Pa·s） | ≥ 0.48 |
| 平均粒径（nm） | 100 |
| 最低成膜温度（℃） | ≥ 5 |
| 残留单体含量（%） | 0.1 |
| $Ca^{2+}$ 稳定性 | 合格 |
| 稀释稳定性 | 合格 |
| 机械稳定性 | 合格 |
| 冻融稳定性 | 合格 |
| 化学稳定性 | 合格 |

有机硅改性丙烯酸乳液的一般性质：有机硅单体是一种同时具有反应性官能团（双键）和可水解基团（硅醇的烷基醚）的硅烷；含有不饱和乙烯基官能团的有机硅氧烷单体能够与丙烯酸酯单体共聚，得到有机硅改性的丙烯酸酯共聚物。硅氧烷因含有多个硅醇烷基醚结构而易水解，水解后生成硅醇（—SiOH），进而产生缩聚，形成硅氧烷键 Si—O—Si 的网状交联结构；改性后的有机硅丙烯酸乳液除具有丙烯酸乳液的一般特点外，乳液的耐候性得到了明显提高，耐高低温性能较好，很好地解决了丙烯酸乳液成膜后易出现的低温变脆、高温发黏的现象。此外，硅丙乳液在抗沾污性、耐水性、透气性等方面也较前者有较大幅度的提高。

### 6. EDTA

中文名：乙二胺四乙酸。

英文名：Ethylene Diamine Tetraacetic Acid（EDTA）。

线性分子式：$(HOOCCH_2)_2NCH_2CH_2N(CH_2COOH)_2$。

分子式：$C_{10}H_{16}N_2O_8$。

相对分子量：292.24。

CAS 登录号：60-00-4。

EINECS 登录号：200-449-4。

沸点：614.2 ℃。

闪点：325.2 ℃。

水溶性：0.5 g/L（25℃）。

危险品标志：Xi。

风险术语：R52/53；R36/37/38。

安全术语：S26；S36；S61；S37/39。

理化性质：白色无臭无味、无色结晶性粉末，熔点为250℃（分解）。不溶于醇及一般有机溶剂，能够溶于冷水（冷水速度较慢）、热水，溶于氢氧化钠、碳酸钠及氨的溶液中，能溶于160份100℃沸水。其碱金属盐能溶于水。

# 四、试验过程

## （一）颐和园长廊彩画 E03 内檐东侧聚锦的清洗加固试验

选取长廊彩画 E 区的 E03 内檐东侧彩画额枋上北侧聚锦，在此区域的彩画上进行清洗和加固试验，长廊彩画聚锦都为麻灰地仗。此试验区域（图 7-15）彩画的主要病害是积尘、颜料层轻微龟裂和起翘。

图 7-15　颐和园长廊彩画 E03 内檐东侧聚锦试验区域（红色框线内）

### 1. 清除积尘

试验区域下半部分全部覆盖较厚灰尘，致使图案模糊不清。用洗耳球和软毛刷（或毛笔）将表面积尘清理干净。把画面及缝隙中的尘土顺一个方向刷除或吹出来，无论用软毛刷（或毛笔）还是洗耳球清除灰尘，都需要小心操作，不刮伤表面（图 7-16 至图 7-19）。

图 7-16　用洗耳球除尘

图 7-17　用软毛刷除尘

图 7-18　试验区域除尘前

图 7-19　试验区域除尘后

## 2.表面清洗

　　使用软毛刷（或毛笔）蘸溶液擦拭，并用绵纸包裹脱脂棉球吸附多余的清洗液。清洗液为体积分数为 50% 的乙醇水溶液。可用软毛刷（或毛笔）蘸清洗液清除起翘颜料层缝隙中的污垢。

　　对一些较难清洗的泥渍，用 50% 乙醇水溶液把中性绵纸粘于污染部位，然后用中性绵纸包裹脱脂棉的棉球隔着绵纸轻轻蘸吸颜料层表面的清洗液，逐渐将污染物软化，再用软毛笔蘸取清洗溶液去除污染物。操作中如有颜料脱落现象，应立刻停止清洗（图 7-20 至图 7-22）。

图 7-20　用软毛笔清洗

图 7-21　试验区域清洗前

图 7-22　试验区域清洗后

### 3. 加固

先将前期试验中筛选出来的 5 种加固材料用于该试验区域,从左至右分别是试验区域 #1（5% 丙烯酸水溶液）；试验区域 #2（3% 桃胶水溶液）；试验区域 #3（1.5% 明胶水溶液）；试验区域 #4（5% 聚醋酸乙烯水溶液）；试验区域 #5（2% 有机硅改性丙烯酸水溶液）。具体分区情况如图 7-23 所示。

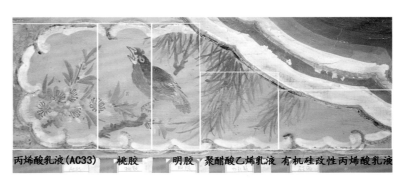

丙烯酸乳液(AC33)　桃胶　明胶 聚醋酸乙烯乳液 有机硅改性丙烯酸乳液

图 7-23　试验区域分区

先用软毛刷（或毛笔）、洗耳球等工具仔细清除细微的龟裂和起翘缝隙处的灰尘。因为起翘的裂隙处本身非常脆弱,并且松动,所以无论用软毛刷（或毛笔）还是洗耳球清除灰尘,都需要注意不要刮掉起翘部位。

采用 50% 乙醇水溶液轻轻涂刷或喷涂彩画表面,软化起翘颜料、沥粉贴金层,并疏通颜料孔隙,便于加固材料的渗透,直到起翘颜料层和沥粉贴金层能回软；回软后马上把加固剂顺起翘、龟裂的颜料缝隙注入颜料层；加固剂基本渗入颜料层后,再用中性绵纸包裹脱脂棉的棉球按压直至回贴归位；对于特别脆弱、粉化的颜料层,可以用黏结材料直接加固。

用注射器滴加或软毛刷（或毛笔）轻涂加固剂于颜料表面（图 7-24）,待加固材料渗入后,贴附中性绵纸；用中性绵纸包裹脱脂棉球隔着绵纸轻轻按压画面,在吸附多余药液的同时,使软化了的起翘颜料层归位回贴。在加固颜料层的同时,逐渐将表面灰尘、污染物吸附于绵纸上。可用此方法反复操作以使清洗和加固同时进行。特别需要注意的是,吸附用绵纸要及时更换,以防止画面二次污染。此外,当起翘颜料层没有完全软化时,强行按压会使颜料片碎裂甚至脱落,为确保画面的完整,要谨慎处理。加固效果如图 7-25 至图 7-29 所示。

图 7-24　用毛笔轻涂加固剂

**201**

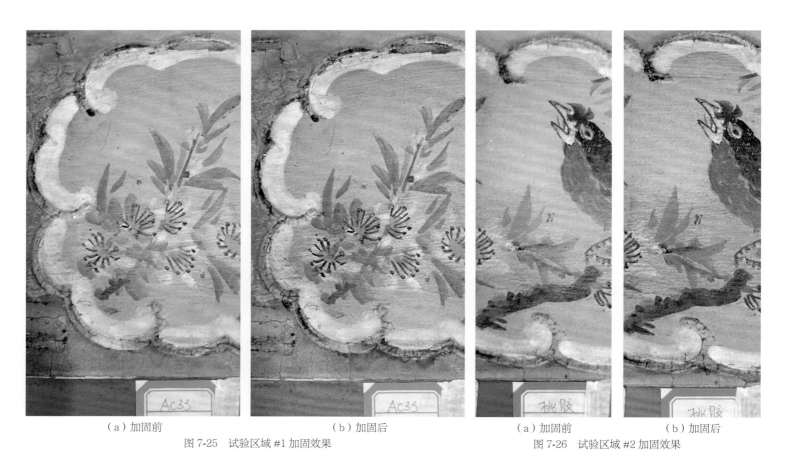

（a）加固前　　　　　　　　（b）加固后　　　　　　　　（a）加固前　　　　　　　　（b）加固后

图 7-25　试验区域 #1 加固效果　　　　　　　　图 7-26　试验区域 #2 加固效果

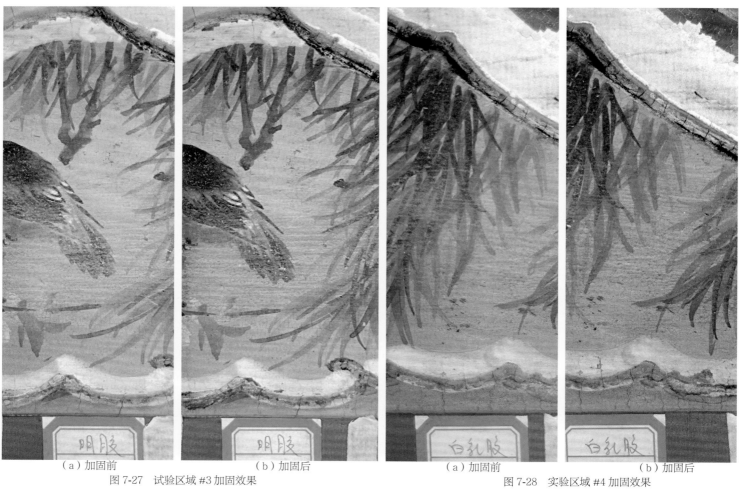

（a）加固前　　　　　　　　（b）加固后　　　　　　　　（a）加固前　　　　　　　　（b）加固后

图 7-27　试验区域 #3 加固效果　　　　　　　　图 7-28　实验区域 #4 加固效果

（a）加固前　　　　　　　　　　　　　　　　　（b）加固后

图 7-29　实验区域 #5 加固效果

## 4. 色差数据记录和色差变化分析

在试验中，针对 E03 内檐东侧彩画额枋上北侧聚锦的除尘前后、清洗前后、加固前后的色差进行测试。使用仪器为柯尼卡美能达的 CR-10 Plus 型色度仪（图 7-30、图 7-31）。选取的点位包含该区域所有颜色，具体选点如图 7-32 所示。

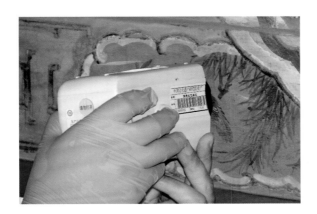

图 7-30　色度仪　　　　　　　　　　　　　　　图 7-31　用色度仪测试色差

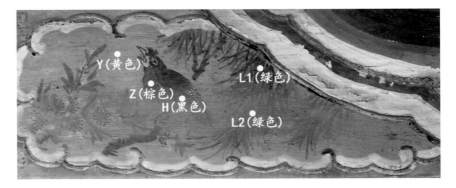

图 7-32　E03 内檐东侧彩画额枋上北侧聚锦色差点位图

E03 内檐东侧彩画额枋上北侧聚锦除尘、清洗、加固处理前后的色差数据见表 7-8。

表7-8　E03 内檐东侧彩画额枋上北侧聚锦除尘、清洗、加固处理前后的色差数据

| 颜色 | 处理方法 | $\Delta L$ | $\Delta a$ | $\Delta b$ | $\Delta e$ |
|---|---|---|---|---|---|
| Y 黄 | 除尘前后 | 40.6 | −8.4 | −34.4 | 53.87 |
| | 清洗前后 | −42 | 7.9 | 33.7 | **54.43** |
| | 加固前后 | 0.5 | 0.1 | 0.6 | 0.79 |
| H 黑 | 除尘前后 | 0.7 | 0.9 | 2.1 | 2.39 |
| | 清洗前后 | 7 | 1.4 | 3.6 | **7.99** |
| | 加固前后 | −0.6 | 0.2 | 0.8 | 1.02 |
| L1 绿 | 除尘前后 | 7.5 | 3.7 | 4 | **9.27** |
| | 清洗前后 | −3.7 | 2.5 | −2.3 | 5.02 |
| | 加固前后 | −5.1 | −4.5 | −4.3 | 8.05 |
| L2 绿 | 除尘前后 | 1.1 | 2.80 | 5.40 | **6.18** |
| | 清洗前后 | 0.20 | 0.00 | −0.70 | 0.72 |
| | 加固前后 | 2.30 | 1.00 | 1.00 | 2.70 |
| Z 棕 | 除尘前后 | 4.40 | −0.20 | 2.80 | **5.22** |
| | 清洗前后 | −0.80 | 0.50 | −0.60 | 1.12 |
| | 加固前后 | 2.10 | −1.00 | 0.80 | 2.46 |

注：字体加粗的数据为该处试验点三种处理中色差变化最大的数值。

黄、黑、绿、棕4 种颜色5 处区域经过处理后，色差数值 $\Delta e$ 呈现以下规律。

除尘／清洗处理＞加固处理；其中Y（黄色）处在除尘、清洗2 种处理的色差值 $\Delta e$ 均达53.8 以上，H（黑色）处清洗处理后最大色差值 $\Delta e$ 为7.99，其余颜色位置色差值 $\Delta e$ 均小于6.20；加固前后色差变化，除L1（绿色）处色差值 $\Delta e$ 为8.05，其余颜色处 $\Delta e$ 均小于2.5（图7-33）。

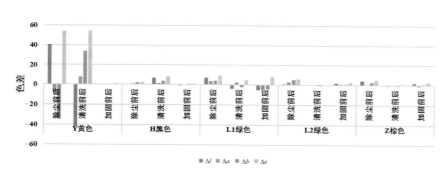

图7-33　E03 内檐东侧聚锦处除尘、清洗、加固处理的色差变化

## （二）颐和园长廊彩画 E02 北侧梁架北面方心的清洗加固试验

选取长廊彩画 E 区的 E02 北侧梁架北面方心，在此区域的彩画上进行清洗加固试验，长廊梁架部分的彩画都为麻灰地仗。该区域彩画保存大体良好，主要病害是积尘、裂隙和起翘（图7-34、图7-35）。

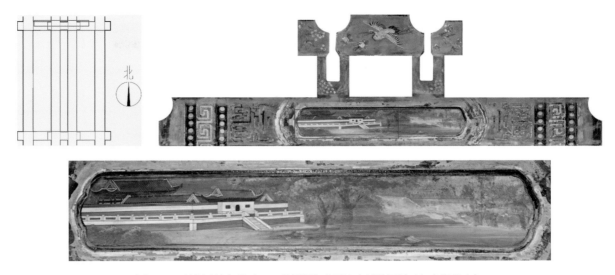

图 7-34 颐和园长廊彩画 E02 北侧梁架北面方心试验区域（红色框线内）

图 7-35 试验区域积尘

## 1. 清除积尘

彩画试验面部分区域积尘严重，颜料层在裂隙处有起翘。用洗耳球和软毛刷将彩画表面积尘清理干净（图 7-36、图 7-37），对颜料层较脆弱的部位可选用洗耳球轻轻吹除，把画面及缝隙中的尘土顺一个方向刷除或吹出来。因为裂隙和起翘处本身非常脆弱，所以无论用软毛刷还是用洗耳球清除灰尘，都需要注意不要刮伤表面。除尘效果如图 7-38 至图 7-40 所示。

图 7-36 用洗耳球除尘　　　　图 7-37 用软毛刷除尘

（a）除尘前

（b）除尘后

图 7-38　试验区域除尘效果

（a）除尘前　　　　　　　　　　　　　　　　　（b）除尘后

图 7-39　试验区域（局部 1）除尘效果

（a）除尘前　　　　　　　　　　　　　　　　　（b）除尘后

图 7-40　试验区域（局部 2）除尘效果

## 2. 表面清洗

　　加固操作前的清洗是为清除细小缝隙中的灰尘并使黏合剂更好地渗透。用软毛刷（或毛笔）或脱脂棉蘸溶液擦拭，并用绵纸包裹脱脂棉球吸附多余的清洗液。清洗液为 50% 乙醇水溶液。起翘颜料层可用软毛刷（或毛笔）蘸清洗液清除缝隙中的污垢，不用过度清洗（图 7-41）。因为在加固过程中，加固剂湿润颜料层，在使用绵纸回压的过程中吸附多余的水分，同时带走污垢。

　　一些较难清洗的泥渍，用 50% 乙醇水溶液把中性绵纸粘于污染部位，然后用中性绵纸包裹脱脂棉球隔着绵纸轻轻蘸吸颜料层表面的清洗液，逐渐将软化的沉积灰尘吸附在绵纸上，稍干后轻轻取下，再用干棉球蘸除剩余溶液，可多次操作，不要大力抹擦，防止伤害表面颜料层。绵纸上一旦沾上污渍应马上更换，防止二次污染。清洗直至污染物痕迹变浅不明显即可，操作中如有颜料脱落现象，应立刻停止清洗。清洗效果如图 7-42 至图 7-44 所示。

图 7-41　表面清洗

（a）清洗前

（b）清洗后

图 7-42　试验区域清洗效果

（a）清洗前　　　　　　　　　　　　　　　　　　（b）清洗后

图 7-43　试验区域（局部 1）清洗效果

（a）清洗前　　　　　　　　　　　　　　　　　　（b）清洗后

图 7-44　试验区域（局部 2）清洗效果

## 3. 加固

先将前期试验中筛选出来的 6 种加固材料用在该试验区域上，如图 7-45 所示，从左至右分别是试验区域 #1（3% 桃胶水溶液）、试验区域 #2（1.5% 浓度的明胶水溶液）、试验区域 #3（5% 聚醋酸乙烯水溶液）、试验区域 #4（2% 有机硅改性丙烯酸水溶液）、试验区域 #5（1.5% 改性丙烯酸水溶液）、试验区域 #6（5% 丙烯酸水溶液）。

图 7-45　试验区域加固分区

先用软毛刷（或毛笔）、洗耳球等工具仔细清除细微的龟裂和起翘缝隙处灰尘。因为起翘的裂隙处本身非常脆弱，并且松动，所以无论是用软毛刷（或毛笔）还是用洗耳球清除灰尘，都需要注意不要刮掉起翘部位。

采用 50% 乙醇水溶液轻轻涂刷或喷涂彩画表面（图 7-46），软化起翘颜料、沥粉贴金层，并疏通颜料孔隙，便于加固材料的渗透，直到起翘颜料层和沥粉贴金层能回软；回软后马上把加固材料顺起翘、龟裂的颜料缝隙注入渗透进颜料层；加固剂基本渗入颜料层后，再用中性绵纸包裹脱脂棉的棉球按压直至回贴归位（图 7-47）；对于特别脆弱、粉化的颜料层可以用黏结材料直接加固。

用注射器滴加或用软毛刷（或毛笔）轻涂加固材料于颜料表面（图 7-48）；待加固材料渗入后，贴附中性绵纸。用中性绵纸包裹脱脂棉球隔着绵纸轻轻按压画面（图 7-49）；在吸附多余药液的同时，使软化了的起翘颜料层归位回贴。在加固颜料层的同时，逐渐将表面灰尘、污染物吸附于绵纸上，可用此方法多次反复操作，同时进行清洗和加固。特别需要注意的是，吸附用绵纸要及时更换，防止画面被二次污染。起翘颜料层没有完全软化时，强行按压会使颜料片碎裂甚至脱落，为确保画面的完整，要谨慎处理。加固效果如图 7-50 至图 7-54 所示。

图 7-46　用毛笔轻涂加固剂

图 7-47　脱脂棉球按压起翘部位

图 7-48　用注射器滴加加固材料

图 7-49　用脱脂棉球吸走多余加固材料

（a）加固前

（b）加固后

图 7-50　试验区域 #1 加固效果

（a）加固前

（b）加固后

图 7-51　试验区域 #2 加固效果

**209**

（a）加固前　　　　　　　　　　　　　　　　　（b）加固后

图 7-52　试验区域 #3 加固效果

（a）加固前　　　　　　　　　　　　　　　　　（b）加固后

图 7-53　试验区域 #4 加固效果

（a）加固前　　　　　　　　　　　　　　　　　（b）加固后

图 7-54　试验区域 #6 加固效果

### 4. 色差数据记录和色差变化分析

在试验中，使用柯尼卡美能达的 CR-10 Plus 型色度仪对 E02 北侧梁架北面方心的除尘前后、清洗前后、加固前后的色差进行测试。（图 7-55）。选取的点位包含该区域所有颜色，具体选点如图 7-56 所示。

图 7-55　用色度仪测试色差

图 7-56　E02 北侧梁架北面方心色差点位图

E02 北侧梁架北面方心实验区域，除尘、清洗、加固处理的色差数据见表 7-9。

表 7-9　E02 北侧梁架北面方心彩画清洗前后、加固前后的色差数据

| 颜色 | 处理方法 | $\Delta l$ | $\Delta a$ | $\Delta b$ | $\Delta e$ |
|---|---|---|---|---|---|
| H1（黑色） | 除尘前后 | 0.1 | 0.2 | 0.6 | 0.64 |
| | 清洗前后 | 1.7 | −0.4 | −1 | 2.01 |
| | 加固前后 | 1.7 | 0.1 | 1.5 | **2.27** |
| H2（黑色） | 除尘前后 | 0.7 | −1.9 | 1 | 2.26 |
| | 清洗前后 | 4.1 | −0.7 | 1.6 | **4.46** |
| | 加固前后 | −1.9 | 0 | −0.5 | 1.96 |
| Y1（黄色） | 除尘前后 | −0.9 | −0.2 | 0.9 | 1.29 |
| | 清洗前后 | 0.9 | 0.2 | −1.4 | **1.68** |
| | 加固前后 | −0.8 | 0.1 | 0.1 | 0.81 |
| B1（白色） | 除尘前后 | 2.3 | −0.6 | 0 | **2.38** |
| | 清洗前后 | −1.5 | 0.7 | 0.4 | 1.7 |
| | 加固前后 | −0.7 | 0 | −0.4 | 0.81 |
| L1（绿色） | 除尘前后 | 3.8 | 0.9 | 2.1 | **4.43** |
| | 清洗前后 | −2.4 | 1.1 | −0.8 | 2.76 |
| | 加固前后 | −2.7 | 1.8 | −0.3 | 3.26 |
| L2（绿色） | 除尘前后 | −1.8 | 0.6 | 0.3 | 1.92 |
| | 清洗前后 | 1.6 | 0.1 | 1 | 1.89 |
| | 加固前后 | −5.3 | 1.2 | −0.2 | **5.44** |
| L3（绿色） | 除尘前后 | −0.7 | 4.9 | 2.7 | **5.64** |
| | 清洗前后 | 0 | 2.3 | 0.2 | 2.31 |
| | 加固前后 | 2.5 | 1.6 | 0.2 | 2.97 |

注：字体加粗的数据为该处试验点三种处理中色差变化最大的数值。

黑、黄、白、绿四种颜色 7 处试验点的色差变化规律如下。

整体色差变化较小，色差值 Δe 均小于 5.65；L1~L3 的绿色颜料区域，3 种处理后，色差值在 1.8~6.65 之间，除尘和加固处理的色差值 Δe 较大；H1、H2 黑色颜料区域，仅 H2 在清洗处理色差值 Δe 较大，为 4.46，其余色差值约为 2；白色颜料区域色差值 Δe 仅除尘处理为 2.38，其余处理均小于 1.8；黄色区域 3 种处理后色差 Δe 均小于 1.69（图 7-57）。

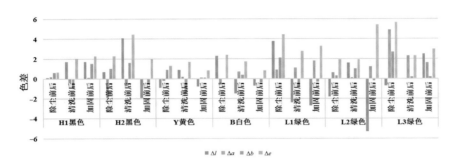

图 7-57　E02 北侧梁架北面方心彩画除尘、清洗、加固处理色差变化

## （三）颐和园长廊彩画 E02 内檐东侧包袱心的清洗加固试验

选取长廊彩画 E 区的 E02 内檐东侧包袱心，在此区域的彩画上进行清洗和加固试验。长廊彩画中的包袱心彩画都为纸地仗。该区域彩画保存大体良好，主要病害是积尘非常严重，存在裂隙和起翘（图 7-58 至图 7-60）。

图 7-58　颐和园长廊彩画 E02 内檐东侧包袱心试验区域（红色框线）

图 7-59　试验区域积尘严重　　　　　　　　图 7-60　试验区域纸地仗起翘

## 1. 清除积尘

　　试验区域为纸地仗，上部布满厚厚的灰尘，纸地仗也有局部起翘。用洗耳球和软毛刷将彩画表面的积尘清理干净（图 7-61、图 7-62），对纸地仗起翘较脆弱的部位可选用洗耳球轻轻吹除，把画面及缝隙中的尘土顺一个方向刷除或吹出来。因为裂隙和起翘处本身非常脆弱，所以无论用软毛刷还是用洗耳球清除灰尘，都需要小心不要刮伤表面。除尘效果如图 7-63 至图 7-65 所示。

图 7-61　用洗耳球除尘　　　　　　　　　　图 7-62　用软毛刷除尘

（a）除尘前　　　　　　　　　　　　　　（b）除尘后

图 7-63　试验区域除尘效果

（a）除尘前　　　　　　　　　　　　　　（b）除尘后

图 7-64　试验区域（局部 1）除尘效果

（a）除尘前 　　　　　　　　　　　　　　　　（b）除尘后

图 7-65　试验区域（局部 2）除尘效果

## 2. 表面清洗

　　加固操作前的清洗是为清除细小缝隙中的灰尘并使黏结剂更好地渗透，用软毛刷（或毛笔）或脱脂棉蘸溶液擦拭（图 7-66），并用绵纸包裹脱脂棉球吸附多余的清洗液，清洗液为 50% 乙醇水溶液。对起翘颜料层可用软毛刷（或毛笔）蘸清洗液清除缝隙中的污垢，不用过多清洗，因为在加固过程中，加固剂会湿润颜料层，在使用绵纸回压的过程中吸附多余的水分，同时带走污垢。

　　对一些较难清洗的泥渍，用 50% 乙醇水溶液把中性绵纸粘于污染部位，然后用中性绵纸包裹脱脂棉球隔着绵纸轻轻蘸吸颜料层表面的清洗溶液，逐渐将软化的沉积灰尘吸附在绵纸上；稍干后轻轻取下，再用棉签蘸除剩余溶液（图 7-67），可多次操作，不要大力抹擦，以防止伤害表面颜料层。绵纸上一旦沾上污渍应马上更换，防止二次污染。直至污染物痕迹变浅不明显即可，操作中如有颜料脱落现象，应立刻停止清洗。表面清洗效果如图 7-68 至图 7-70 所示。

图 7-66　表面清洗 　　　　　　　　　　　　　图 7-67　用棉签蘸除剩余溶液

（a）清洗前 　　　　　　　　　　　　　　　　（b）清洗后

图 7-68　试验区域清洗效果

（a）清洗前　　　　　　　　　　　　　　　　　（b）清洗后

图 7-69　试验区域（局部 1）清洗效果

（a）清洗前　　　　　　　　　　　　　　　　　（b）清洗后

图 7-70　试验区域（局部 2）清洗效果

## 3. 加固

将前几次试验中筛选出来的加固效果较好的 3% 桃胶水溶液作为整个试验区域的加固剂（图 2-67）。先用软毛刷（或毛笔）、洗耳球等工具再次仔细清除细微的龟裂和起翘缝隙处的灰尘。因为裂隙处起翘的颜料层本身非常脆弱，并且松动，所以无论用软毛刷（或毛笔）还是洗耳球清除灰尘，都需要注意不要刮掉起翘部位。

采用 50% 乙醇水溶液轻轻涂刷或喷涂彩画表面（图 7-71），软化起翘颜料，并疏通颜料孔隙，便于加固剂的渗透，直到颜料层回软；回软后马上把加固材料顺起翘、龟裂颜料处的缝隙注入进颜料层；加固剂基本渗入颜料层后，再用中性绵纸包裹脱脂棉球按压，直至回贴归位。对于特别脆弱、粉化的颜料层可以用黏结剂直接加固。

用注射器滴加或用软毛刷（或毛笔）轻涂加固剂至颜料表面，待加固剂渗入后，贴附中性绵纸，用中性绵纸包裹脱脂棉球隔着绵纸轻轻按压画面，在吸附多余药液的同时，使软化的起翘颜料层以及起翘纸地仗归位回贴。在加固颜料层的同时逐渐将表面灰尘、污染物吸附于绵纸上，可用此方法多次反复操作以达到清洗和加固同时完成的目的。特别需要注意，吸附用绵纸要及时更换，以防止画面被二次污染；此外，在起翘颜料层没有完全软化时，强行按压会使颜料片碎裂甚至脱落，为确保画面完整，要谨慎处理。加固效果如图 7-72 至图 7-74 所示。

图 7-71　用软毛刷轻涂加固剂

（a）加固前　　　　　　　　　　　　　　　　（b）加固后

图 7-72　试验区域加固效果

（a）加固前　　　　　　　　　　　　　　　　（b）加固后

图 7-73　试验区域（局部 1）加固效果

（a）加固前　　　　　　　　　　　　　　　　（b）加固后

图 7-74　试验区域（局部 2）加固效果

## 4. 色差数据记录和色差变化分析

在试验中，对 E02 内檐东侧包袱心的除尘前后、清洗前后、加固前后的色差进行测试。所用仪器为柯尼卡美能达的 CR-10 Plus 型色度仪。选取的点位包含该区域所有颜色，具体选点如图 7-75 所示。

图 7-75　E02 内檐东侧包袱心色差点位图

E02 内檐东侧包袱心试验区域，除尘、加固、修复处理的色差数据见表 7-10。

表 7-10 E02 内檐东侧包袱心处除尘、加固、修复处理前后的色差数据

| 颜色 | 处理方法 | $\Delta L$ | $\Delta a$ | $\Delta b$ | $\Delta e$ |
|---|---|---|---|---|---|
| Y1（黄色） | 除尘前后 | −6.6 | −2.5 | −6.6 | **9.66** |
| | 加固前后 | 4.6 | −3.5 | −1.5 | 5.97 |
| | 修复前后 | 4.5 | 0.5 | 1.4 | 4.74 |
| Y2（黄色） | 除尘前后 | 4.2 | 5.1 | 7.4 | **9.92** |
| | 加固前后 | 1.7 | −1 | −1.7 | 2.6 |
| | 修复前后 | 1.5 | 4.1 | 5 | 6.64 |
| Y3（黄色） | 除尘前后 | 9.1 | −0.9 | 0.2 | **9.15** |
| | 加固前后 | −6.4 | −0.4 | −2.5 | 6.88 |
| | 修复前后 | −4.9 | 0.5 | −1.4 | 5.12 |
| H1（黑色） | 除尘前后 | 6.3 | 1.7 | 5.1 | **8.21** |
| | 加固前后 | 4.5 | −0.3 | 0.3 | 4.52 |
| | 修复前后 | 1.7 | 0.1 | 0.1 | 1.71 |
| H2（黑色） | 除尘前后 | −1 | 0.6 | 2.1 | 2.4 |
| | 加固前后 | −1.5 | −1.9 | −5 | **5.56** |
| | 修复前后 | 0.3 | −0.1 | −0.1 | 0.33 |
| L1（蓝色） | 除尘前后 | 1.9 | −0.1 | 0.9 | 2.1 |
| | 加固前后 | −4.9 | 4.1 | 0.5 | **6.41** |
| | 修复前后 | −2.1 | −1.2 | −1.3 | 2.75 |
| L2（蓝色） | 除尘前后 | −7.1 | 0 | −2.8 | **7.63** |
| | 加固前后 | 5.7 | −1.1 | −0.4 | 5.82 |
| | 修复前后 | −0.8 | −0.2 | −0.6 | 1.02 |
| B1（白色） | 除尘前后 | −2.1 | 0.5 | 1.4 | **2.57** |
| | 加固前后 | −0.1 | 0.1 | −0.2 | 0.24 |
| | 修复前后 | 0.4 | 0 | −0.2 | 0.45 |
| H（灰色） | 除尘前后 | 2.9 | −0.2 | −0.5 | 2.95 |
| | 加固前后 | 5.3 | 0.1 | 1.1 | **5.41** |
| | 修复前后 | −2.2 | −0.3 | −0.7 | 2.33 |
| Z1（红色） | 除尘前后 | −1.7 | −0.3 | 0.1 | 1.73 |
| | 加固前后 | 1.6 | −3.3 | −2.2 | **4.28** |
| | 修复前后 | 0.8 | 1.4 | 1.1 | 1.95 |
| F1（粉色） | 除尘前后 | −9.5 | 0.5 | −1.8 | **9.68** |
| | 加固前后 | 3.9 | −1.9 | −0.7 | 4.39 |
| | 修复前后 | −1.3 | 0.1 | 0 | 1.3 |

注：字体加粗的数据为该处试验点三种处理中色差数值变化最大的。

黄、黑、蓝、白、灰、红、粉 7 种颜色 11 处试验点的色差变化规律如下。

用三种方法处理后，试验点的色差变化较小，色差值 $\Delta e$ 均在 10 以内；除尘及加固处理后的色差变化较大，其中除尘处理中黄色颜料（H1~H3）及粉色颜料（F1）色差值为 9.68~9.92，黑色 H1 色差值为 8.21，蓝色 L2 色差值为 7.63，白色 B1 色差值为 2.57；加固处理后的蓝色 L1 色差值为 6.41，黑色 H2 的色差值为 5.56，灰色 H 的色差值为 5.41；修复处理后，仅黄色 Y1~Y3 处的色差值较大，$\Delta e$ 为 4.74~6.64。（图 7-76）

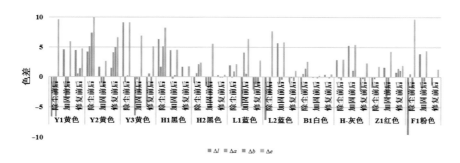

图 7-76　E02 内檐东侧包袱心处除尘、加固、修复处理的色差变化

## （四）颐和园长廊彩画 E03 内檐东侧包袱心的清洗试验

选取长廊彩画 E 区的 E03 内檐东侧彩画的包袱心，在此区域的彩画上进行专门的清洗试验。长廊彩画包袱心都为纸地仗。此试验区域彩画的主要病害是积尘非常严重，已经覆盖画面致使图案无法被看到（图 7-77）。

图 7-77　颐和园长廊彩画 E03 内檐包袱心试验区域（红色框线内）

### 1. 清除积尘

试验区域的彩画表面布满厚厚的尘土。用洗耳球和软毛刷将彩画表面积尘清理干净（图 7-78），对颜料层较脆弱的部位可选用洗耳球轻轻吹除，把画面及缝隙中的尘土顺一个方向刷除或吹出来。因为裂隙和起翘处的颜料层本身非常脆弱，所以无论用软毛刷还是用洗耳球清除灰尘，都需要注意不要刮伤表面。

图 7-78　用软毛刷除尘

### 2. 表面清洗

加固操作前进行清洗是为清除细小缝隙中的灰尘并使加固剂更好地渗透。用软毛刷（或毛笔）或脱脂棉蘸溶液擦拭（图 7-79），并用绵纸包裹脱脂棉球吸附多余的清洗液。因为试验区域积尘非常严重，在使用 50% 乙醇水溶液清洗后，效果不够理想，后又使用 1%EDTA 水溶液进行二次清洗，表面清洗效果如图 7-80 所示。

图 7-79　用毛笔刷轻涂清洗剂

（a）清洗前

（b）清洗后

图 7-80　试验区域除尘效果

## （五）颐和园长廊彩画 E03 外檐东侧包袱心的清洗和加固、纸地仗回贴、纸地仗修补全色试验

选取长廊彩画 E 区的 E03 外檐东侧包袱心（图 7-81），在此区域的彩画上进行清洗和加固、纸地仗回贴、纸地仗修补全色试验。长廊彩画中的包袱心彩画都为纸地仗。该区域彩画中心画面保存尚好，主要病害是积尘和蛛网非常严重，纸地仗裂隙、起翘、缺失严重（图 7-82 至图 7-85）。

图 7-81　颐和园长廊彩画 E03 外檐东侧包袱心试验区域（红色框线内）

图 7-82　试验区域的积尘、蛛网

图 7-83　试验区域纸地仗缺失

图 7-84　试验区域纸地仗裂隙

图 7-85　试验区域纸地仗起翘

## 1. 清除积尘

　　试验区域彩画表面全部布满积尘和蛛网，尤其是上部积尘非常严重，纸地仗裂隙、起翘、缺失严重。用洗耳球和软毛刷（或毛笔）将彩画表面的积尘清理干净（图 7-86 至图 7-89），纸地仗裂隙和起翘处较脆弱部位的积尘可选用洗耳球轻轻吹除，把画面及缝隙中的灰尘顺一个方向刷除或吹出来。因为纸地仗裂隙和起翘处的颜料本身非常脆弱，所以无论是用软毛刷还是用洗耳球清除灰尘，都需要注意不要刮伤表面。清除积尘效果如图 7-90 和图 7-91 所示。

图 7-86 用洗耳球除尘

图 7-87 用软毛刷除尘

图 7-88 用毛笔除尘

图 7-89 清除起翘纸地仗背面积尘

（a）除尘前

（b）除尘后

图 7-90 试验区域除尘效果

（a）除尘前

（b）除尘后

图 7-91 实验区域（局部）除尘效果

## 2.表面清洗

加固操作前的清洗是为清除细小缝隙中的灰尘并使加固剂更好地渗透。用软毛刷（或毛笔）或脱脂棉蘸清洗液擦拭，并用绵纸包裹脱脂棉球吸附多余的清洗液。因为该试验区域的积尘非常严重，积累了前面几个试验的经验后，在使用50%的乙醇水溶液清洗后，又使用1%EDTA水溶液进行二次清洗（图7-92）。对裂隙和起翘纸地仗，可用软毛刷（或毛笔）蘸清洗液清除缝隙和纸地仗背面的积尘；不用过度清洗，因为在加固过程中，加固剂会润湿纸地仗；在使用绵纸回压的过程中吸附多余的水分，同时带走污垢。

对较难清洗的污染物，用50%乙醇水溶液把中性绵纸粘于污染部位，然后用中性绵纸包裹脱脂棉球隔着绵纸轻轻蘸吸颜料层表面的清洗液，以防止伤害表面颜料层。操作中如有颜料脱落现象，应立刻停止清洗。表面清洗效果如图7-93和图7-94所示。

图7-92　使用1%EDTA水溶液清洗后

（a）清洗前　　　　　　　　　　　　　　　　　（b）清洗后

图7-93　试验区域表面清洗效果

（a）清洗前　　　　　　　　　　　　　　　　　（b）清洗后

图7-94　试验区域（局部）表面清洗效果

### 3. 裂隙、起翘纸地仗回贴

进行纸地仗回贴之前，要把剥离和起翘纸地仗的背面、回贴表面上的灰尘再次全部清理干净，以保证纸地仗的回贴强度。因为纸地仗本身非常脆弱，又在户外长期保存，就更加脆弱，用软毛刷（或毛笔）等工具清理时稍微不注意就会将这些纸地仗带落，所以无论是用软毛刷（或毛笔）还是用洗耳球清除背面灰尘，都需要注意不要使纸地仗再次剥离（图7-95、图7-96）。

纸地仗加固回贴工艺：将纸地仗掀起，用毛笔蘸取25%小麦淀粉糨糊刷在纸地仗背面和回贴位置上，按顺序只刷一遍，刷过的地方不要来回涂刷；接下来同样需要用绵纸包裹脱脂棉按回贴表面，自上而下地慢慢回贴归位纸地仗；在黏结剂刷不到位的地方，可用注射器将25%小麦淀粉糨糊注入起翘面积较小的纸地仗空鼓，再用绵纸包裹脱脂棉球轻按回贴表面，使其回贴归位（图7-97）。对裂隙、起翘纸地仗回帖效果如图7-98至图7-100所示。

图 7-95　用毛笔清理起翘纸地仗背面灰尘

图 7-96　用洗耳球清理起翘纸地仗背面灰尘

图 7-97　在纸地仗背面涂抹黏结剂

（a）回贴前

（b）回贴后

图 7-98　试验区域纸地仗回帖效果

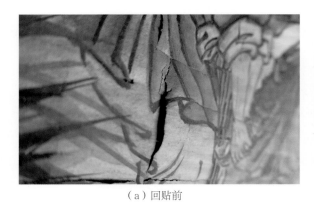 

（a）回贴前　　　　　　　　　　　　　　　　　　　　（b）回贴后

图 7-99　试验区域（局部 1）纸地仗回帖效果

（a）回贴前　　　　　　　　　　　　　　　　　　　　（b）回贴后

图 7-100　试验区域（局部 2）纸地仗回帖效果

## 4. 加固

　　将前几次试验中筛选出来的加固效果最好的 1.5% 明胶水溶液作为整个试验区域的加固剂。用注射器滴加或用软毛刷（或毛笔）轻涂加固剂到颜料表面（图 7-101）；待加固剂渗入后，贴附中性绵纸，用中性绵纸包裹脱脂棉隔着绵纸轻轻按压画面，在吸附多余药液的同时，使软化了的起翘颜料层以及起翘纸地仗归位回贴。在加固颜料层的同时逐渐将表面灰尘、污染物吸附于绵纸上，可用此方法多次反复操作以达到清洗和加固同时完成的目的。特别需要注意，吸附用绵纸要及时更换，以防止画面被二次污染。此外，当起翘颜料层没有完全软化时，强行按压会使颜料层碎裂甚至脱落，为确保画面完整，要谨慎处理。加固效果如图 7-102 所示。

图 7-101　用软毛刷轻涂加固剂

（a）加固前

（b）加固后

图 7-102　试验区域加固效果

## 5. 缺失纸地仗修补

选择补料时，应选择质（质地）、纹（帘纹或丝纹）、色（颜色）、光（包浆）与周围画心尽可能一致的材料进行补配。遵循"质地宁薄勿厚、帘纹宁窄勿宽、颜色宁浅勿深"的原则，选择相同或相近纤维、纹理、厚度的纸。接下来，在需要修补的破损处用纸按照原处经纬走向、破损边缘描出轮廓，要比破损边缘稍大 0.1~0.2 cm；然后用毛笔蘸水将轮廓再描一遍，以达到浸湿的目的；再用手将这块修补纸料沿着湿润的轮廓撕下，这样撕下的纸料的毛边能更好地与原纸地仗层黏合。

用毛笔蘸取 25% 小麦淀粉糨糊刷在修补位置和补料背面，按顺序只刷一遍，刷过的地方不要来回涂刷（图 7-103）；然后用这块补料对准破损处贴补（图 7-104），上面再涂一层 25% 小麦淀粉糨糊加固（图 7-105）；接下来需要用湿润的绵纸包裹脱脂棉球轻按其表面，自上而下地将其慢慢黏合到位。

等干燥后，用刀刮去补足破损处以外的补料，要注意不能刮得太净，以免破口再现，必须刮到眼看手摸平复为止。在破洞完全补好后，还要仔细检查一遍，以防遗漏。缺失纸地仗修补效果如图 7-106 和图 7-107 所示。

图 7-103　用毛笔在破损位置轻涂黏结剂

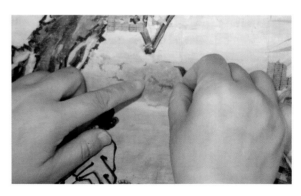

图 7-104　用补料贴补

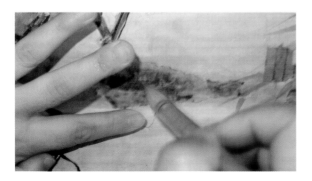

图 7-105　用毛笔在补料上轻涂加固剂

（a）修补前　　　　　　　　　　　　　　（b）修补后

图 7-106　纸地仗（局部 1）效果

（a）修补前　　　　　　　　　　　　　　（b）修补后

图 7-107　纸地仗（局部 2）效果

## 6. 全色

　　全色时，应将颜色调兑得浅些，复次全就，使颜色渗入纸纹纤维，取得画面色调统一的效果。不必求其复原，只把残缺处的色调全补得与通幅基本一致即可。全色效果如图 7-108 和图 7-109 所示。

（a）全色前　　　　　　　　　　　　　　（b）全色后

图 7-108　试验区域全色效果

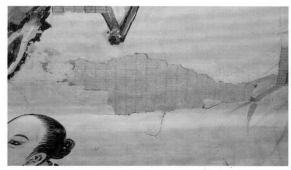

（a）全色前　　　　　　　　　　　　　　（b）全色后

图 7-109　局部全色效果

### 7. 色差数据记录和色差变化分析

在试验中，针对 E03 外檐东侧包袱心的除尘前后、清洗前后、加固前后的色差进行测试。所用仪器为柯尼卡美能达的 CR–10 Plus 型色度仪。选取的点位包含该区域所有颜色，具体选点如图 7-110 所示。

图 7-110　E03 外檐东侧包袱心色差点位图

E03 外檐东侧包袱心试验区域，除尘、清洗、加固处理前后的色差数据见表 7-11。

表 7-11　E03 外檐东侧包袱心处除尘、清洗、加固处理前后的色差数据

| 颜色 | 处理方法 | $\Delta L$ | $\Delta a$ | $\Delta b$ | $\Delta e$ |
|---|---|---|---|---|---|
| Z1（紫红） | 除尘前后 | 2.5 | −1.6 | 1.4 | **3.28** |
|  | 清洗前后 | 1.8 | 0.3 | 0 | 1.82 |
|  | 加固前后 | 1.6 | −1.1 | −0.3 | 1.96 |
| Z2（紫红） | 除尘前后 | −14.9 | 4.2 | −4.9 | 16.24 |
|  | 清洗前后 | 17.2 | −4.5 | 5.1 | **18.49** |
|  | 加固前后 | 1.6 | −1.8 | 0.8 | 2.54 |
| Y1（黄色） | 除尘前后 | −2.8 | −0.8 | 0.8 | 3.02 |
|  | 清洗前后 | −3.6 | −0.6 | −3.1 | **4.79** |
|  | 加固前后 | −0.6 | −0.2 | −1 | 1.18 |
| Y2（黄色） | 除尘前后 | 3 | −1.2 | 0 | 3.23 |
|  | 清洗前后 | −3 | 0.2 | −0.4 | 3.03 |
|  | 加固前后 | 3.9 | 0 | 0.7 | **3.96** |
| H1（黑色） | 除尘前后 | 0.9 | 0.2 | 0.9 | 1.29 |
|  | 清洗前后 | 1.5 | 0.1 | 0.3 | 1.53 |
|  | 加固前后 | 3.2 | 0.2 | 0.3 | **3.22** |
| G1（绿色） | 除尘前后 | −15 | 5.2 | −3.7 | 16.3 |
|  | 清洗前后 | −8.3 | −3.9 | −3.2 | **9.71** |
|  | 加固前后 | 2.2 | 5.2 | 1.4 | 5.82 |

| 颜色 | 处理方法 | $\Delta L$ | $\Delta a$ | $\Delta b$ | $\Delta e$ |
|---|---|---|---|---|---|
| L1（蓝色） | 除尘前后 | −0.4 | −1.8 | −2.4 | 3.03 |
| | 清洗前后 | −5.8 | 4.9 | 3.7 | 8.45 |
| | 加固前后 | 5.2 | −7.3 | −9.1 | **12.77** |
| B1（白色） | 除尘前后 | 3.6 | 0.7 | 0.1 | **3.67** |
| | 清洗前后 | 0.3 | 1.1 | 1.6 | 1.96 |
| | 加固前后 | −0.4 | −0.6 | −0.7 | 1 |
| F1（粉色） | 除尘前后 | −1.4 | −0.5 | 0.4 | 1.54 |
| | 清洗前后 | 1.4 | −1.2 | −0.4 | **1.89** |
| | 加固前后 | 0.2 | −0.5 | −0.3 | 0.62 |

注：字体加粗的数据为该处试验点三种处理中色差数值变化最大的。

紫红、棕红、黄、黑、绿、蓝、白、粉八种颜色9处试验点的色差变化规律如下。

用三种方法处理后，试验点的色差变化较小，色差值 $\Delta e$ 均在18.5以内；Z2棕红区域在除尘、清洗处理后色差值分别可达16.24和18.49；G1绿色区域在除尘处理后色差值 $\Delta e$ 为16.3；L1蓝色区域加固处理后色差值 $\Delta e$ 为12.77；其余颜色区域的三种处理后色差值 $\Delta e$ 均小于10（图7-111）。

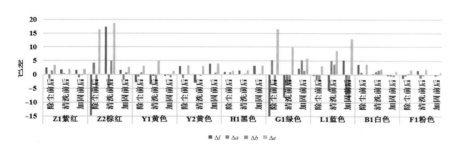

图7-111　E03外檐东侧包袱心处除尘、加固、修复处理前后的色差变化

## （六）颐和园长廊彩画E03外檐东侧聚锦的清洗加固试验

选取长廊彩画E区的E03外檐东侧彩画额枋上北侧聚锦（图7-112），在此区域的彩画上进行清洗加固试验。长廊彩画聚锦都为麻灰地仗。此试验区域彩画的主要病害是积尘、颜料层轻微龟裂和起翘（图7-113）。

图7-112　颐和园长廊彩画E03外檐东侧彩画额枋上北侧聚锦试验区域（红色框线内）

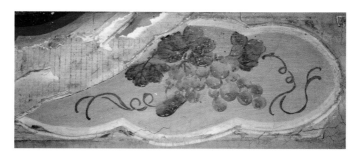

图 7-113 颐和园长廊彩画 E03 外檐东侧彩画额枋上北侧聚锦试验区域细节

## 1. 清除积尘

试验区域全部覆盖积尘和轻微泥渍，致使图案有些许模糊不清。用洗耳球和软毛刷（或毛笔）将表面积尘清理干净。把画面表面及缝隙中的尘土顺一个方向刷除或吹出来。无论是用软毛刷（或毛笔）还是用洗耳球清除灰尘，都需要注意不要刮伤表面。积尘清除效果如图 7-114 所示。

 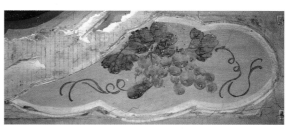

（a）除尘前　　　　　　　　　　　　　　　　（b）除尘后

图 7-114 试验区域除尘效果

## 2. 表面清洗

试验区域清洗前如图 7-115 所示。清洗时，使用软毛刷（或毛笔）蘸溶液擦拭（图 7-116），并用绵纸包裹脱脂棉吸附多余的清洗液，清洗溶液为 50% 乙醇水溶液。对起翘的颜料层，可用软毛刷（或毛笔）蘸清洗液清除缝隙中的污垢。

 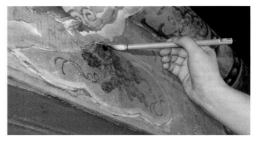

图 7-115 试验区域清洗前　　　　　　　　　　　图 7-116 用毛笔清洗

积累了前面几个试验的经验后，在使用 50% 乙醇水溶液清洗后（图 7-117），又使用 1%EDTA 水溶液进行二次清洗（图 7-118）。对裂隙和起翘地仗可用软毛刷（或毛笔）蘸清洗液清除缝隙中的积尘，不用过度清洗，因为在加固过程中，加固剂会润湿纸地仗，在使用绵纸回压的过程中吸附多余的水分，同时带走污垢。

对于较难清洗的污染物，用50%乙醇水溶液把中性绵纸粘于污染部位，然后用中性绵纸包裹脱脂棉球隔着绵纸轻轻蘸吸颜料层表面的清洗溶液，防止伤害表面颜料层。操作中，如有颜料脱落现象，应立刻停止清洗。

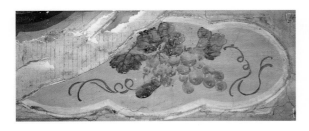

图 7-117　试验区域乙醇水溶液清洗效果　　　　图 7-118　试验区域 EDTA 水溶液清洗效果

## 3. 加固

将前几次试验中筛选出来的加固效果最好的 1.5% 明胶水溶液作为整个试验区域的加固剂。用注射器滴加或用软毛刷(或毛笔)轻涂的方法将加固剂施加到颜料表面,待加固剂渗入后,贴附中性绵纸,再用中性绵纸包裹脱脂棉球隔着绵纸轻轻按压画面,在吸附多余药液的同时,使软化了的起翘颜料层归位回贴。在加固颜料层的同时逐渐将表面灰尘、污染物吸附于绵纸上,可用此方法多次反复操作以达到清洗和加固同时完成的目的。特别需要注意,吸附用绵纸要及时更换,以防止画面被二次污染。此外,当起翘颜料层没有完全软化时,强行按压会使颜料片碎裂甚至脱落,为确保画面完整,要谨慎处理。加固效果如图 7-119 所示。

（a）加固前　　　　　　　　　　　　　　　　（b）加固后

图 7-119　试验区域加固效果

## 4. 色差数据记录和色差变化分析

在试验中,对 E03 外檐东侧彩画额枋上北侧聚锦的除尘前后、清洗前后、加固前后的色差进行测试。所用仪器为柯尼卡美能达的 CR-10 Plus 型色度仪。选取的点位包含该区域所有颜色,具体选点见图 7-120。

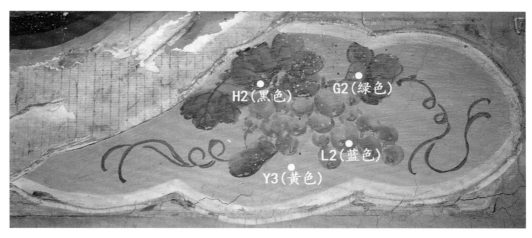

图 7-120　E03 外檐东侧彩画额枋上北侧聚锦色差点位图

E03 外檐东侧彩画额枋上北侧聚锦处试验区域在除尘、清洗、加固处理前后的色差数据见表 7-12。

表 7-12　E03 外檐东侧彩画额枋上北侧聚锦除尘、清洗、加固处理前后的色差数据

| 颜色 | 处理方法 | $\Delta L$ | $\Delta a$ | $\Delta b$ | $\Delta e$ |
|---|---|---|---|---|---|
| Y3（黄色） | 除尘前后 | 0.1 | −0.2 | −0.2 | 0.3 |
| | 清洗前后 | 1 | 0.3 | 0.6 | 1.2 |
| | 加固前后 | −2.1 | −0.8 | −1.3 | **2.6** |
| H2（黑色） | 除尘前后 | −0.5 | 0.1 | 0.7 | 0.87 |
| | 清洗前后 | −0.1 | −8.8 | −0.6 | 8.82 |
| | 加固前后 | 6 | 10.2 | 3.8 | **12.43** |
| L2（蓝色） | 除尘前后 | 1.7 | 1.2 | 1.9 | 2.82 |
| | 清洗前后 | 0.4 | 0 | −0.2 | 0.45 |
| | 加固前后 | −3.5 | −1 | −3.4 | **4.98** |
| G2（绿色） | 除尘前后 | 0.2 | 3.5 | 1.7 | **3.9** |
| | 清洗前后 | 3.6 | 1 | 0.7 | 3.8 |
| | 加固前后 | −1.4 | 1.5 | 0.3 | 2.07 |

注：字体加粗的数据为该处实验点三种处理中色差数值变化最大的。

黄、黑、蓝、绿四种颜色 4 处试验点的色差变化规律如下。

三种方法处理后，试验点的色差变化较小，色差值 $\Delta e$ 均在 12.5 以内；H2 黑色区域在清洗和加固处理后色差值最大，分别为 8.82 和 12.43；L2（蓝色）和 Y3（黄色）区域加固后色差变化较大，分别为 2.6 和 4.98；G2（绿色）区域经三种方法处理后，色差值均小于 4（图 7-121）。

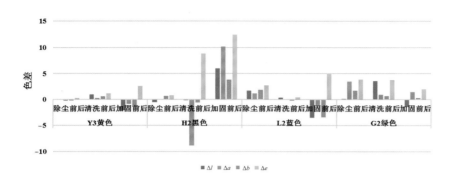

图 7-121　E03 外檐东侧彩画额枋上北侧聚锦除尘、清洗、加固处理色差

## （七）颐和园长廊彩画 E04 内檐东侧包袱心的清洗加固试验

选取长廊彩画 E 区的 E04 内檐东侧包袱心，在此区域的彩画上进行清洗加固试验（图 7-122）。长廊彩画中的包袱心彩画都为纸地仗。该区域部分彩画有明显的霉菌污染（图 7-123、图 7-124）。本次试验特选一块霉菌较严重的包袱心彩画做清除试验，分两个部分：第一部分是不同抑菌材料和工艺的霉菌清除试验；第二部分是霉菌清除后对颜料层表面进行清洗加固。

本次试验区域的面积为 1000~2000 cm$^2$。选择清洗试验区域的标准有两点：一是具有典型的病害；二是能包含彩画中主要的颜色颜料，这样可以检测各方法对不同颜色颜料的清洗加固效果。

图 7-122　颐和园长廊彩画 E04 内檐东侧包袱心试验位置（红色框线内）

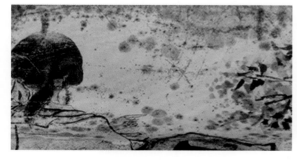

图 7-123　局部霉菌病害

图 7-124　显微镜观察霉菌病害

## 1. 霉菌清除试验

### I. 不同抑菌材料的霉菌清除试验

#### （1）不同抑菌材料的试验分区

根据前期试验中筛选出来的加固材料，按照材料种类将试验区域分为四个试验区，具体分区情况如图 7-125 所示。其中，50% 乙醇水溶液用于所有试验区域的污染物清除；还原剂水溶液用于 1# 试验区域；除菌剂水溶液用于 2# 试验区域；3% 双氧水溶液用于 3# 试验区域；花色素水溶液用于 4# 试验区域。

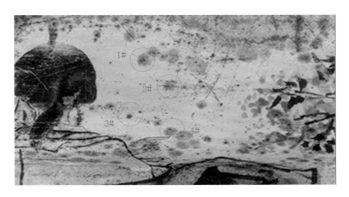

图 7-125　试验区域示意图（抑菌材料试验前）

#### （2）使用抑菌材料清除霉菌

先用软毛刷（或毛笔）、洗耳球等工具仔细清除细微的龟裂和起翘缝隙处的灰尘。因为起翘裂隙处的颜料层本身非常脆弱，并且松动，所以无论是用软毛刷（或毛笔）还是用洗耳球清除灰尘，都需要注意不要刮掉起翘部位。

用棉签蘸取相应的抑菌材料轻轻涂刷霉菌部位表面，静待 10 min 后用干净的棉签擦洗干净。

#### （3）抑菌材料霉菌清除效果评估

现场霉菌清除试验结果显示，还原剂溶液、除菌剂溶液、3% 双氧水溶液和花色素水溶液涂刷到霉菌表面 10 min 后，没有明显的霉菌清除效果。推测可能受到现场试验条件和时间的限制，这些抑菌材料的霉菌清除效果并不理想（图 7-126）。

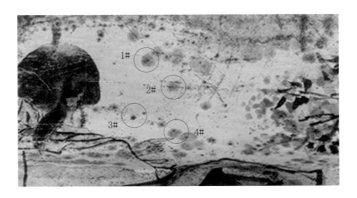

图 7-126　抑菌材料试验清洗完成后效果

## Ⅱ．不同工具的霉菌清除试验

### （1）不同工具霉菌清除的试验分区

按照不同保护工具将试验区域分为四个试验区，具体分区情况如图 7-127 所示。其中，50% 乙醇水溶液用于所有试验区域的霉菌污染物清除，超细纤维棉签用于 5# 试验区域，去污布用于 6# 试验区域，棉签用于 7# 试验区域，去污海绵用于 8# 试验区域。

图 7-127　试验区域示意

### （2）不同工具霉菌清除试验

4 种工具的霉菌清除效果如图 7-128 至图 7-131 所示。

图 7-128　去污布清除效果

图 7-129　超细纤维棉签清除效果

图 7-130　棉签清除效果

图 7-131　去污海绵清除效果

### （3）不同工具清除霉菌的试验效果评估

针对试验区域，首先使用洗耳球、软毛刷（或毛笔）等工具清除表面浮尘，然后使用 50% 乙醇水溶液和相应的清理工具配合进行霉菌清除。试验效果如图 7-132 至图 7-135 所示。

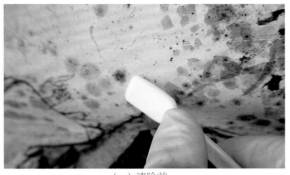
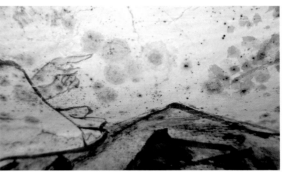

（a）清除前　　　　　　　　　　　　　　　　　（b）清除后

图 7-132　5# 试验区域超细纤维棉签霉菌清除效果

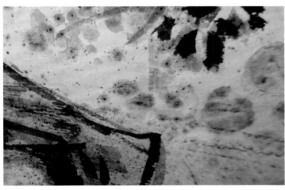

（a）清除前　　　　　　　　　　　　　　　　　（b）清除后

图 7-133　6# 试验区域去污布霉菌清除效果

（a）清除前　　　　　　　　　　　　　　　　　（b）清除后

图 7-134　7# 试验区域棉签霉菌清除效果

（a）清除前　　　　　　　　　　　　　　　　　（b）清除后

图 7-135　8# 试验区域去污海绵霉菌清除效果

5# 区域试验的清除效果显示，使用超细纤维棉签配合 50% 乙醇水溶液进行霉菌清除时，霉斑的主要部分已经被清除，效果良好；6# 区域去污布的清除效果一般；7# 区域棉签的清除效果一般；8# 区域去污海绵有一定的清除效果。综合评估，超细纤维棉签体积小、手持方便、操作简单，不易对霉斑旁边部位造成剐蹭或污染，清除效果良好。拟选用超细纤维棉签和 50% 乙醇水溶液作为彩画霉菌清除方法。

## 2. 清洗加固试验

试验区域主要病害为积尘覆盖、霉菌污染和颜料层粉化脱落（图 7-136）。首先选用洗耳球、软毛刷（或毛笔）等对灰尘和结垢进行清除，然后使用 50% 乙醇水溶液和超细纤维棉签用于试验区域霉菌污染物的清除，最后使用 2% 骨胶水对表面颜料层进行加固。

图 7-136　试验位置

### （1）除尘清洗

首先使用洗耳球、软毛刷（或毛笔）等工具清除表面浮尘（图 7-137、图 7-138），在细微的缝隙部分用小毛刷或洗耳球扫、吹灰尘，再使用 50% 乙醇水溶液清洗软化结垢，刷涂清洗液。然后用中性绵纸包裹脱脂棉球隔着绵纸轻轻蘸吸颜料层表面的清洗液（图 7-139），逐渐将软化的沉积灰尘吸附在绵纸上，不要大力抹擦，以防止伤害彩画表面。绵纸一旦沾上污渍应马上更换，防止二次污染，直至绵纸上再也粘不下任何污渍，再用干棉球蘸除剩余溶液，保证彩画表面不残留清洗液。

图 7-137　用洗耳球除尘

图 7-138　用软毛刷除尘

图 7-139　用中性绵纸包裹脱脂棉球处理

**（2）霉菌清除**

小毛刷、超细纤维棉签和 50% 乙醇水溶液配合做彩画霉菌清除和表面污垢清理（图 7-140 至图 7-142）。

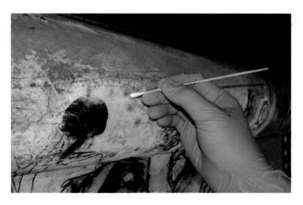

图 7-140　用小毛刷处理　　　　　　　　　　　　　图 7-141　用超细纤维棉签处理

图 7-142　用乙醇水溶液清洗

**（3）加固颜料层**

在试验区域进行物理清除后，先用 2% 骨胶水溶液边清洗边加固，这样可以防止脆弱的颜料层在清洗过程中脱落，将适量的骨胶水涂刷于颜料层表面，以骨胶水不沿画面下流为宜；再用中性绵纸包裹脱脂棉球隔着绵纸轻轻按压，不仅可以起到清洗吸附表面软化的污垢的作用，也能起到加固起翘颜料层的作用。对以纸地仗为主的表面颜料进行加固时，需要骨胶水溶液有一定的温度。用 2% 骨胶水加固后，观察加固效果，对于局部加固不到位的部位，继续用 1% 骨胶水加固。

对于裂隙边缘处等不易清洗部位或灰垢较厚部位，也可使用细小的棉签配合 50% 乙醇水溶液进行清洗，注意应及时更换棉签，避免二次污染。并且，可使用注射器吸取同样的 2% 骨胶水溶液滴在裂隙处加固颜料层；慢慢渗透后，再用中性绵纸包裹脱脂棉球隔着绵纸轻轻按压，使颜料层回贴待所有加固区域干燥后再观察其加固效果。

### （4）全色试验

对试验区域完成除尘、清洗、霉菌清除、骨胶加固后，对个别颜料损失的画面部位用国画颜料全色，补色部位的颜色饱满度和亮度稍低于原始画面。

### （5）效果评估

2% 骨胶水溶液针对各种颜色的清洗加固效果都比较好，颜料层强度明显提高，表面颜色略有加深，颜料基本没有发生脱色现象。试验区域完整加固区域处理前后效果对比如图 7-143 至图 7-146 所示。

图 7-143　清洗加固前

图 7-144　清洗完成后（骨胶加固前）

图 7-145　骨胶加固后，全色前（红框内为全色位置）

图 7-146　全色后

## （八）颐和园长廊彩画 E02 外檐东侧南柁头的空鼓地仗灌浆、修补试验

选取长廊彩画 E 区的 E02 外檐东侧南柁头上进行空鼓地仗灌浆、修补地仗试验（图 7-147）。长廊彩画的柁头位置都为一麻五灰地仗。此实验区域彩画的主要病害是积尘、颜料层龟裂和起翘、地仗层空鼓和缺失，约占整个画面的 35%（图 7-148、图 7-149）。

图 7-147　颐和园长廊彩画 E02 外檐东侧彩画额枋上北侧聚锦试验区域（红色框线内）

图 7-148 颜料层龟裂和起翘　　　　　　　　图 7-149 地仗层空鼓、缺失

## 1. 清除积尘

　　试验区域彩画的主要病害是积尘，颜料层龟裂和起翘，地仗层空鼓、缺失。用洗耳球和软毛刷将表面积尘清理干净（图 7-150、图 7-151）。把画面及缝隙中的尘土顺一个方向刷除或吹出来，无论是用软毛刷还是用洗耳球清除灰尘，都需要注意不要刮伤表面。积尘清除效果如图 7-152 所示。

图 7-150 用洗耳球除尘　　　　　　　　　　图 7-151 用软毛刷除尘

（a）除尘前　　　　　　　　　　　　　　　（b）除尘后

图 7-152 试验区域除尘效果

## 2. 表面清洗

清洗时，使用软毛刷（或毛笔）蘸清洗液擦拭，并用绵纸包裹脱脂棉球吸附多余的清洗液，清洗液为 50% 乙醇水溶液。对于起翘颜料层，可用软毛刷（或毛笔）蘸清洗液清除缝隙中的污垢（图 7-153）。

对于一些较难清洗的泥渍，用 50% 乙醇水溶液把中性绵纸粘于污染部位，然后用中性绵纸包裹脱脂棉球隔着绵纸轻轻蘸吸颜料层表面的清洗液，逐渐将污染物软化，再用软毛刷（或毛笔）蘸取清洗溶液去除污染物。操作中如有颜料脱落现象，应立刻停止清洗。表面清洗效果如图 7-154 所示。

图 7-153　用毛笔清洗

（a）清洗前　　　　　　　　　　　　（b）清洗后

图 7-154　试验区域表面清洗效果

## 3. 空鼓、起翘地仗层的灌浆加固

### （1）支浆

先在回贴的木基层上和地仗层背面使用油满水溶液（体积比为 1∶0.3，图 7-155）涂刷一遍。此工序在传统工艺中称为支浆（图 7-156）。首先，支浆可起到除尘清洁回贴层的作用；其次，支浆后灌浆材料油满更容易渗入木基层，使亲和性提高。

### （2）开设灌浆口

先用手敲击画面，确定空鼓范围，选择地仗起翘处为灌浆口（图 7-157）。

### （3）插入灌浆管

根据空鼓形状插入灌浆管，要找好方向并放到位，以便于浆液流动到位（图 7-158）。

### （4）软化空鼓地仗层

先用热蒸汽回软空鼓部位，注意要对空鼓地仗层进行临时支撑，以防止回软过程地仗层脱落（图 7-159）。

### （5）注浆及回贴加固

地仗层回软后，用注射器灌入浆液，在注入的同时用手轻轻按压画面，使浆液流动到位，同时将空鼓地仗层回贴（图 7-160）。在空鼓地仗回贴过程中要注意严格控制热蒸汽中的水量及注入或涂刷浆液的使用量，以最少量为佳，同时浆液不能污染彩画表面。对于大面积空鼓部位，不要全面注满，点状粘接即可。

**（6）支顶**

支顶用木板与画面之间铺两层绵纸和 2 cm 以上厚的海绵，防止损害画面（图 7-161 至图 7-163）。一周左右待油满基本干燥后取下支顶。灌浆加固效果如图 7-164 和图 7-165 所示。

图 7-155　油满水

图 7-156　支浆

图 7-157　疏通灌浆口

图 7-158　埋设灌浆管

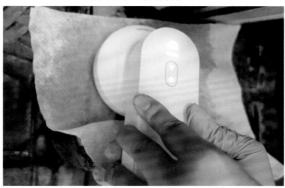

图 7-159　热蒸汽回软

图 7-160　灌浆

图 7-161　放置海绵

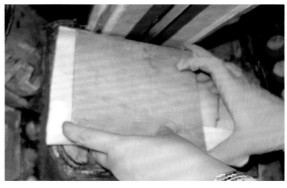

图 7-162　放置木板

图 7-163　支顶

（a）回贴前　　　　　　　　　　　　　　　　　　（b）回贴后

图 7-164　对空鼓的灌浆加固效果（正面）

（a）回贴前　　　　　　　　　　　　　　　　　　（b）回贴后

图 7-165　空鼓的灌浆加固效果（侧面）

#### 4. 缺失地仗层修补

为保证现存彩画加固回贴后的稳定性，在彩画加固完成后，对地仗脱落缺失部位使用原工艺和与原材料相同的制作材料补做地仗。地仗分为两层补做，底层使用油满加中灰，上层使用油满加细灰（图7-166）；补做地仗层要低于原彩画层。补做地仗边缘与原彩画衔接处做斜面处理，起到保护原彩画易损边缘的作用。缺失地仗层的修补效果如图7-167和图7-168所示。

图 6-166　补做地仗

（a）修补前　　　　　　　　　　　　　　　　　　（b）修补后

图 7-167　修补地仗（正面）

（a）修补前　　　　　　　　　　　　　　　　　　（b）修补后

图 7-168　修补地仗（侧面）

## （九）颐和园长廊 G32 北侧迎风板彩画的清洗加固试验

选取长廊 G32 北侧迎风板彩画，在此区域进行清洗加固试验（图 7-169），该区域彩画保存大体良好，主要病害是积尘和黑色污染物（图 7-170、图 7-171）。

图 7-169　G32 北侧迎风板画试验区域（红色框线内）

图 7-170　试验区域积尘　　　　　　　　　　图 7-171　试验区域黑色污染物

### 1. 清除积尘

试验区域积尘严重，已遮挡部分画面。先用洗耳球、软毛刷（或毛笔）和小毛刷将彩画表面的积尘清理干净（图 7-172 至图 7-174），对颜料层较脆弱的部位可选用洗耳球将积尘轻轻吹除，把画面及缝隙中的尘土顺一个方向刷除或吹出来。因为裂隙和起翘处的颜料层本身非常脆弱，所以无论是用软毛刷（或毛笔）还是用洗耳球清除灰尘，都需要注意不要刮伤表面。除尘效果如图 7-175 至图 7-177 所示。

图 7-172　用洗耳球除尘　　　　　图 7-173　用软毛刷除尘　　　　　图 7-174　用小毛刷除尘

（a）除尘前　　　　　　　　　　　　　　　（b）除尘后

图 7-175　试验区域除尘效果

（a）除尘前　　　　　　　　　　　　　　　（b）除尘后

图 7-176　试验区域除尘效果（局部 1）

（a）除尘前　　　　　　　　　　　　　　　（b）除尘后

图 7-177　试验区域除尘效果（局部 2）

## 2. 表面清洗

加固操作前进行清洗是为了清除细小缝隙中的灰尘并使加固剂更好地渗透。用软毛刷（或毛笔）或脱脂棉蘸溶液擦拭（图 7-178），并用绵纸包裹脱脂棉球吸附多余的清洗液，清洗液为 50% 乙醇水溶液。对于起翘颜料层，可用软毛刷（或毛笔）蘸清洗液清除缝隙中的污垢，不用过度清洗，因为在加固过程中，加固剂会润湿颜料层，在使用绵纸回压的过程中吸附多余的水分，同时带走污垢。

对于一些较难清洗的污染物，用 50% 乙醇水溶液把中性绵纸粘于污染部位，然后用中性绵纸包裹脱脂棉球隔着绵纸轻轻蘸吸颜料层表面的清洗液，逐渐将软化的沉积灰尘吸附在绵纸上，稍干后轻轻取下，再用干棉球蘸除剩余溶液；可多次操作，不要大力抹擦，以防止伤害表面颜料层。绵纸一旦沾上污渍应马上更换，防止二次污染，直至污染物痕迹变浅不明显。操作中如有颜料脱落现象，应立刻停止清洗。表面清洗效果如图 7-179 至图 7-181 所示。

图 7-178　表面清洗

（a）清洗前　　　　　　　　　　　　　　　　（b）清洗前

图 7-179　试验区域清洗效果

（a）清洗前　　　　　　　　　　　　　　　　（b）清洗前

图 7-180　试验区域清洗效果（局部 1）

（a）清洗前　　　　　　　　　　　　　　　　（b）清洗前

图 7-181　试验区域清洗效果（局部 2）

## 3. 加固

先将前期试验中筛选出来的 6 种加固材料用在该试验区域上，从左至右分别是 #1 试验区域（3% 桃胶水溶液）；#2 试验区域（1.5% 明胶水溶液）；#3 试验区域（5% 丙烯酸乳液）；#4 试验区域（5% 聚醋酸乙烯乳液）；#5 试验区域（2% 有机硅改性丙烯酸乳液）；#6 试验区域（1.5% 改性丙烯酸乳液）。具体分区情况如图 7-182 所示。

图 7-182　试验区域加固分区

先用软毛刷（或毛笔）、洗耳球等工具再次仔细清除细微龟裂、起翘和缝隙处的灰尘。因为起翘的裂隙处的颜料层非常脆弱，并且松动，所以无论是用软毛刷（或毛笔）还是用洗耳球清除灰尘，都需要注意不要刮掉起翘部位。

采用 50% 乙醇水溶液轻轻涂刷或喷涂板画表面、软化起翘颜料、沥粉贴金层，并疏通颜料孔隙，便于加固剂的渗透，直到起翘颜料层和沥粉贴金层回软；回软后马上将加固剂顺起翘、龟裂的颜料层缝隙注入；加固剂基本渗入颜料层后，再用中性绵纸包裹脱脂棉球按压，直至回贴归位。对于特别脆弱、粉化的颜料层，可以用黏合剂直接加固。

用注射器滴加或软毛刷（或毛笔）轻涂加固剂到颜料表面（图 7-183），待加固剂渗入后，贴附中性绵纸，用中性绵纸包裹脱脂棉球隔着绵纸轻轻按压画面（图 7-184），在吸附多余药液的同时，使软化了的起翘颜料层归位回贴。在加固颜料层的同时逐渐将表面灰尘、污染物吸附在绵纸上，可用此方法多次反复操作以达到清洗和加固同时完成的目的。特别需要注意，吸附用绵纸要及时更换，以防止画面被二次污染。此外，当起翘颜料层没有完全软化时，强行按压会使颜料片碎裂甚至脱落，为确保画面完整，要谨慎处理。加固效果如图 7-185 所示。

图 7-183　用毛笔轻涂加固剂

图 7-184　用脱脂棉球按压起翘部位

（a）加固前　　　　　　　　　　　　　（b）加固后

图 7-185　试验区域加固效果

### 4. 色差数据记录和色差变化分析

在试验中，针对长廊 G32 北侧迎风板彩画的除尘前后、清洗前后、加固前后的色差进行测试。使用仪器为柯尼卡美能达的 CR–10 Plus 型色度仪（图 7-186）。选取的点位包含该区域所有颜色，具体选点如图 7-187。

图 7-186　用色度仪测试色差　　　　　图 7-187　G32 北侧迎风板彩画色差点位图

G32 北侧迎风板彩画试验区域，除尘、清洗、加固处理前后的色差数据见表 7-13。

表 7-13　G32 北侧迎风板彩画试验区域除尘、清洗、加固处理前后的色差数据

| 区域 | 处理方法 | $\Delta L$ | $\Delta a$ | $\Delta b$ | $\Delta e$ |
| --- | --- | --- | --- | --- | --- |
| A | 除尘前后 | 4.3 | 2.1 | 3.5 | **5.93** |
| | 清洗前后 | −1.5 | −0.1 | 2.1 | 2.58 |
| | 加固前后 | −1.1 | 0.6 | −0.5 | 1.35 |
| B | 除尘前后 | 3.1 | 0.8 | 2.1 | **3.83** |
| | 清洗前后 | 0.1 | 0.5 | 0.4 | 0.65 |
| | 加固前后 | −1.5 | 0 | 0.5 | 1.58 |
| C | 除尘前后 | −2.7 | 0.3 | −1.4 | **3.06** |
| | 清洗前后 | −2.9 | 0.2 | 0.4 | 2.93 |
| | 加固前后 | 0.9 | 0.5 | 1.6 | 1.9 |
| D | 除尘前后 | −1.4 | 0.9 | 0.6 | **1.77** |
| | 清洗前后 | −0.8 | 0 | 0 | 0.8 |
| | 加固前后 | 0.6 | 0.5 | 0.6 | 0.98 |
| E | 除尘前后 | 2.6 | 1.6 | 2.6 | **4.01** |
| | 清洗前后 | −1.8 | 0.1 | 1 | 2.06 |
| | 加固前后 | 0.4 | 0.1 | −1.4 | 1.46 |
| F | 除尘前后 | −3.3 | 0.1 | −0.5 | **3.34** |
| | 清洗前后 | −2.6 | 0.3 | −0.3 | 2.63 |
| | 加固前后 | 0.7 | 0.1 | 0.7 | 0.99 |

注：字体加粗的数据为该处试验点三种处理中色差数值变化最大的。

6 个试验点的色差变化规律如下。

三种方法处理后，试验点的色差变化较小，色差值 Δe 均在 5.94 以内；A 处除尘后色差值可达 5.93；C 处清洗和加固后的色差值分别为 2.93 和 1.9；色差变化规律为"除尘＞清洗＞加固"（图 7-188）。

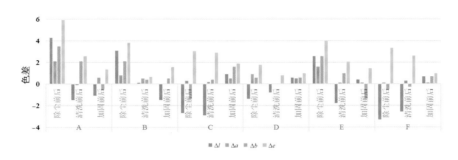

图 7-188　G32 北侧迎风板彩画除尘、清洗、加固处理前后色差变化

# 五、试验效果评估

试验中使用了 10 种保护材料，结果表明：在积尘不严重的区域，将 50% 乙醇水溶液作为彩画清洗材料，效果良好；在积尘非常严重的区域，尤其是积尘已经遮挡画面，致使图案已不能被看清，甚至已经和湿气形成结垢的区域，1%EDTA 水溶液可以较好地清洗污染物，尤其可以较好地清除结垢、鸟粪等污染物；使用 50% 乙醇水溶液和 1%EDTA 水溶液清洗均不会发生掉色现象。

试验中所使用的加固材料都有良好的加固粉化颜料的能力，加固效果明显。传统加固材料是明胶和桃胶，1.5% 明胶水溶液加固效果比较理想。用 3% 桃胶水溶液加固后，颜料层表面个别部位会出现发白现象。1.5% 明胶水溶液作为传统彩画的胶结材料，在加固的同时还可以进一步清除颜料表面顽固的污垢层，且不会使颜料脱落。在环境温度高于 20 ℃时，明胶水溶液的渗透性好，可有效软化起翘颜料层，便于颜料层的回软、回贴、归位，对于极其脆弱的颜料层加固作用明显。

在彩画的修复试验中，两种现代高分子加固材料的加固效果也比较理想，尤其在环境温度低于 10 ℃时，现代材料的可操作性、渗透性较气温较高时没有太大变化。但是，现代材料对颜料层表面污垢的软化清除效果如明胶水溶液。用聚醋酸乙烯乳液水溶液加固后，绿色颜料层表面略微泛白，该材料对蓝色和绿色颜料的加固效果稍差，有轻微脱色现象发生，加固后颜色有轻微变深现象。丙烯酸乳液的加固效果较理想，没有泛白现象，如果加固剂使用量稍大，加固操作后因渗透深度不够，在彩画表面会出现眩光，因此在操作中必须控制加固剂的使用量。

热蒸汽回软技术对颜料层起翘及地仗层空鼓、剥离等病害治理，都能起到良好的软化处理效果，且不会对颜料层、地仗层造成二次伤害。

油满是清代彩画地仗制作的传统黏结材料，将其作为彩画麻灰地仗层空鼓、剥离回贴的灌浆材料时，效果非常明显，既回贴了地仗层又起到加固地仗层的作用，这完全符合使用原材料进行保护修复的保护原则。

小麦淀粉糨糊作为传统裱糊工艺使用的材料，在纸地仗的回贴和修补过程中效果同样非常理想，无变色、脱色、眩光现象，纸地仗可以平整回贴，提高了纸地仗及颜料层的自身强度。

现场霉菌清除试验结果显示，将还原剂溶液、除菌剂溶液、双氧水溶液和花色素水溶液涂刷到霉菌表面 10 min 后，没有明显的霉菌清除效果。推测可能受到现场试验条件和时间的限制，这些抑菌材料的霉菌清除效果并不理想。使用超细纤维棉签配合 50% 乙醇水溶液进行霉菌清除时，可以清除霉斑的主要部分，效果良好。

结合颐和园长廊的环境数据和修复效果进行综合分析，可以得到如下结论。

1）使用 50% 乙醇水溶液作为彩画的清洗剂效果良好；在清洗结垢及鸟粪、泥渍等较难清除的污染物时，可先用 50% 乙醇水溶液清洗，再用 1%EDTA 水溶液进行二次清洗，之后用 1.5% 明胶水溶液加固。

加固保护材料可以选用传统加固材料——1.5% 明胶水溶液。在操作过程中，可以使用明胶水溶液进行多次加固，这样对颜料层的回软及表面污垢的清除都有帮助。尤其对于蓝色颜料，在清洗试验中发现使用其他材料都会造成不同程度的颜料层脱落，而使用 1.5% 明胶水溶液效果较好，具体方法：用 1.5% 明胶水溶液清洗加固处理，适量注入回软结垢层；再用脱脂棉隔绵纸按压，既回软、回贴了颜料层，又将污垢吸附在绵纸上；反复多次吸附，可以达到清除蓝色颜料表面污垢和加固颜料层的效果。此外，也可用注射器将 1.5% 明胶水溶液注射到起翘颜料层内部。

3）对于地仗层空鼓、剥离等病害的保护修复，使用油满水溶液进行灌浆、回贴等处理，能达到较好的保护加固效果。

4）经过试验确定的保护方法和材料完全适用于现场原位保护工程。现场操作中，对颜料层、地仗层的回软可根据情况选用热蒸汽回软设备，并在加固后进行支顶干燥。

5）小麦淀粉糨糊作为纸地仗的回贴和修补材料效果非常理想。

6）使用超细纤维棉签配合 50% 乙醇水溶液进行霉斑清除，效果良好。

部分区域的颐和园长廊彩画的修复效果如图 7-189 至图 7-197 所示。

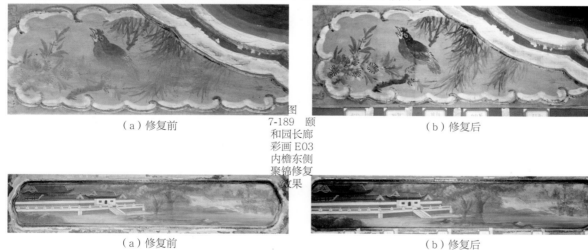

（a）修复前　　图 7-189 颐和园长廊彩画 E03 内檐东侧聚锦修复效果　　（b）修复后

（a）修复前　　　　　　　　　　　　　　　　　　　（b）修复后

图 7-190　颐和园长廊彩画 E02 北侧梁架北面方心修复效果

（a）修复前　　　　　　　　　　　　　　　　　　　（b）修复后

图 7-191　颐和园长廊彩画 E02 内檐东侧包袱心修复效果

（a）修复前　　　　　　　　　　　　　　　　（b）修复后

图 7-192　颐和园长廊彩画 E03 内檐包袱心修复效果

（a）修复前　　　　　　　　　　　　　　　　（b）修复后

图 7-193　颐和园长廊彩画 E03 外檐东侧包袱心修复效果

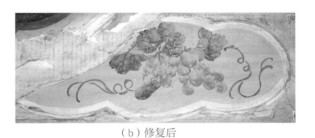

（a）修复前　　　　　　　　　　　　　　　　（b）修复后

图 7-194　颐和园长廊彩画 E03 外檐东侧彩画额枋上北侧聚锦修复效果

（a）修复前　　　　　　　　　　　　　　　　（b）修复后

图 7-195　颐和园长廊彩画 E04 内檐东侧包袱心修复效果

（a）修复前　　　　　　　　（b）修复前

图 7-196　颐和园长廊彩画 E03 外檐东侧彩画额枋上
北侧聚锦修复效果

（a）修复前　　　　　　　　　　　　　　　　（b）修复前

图 7-197　G32 北侧迎风板彩画修复效果

第八章　长廊样品检测结果

# 一、邀月门

样品编号：Y1。

样品位置：邀月门东侧迎风板。

样品描述：白灰。

分析结果：样品表面有白色抹灰，其下方依次为白色颜料层、白粉层、地仗层、白粉层、地仗层（两层地仗，表明此处存在重绘现象）；白灰的激光拉曼光谱分析结果为硫酸钡，推测为立德粉（硫酸钡和硫化锌的混合物）。（图 8-1）

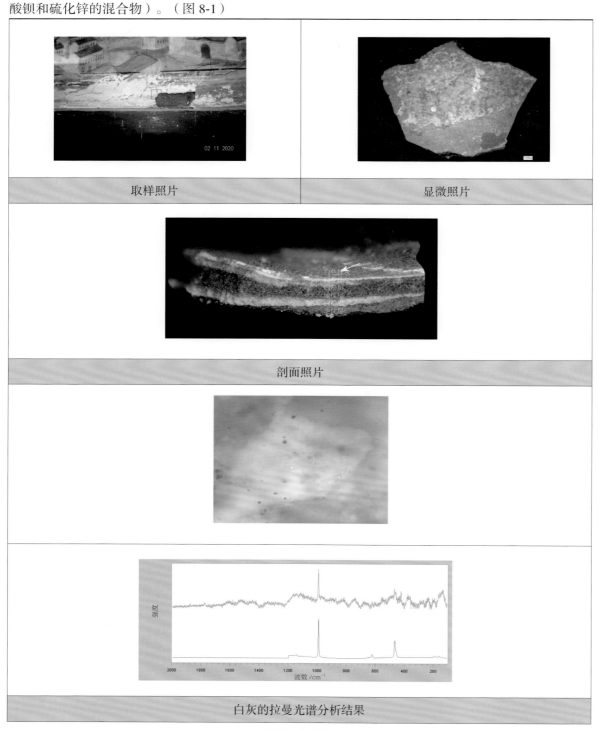

|  |  |
| --- | --- |
| 取样照片 | 显微照片 |

剖面照片

白灰的拉曼光谱分析结果

图 8-1　样品 Y1

样品编号：Y2。

样品位置：邀月门东侧迎风板。

样品描述：绿色。

分析结果：绿色颜料表面存在白灰；样品剖面显示白灰层下方依次为地仗层（含麻）、红色颜料层和地仗层，两层地仗表明此处存在重绘现象；激光拉曼光谱分析显示绿色颜料为酞菁绿颜料，红色颜料为朱砂颜料。（图8-2）

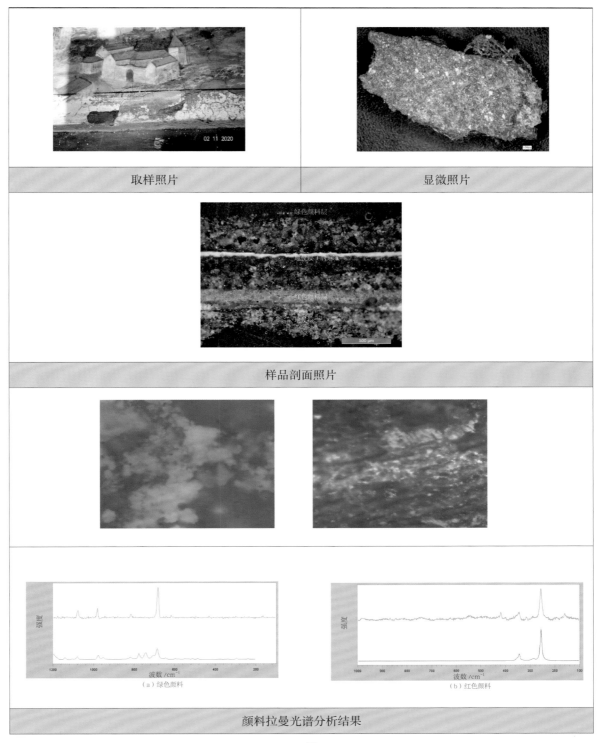

图 8-2　样品 Y2

样品编号：Y3。

样品位置：邀月门东侧迎风板（房子墙体）。

样品描述：白色。

分析结果：样品剖面显示白色颜料层下方为地仗层；能谱分析显示白色颜料中含有 88.69% 的铅（Pb），故推测为铅白颜料。（图 8-3）

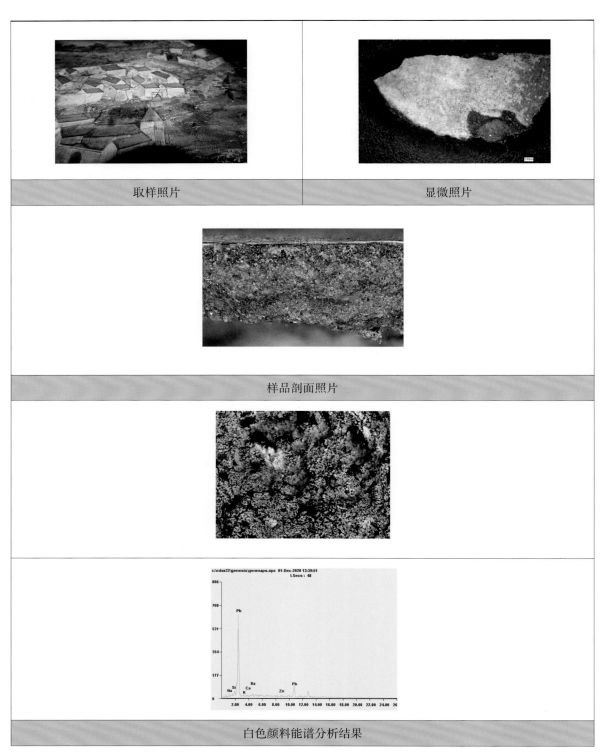

|  |  |
| --- | --- |
| 取样照片 | 显微照片 |
| 样品剖面照片 | |
| 白色颜料能谱分析结果 | |

图 8-3　样品 Y3

样品编号：Y4。

样品位置：邀月门东侧迎风板。

样品描述：绿色。

分析结果：绿色颜料表面有部分白色抹灰；样品剖面显示绿色颜料层下方依次为地仗层、白色颜料层、地仗层、红色颜料层，两层地仗表明此处存在重绘现象；拉曼光谱分析结果显示绿色颜料为酞菁绿颜料，红色颜料为朱砂颜料。（图 8-4）

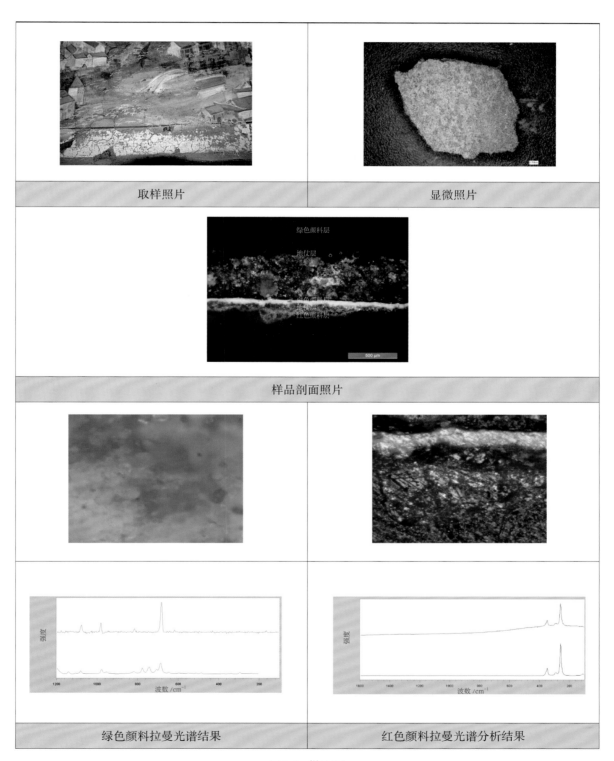

| 取样照片 | 显微照片 |

| 样品剖面照片 |

| 绿色颜料拉曼光谱结果 | 红色颜料拉曼光谱分析结果 |

图 8-4　样品 Y4

样品编号：Y5。

样品位置：邀月门东侧迎风板。

样品描述：红色。

分析结果：红色颜料为小颗粒状；激光拉曼光谱分析结果为朱砂；能谱结果显示白色颜料中含有 Ti、Pb，故推测白色颜料为钛白颜料和铅白颜料的混合物。（图8-5）

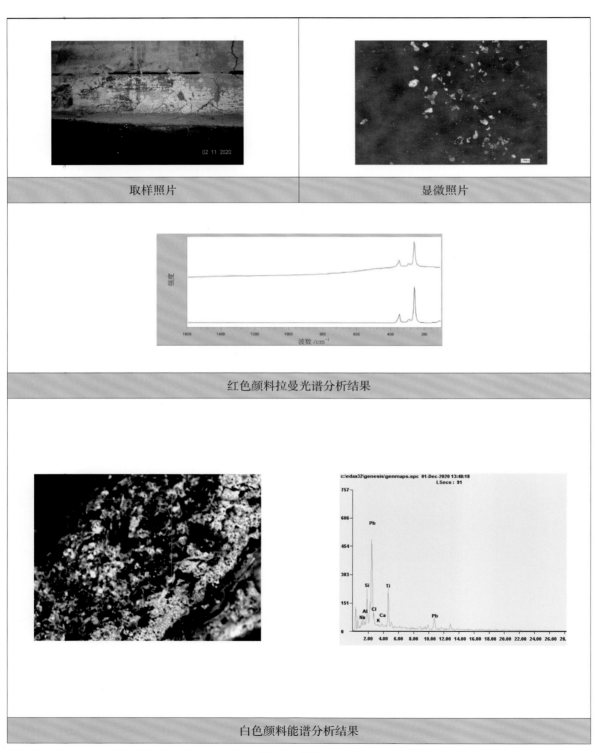

图 8-5　样品 Y5

样品编号：Y6。

样品位置：邀月门东侧迎风板。

样品描述：蓝色。

分析结果：样品剖面结果显示，蓝色颜料层下方依次为地仗层、红色颜料层及地仗层；拉曼光谱分析结果显示蓝色颜料为酞菁蓝和钛白的混合，红色颜料为朱砂颜料。（图8-6）

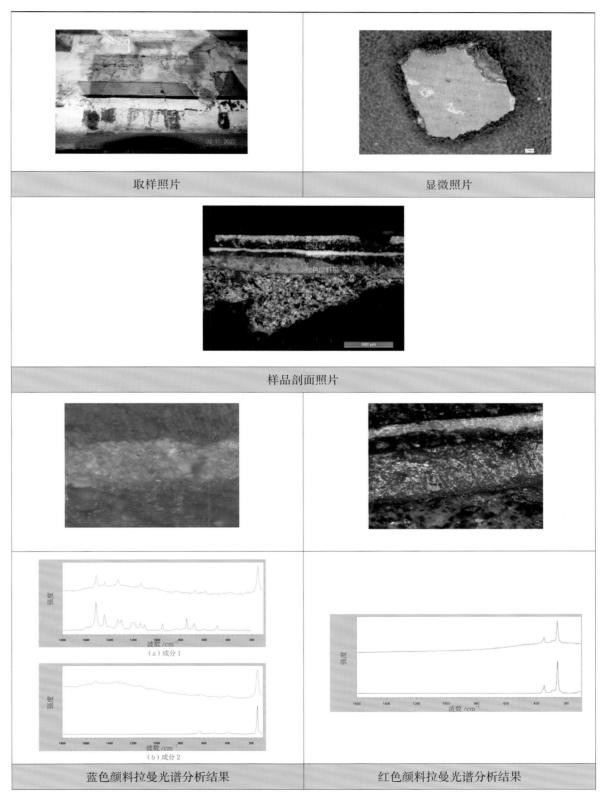

| 取样照片 | 显微照片 |
| --- | --- |
| 样品剖面照片 | |
| （a）成分1 / （b）成分2 | |
| 蓝色颜料拉曼光谱分析结果 | 红色颜料拉曼光谱分析结果 |

图 8-6　样品 Y6

样品编号：Y7。

样品位置：邀月门东侧迎风板。

样品描述：黑色。

分析结果：拉曼光谱分样结果显示黑色颜料为炭黑。（图8-7）

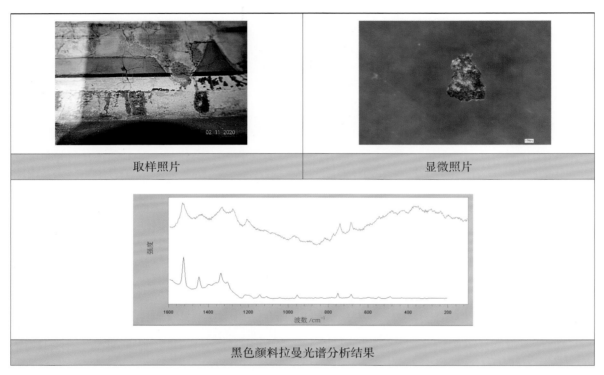

| 取样照片 | 显微照片 |
|---|---|

黑色颜料拉曼光谱分析结果

图 8-7　样品 Y7

# 二、长廊

样品编号：C1。

样品位置：长廊 A1 间 南内檐。

样品描述：绿色沥粉金。

分析结果：样品剖面显示贴金层下方为绿色颜料层、贴金层、绿色颜料层和地仗层，两层贴金层及绿色颜料层表明此处存在重绘现象；拉曼光谱分析结果显示外层绿色颜料为酞菁绿；能谱分析结果显示内层绿色颜料为巴黎绿，内外层金箔分别为库金和赤金，二者含金量存在差异。（图8-8）

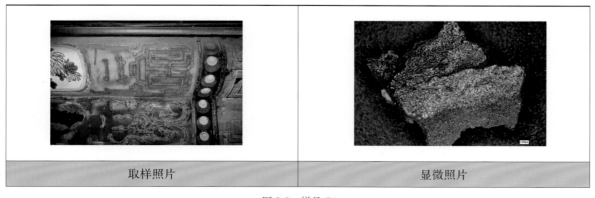

| 取样照片 | 显微照片 |
|---|---|

图 8-8　样品 C1

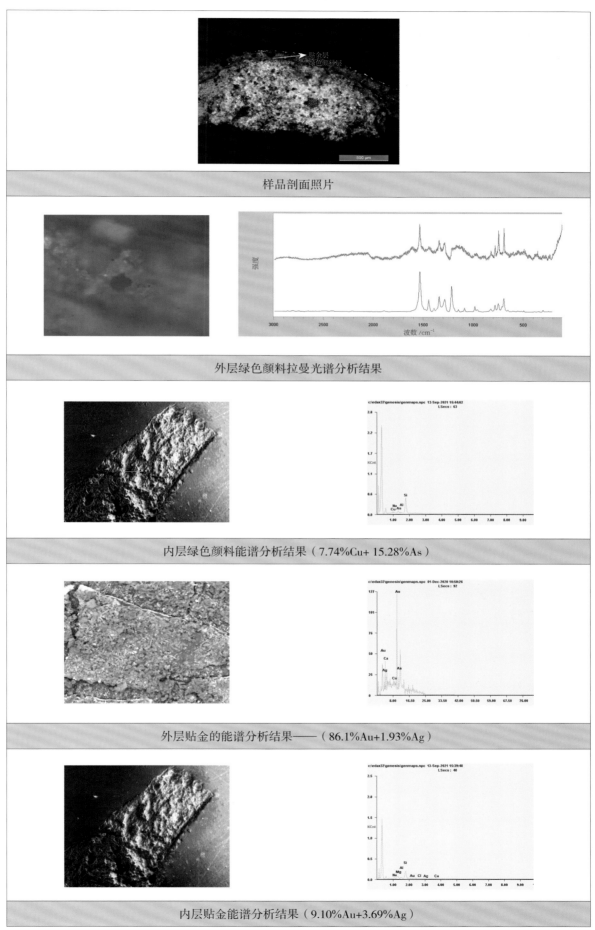

样品剖面照片

外层绿色颜料拉曼光谱分析结果

内层绿色颜料能谱分析结果（7.74%Cu+ 15.28%As）

外层贴金的能谱分析结果——（86.1%Au+1.93%Ag）

内层贴金能谱分析结果（9.10%Au+3.69%Ag）

图8-8　样品C1（续）

样品编号：C2。

样品位置：长廊 A1 间南内檐垫板。

样品描述：红色沥粉金。

分析结果：样品剖面显示贴金层下方依次为红色颜料层、黄色颜料层、贴金层、红色颜料层、黄色颜料层和地仗层，两层贴金层及同色颜料层表明此处存在重绘现象；拉曼光谱分析结果显示外层红色颜料为颜料红 112，内层红色颜料为铅丹，黄色颜料均为铅丹；能谱分析结果显示内外层金层均为赤金。（图 8-9）

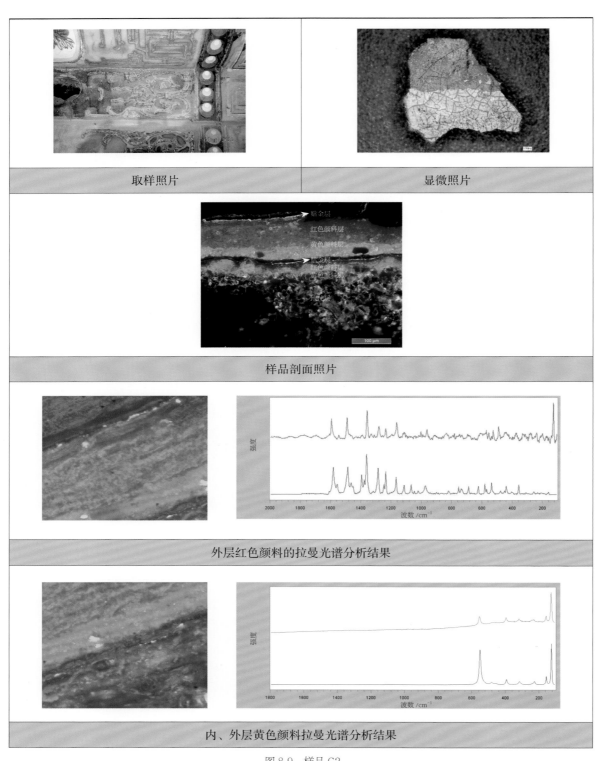

<table>
<tr><td>取样照片</td><td>显微照片</td></tr>
</table>

样品剖面照片

外层红色颜料的拉曼光谱分析结果

内、外层黄色颜料拉曼光谱分析结果

图 8-9　样品 C2

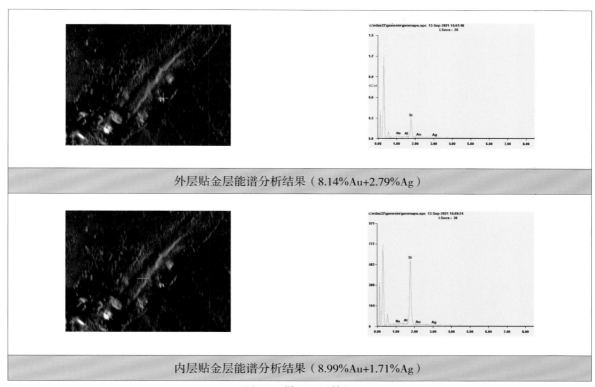

外层贴金层能谱分析结果（8.14%Au+2.79%Ag）

内层贴金层能谱分析结果（8.99%Au+1.71%Ag）

图 8-9　样品 C2（续）

样品编号：C3。

样品位置：长廊 A1 间南内檐垫板。

样品描述：蓝色。

分析结果：样品剖面显示蓝色颜料层下方为地仗层；拉曼光谱分析结果显示蓝色颜料为群青颜料。
（图 8-10）

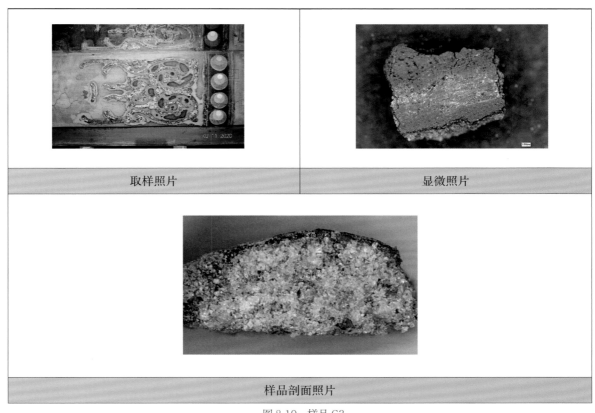

| 取样照片 | 显微照片 |

样品剖面照片

图 8-10　样品 C3

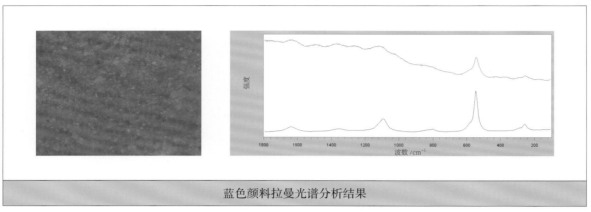

蓝色颜料拉曼光谱分析结果

图 8-10　样品 C3（续）

样品编号：C4。

样品位置：长廊 A1 间南内檐箍头。

样品描述：黄色。

分析结果：拉曼光谱分析结果显示黄色颜料为铬黄颜料。（图 8-11）

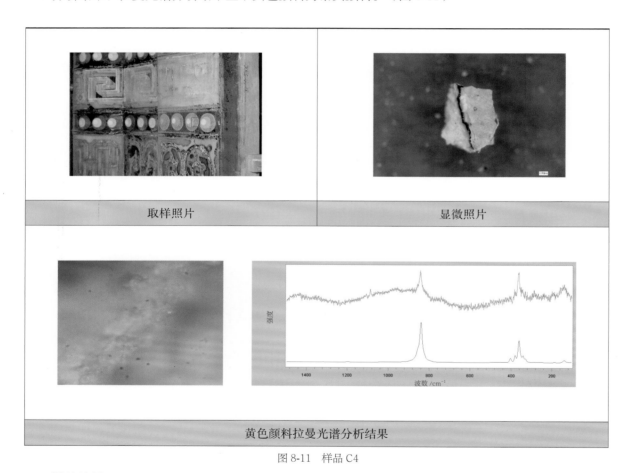

| 取样照片 | 显微照片 |

黄色颜料拉曼光谱分析结果

图 8-11　样品 C4

样品编号：C5。

样品位置：长廊 A1 间南内檐箍头。

样品描述：粉红。

分析结果：红色颜料层下方为地仗层；拉曼光谱分析结果显示红色颜料为甲苯胺红颜料。（图 8-12）

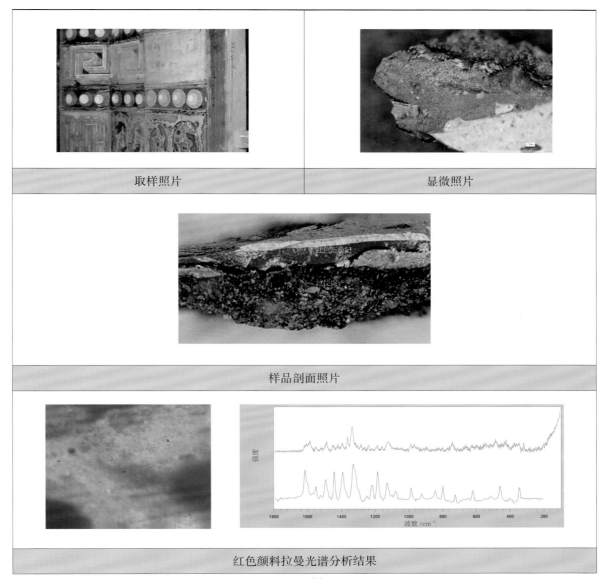

| 取样照片 | 显微照片 |
|---|---|

样品剖面照片

红色颜料拉曼光谱分析结果

图 8-12　样品 C5

样品编号：C6。

样品位置：长廊 A2 间梁架底部。

样品描述：大红。

分析结果：样品剖面显示红色沥粉层下方为纸地仗层；拉曼光谱分析结果显示红色颜料为甲苯胺红颜料。（图 8-13）

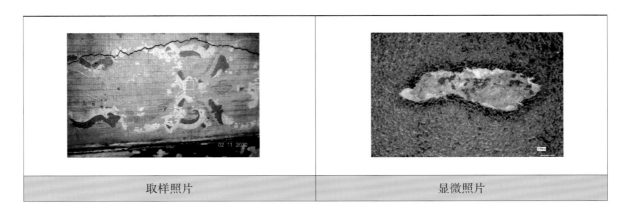

| 取样照片 | 显微照片 |
|---|---|

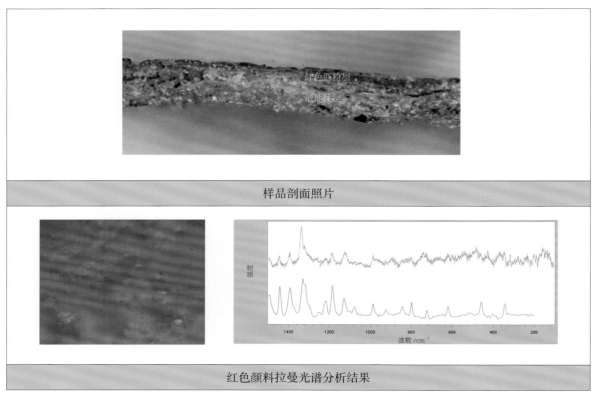

样品剖面照片

红色颜料拉曼光谱分析结果

图 8-13　样品 C6

样品编号：C7。

样品位置：长廊 A2 间南内檐烟云托子。

样品描述：黄色。

分析结果：样品剖面显示黄色颜料层下方为白粉层；拉曼光谱分析结果显示黄色颜料为铬黄颜料和钛白颜料的混合物。（图 8-14）

取样照片　　　　　　　　　　显微照片

样品剖面照片

图 8-14　样品 C7

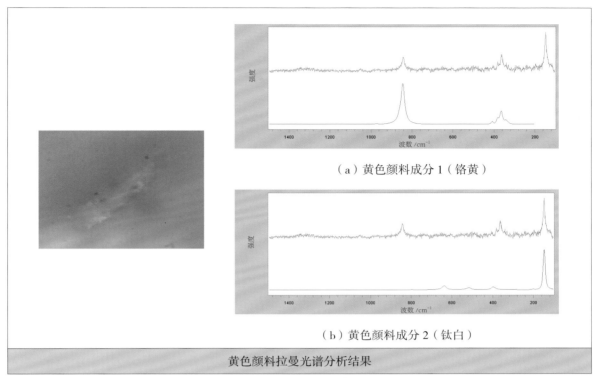

（a）黄色颜料成分 1（铬黄）

（b）黄色颜料成分 2（钛白）

黄色颜料拉曼光谱分析结果

图 8-14　样品 C7（续）

样品编号：C8。

样品位置：长廊 A2 间南内檐包袱。

样品描述：纸。

分析结果：纸张含有草、木、皮纤维，推测为大白纸。（图 8-15）

杨宝生著《颐和园长廊彩画》第三章"长廊彩画工艺""4.绘画预制"中"包袱预制用纸为'高丽纸'，相传由古高丽国（朝鲜）传入中国，主要原料是桑树皮，色白、有暗纹道，透光好，韧性好，为裱糊作的主要用纸。"

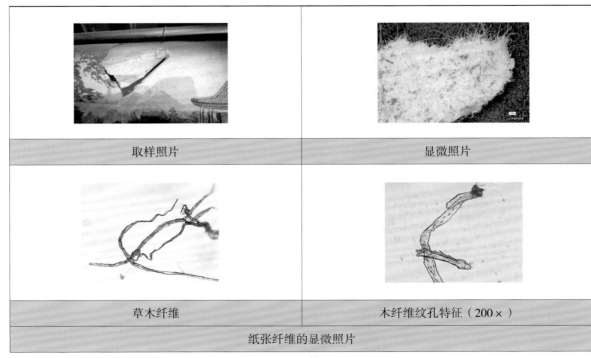

| 取样照片 | 显微照片 |
| --- | --- |
| 草木纤维 | 木纤维纹孔特征（200×） |
| 纸张纤维的显微照片 | |

图 8-15　样品 C8

样品编号：C9。

样品位置：长廊 A2 间南内檐烟云。

样品描述：蓝色，底面为纸地仗。

分析结果：拉曼光谱分析结果显示蓝色颜料为群青颜料。（图 8-16）

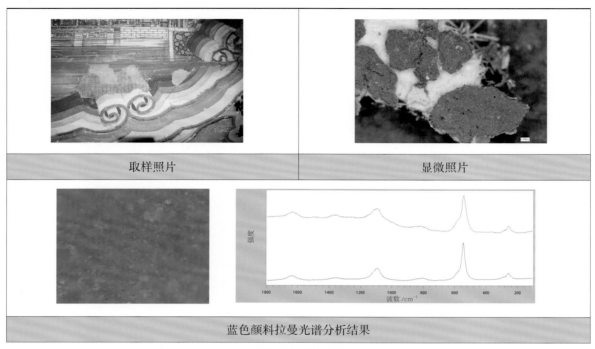

图 8-16　样品 C9

样品编号：C10。

样品位置：长廊 A2 间南内檐烟云。

样品描述：白。

分析结果：拉曼光谱分析结果显示白色颜料为钛白颜料。（图 8-17）

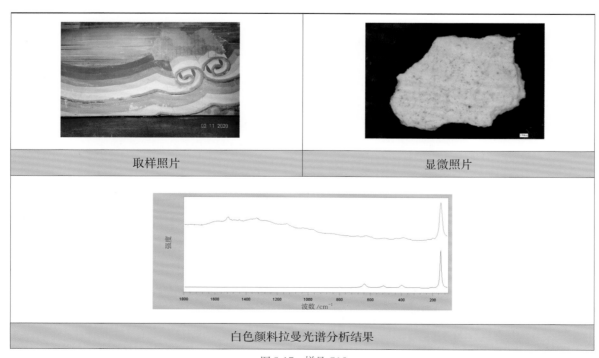

图 8-17　样品 C10

样品编号：C11。

样品位置：长廊 A23 间梁架底部。

样品描述：绿色。

分析结果：拉曼光谱分析结果显示绿色颜料为颜料绿 8（$C_{30}H_{18}FeN_3Na_bO_b$）。（图 8-18）

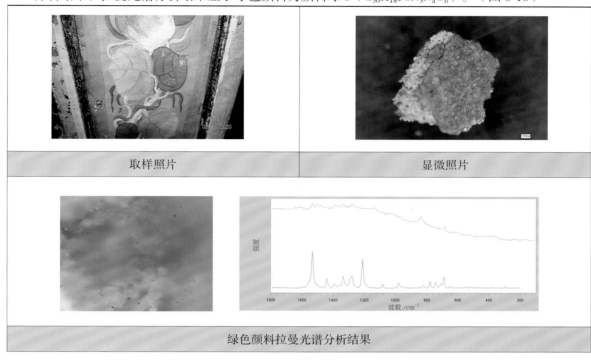

图 8-18　样品 C11

样品编号：C12。

样品位置：长廊 A23 间梁架底部。

样品描述：橙色。

分析结果：样品剖面显示黄色颜料层下方为地仗层；拉曼光谱分析结果显示黄色颜料为铬黄颜料（$PbCrO_4$）。（图 8-19）

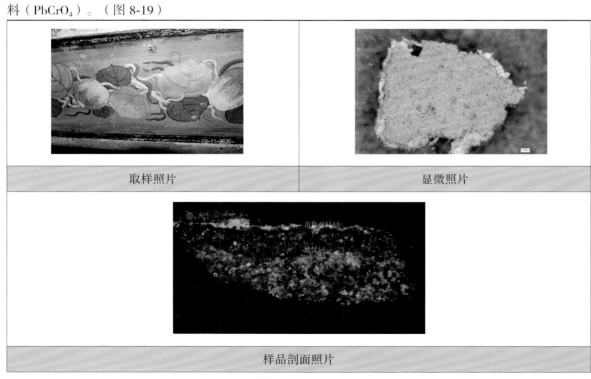

图 8-19　样品 C12

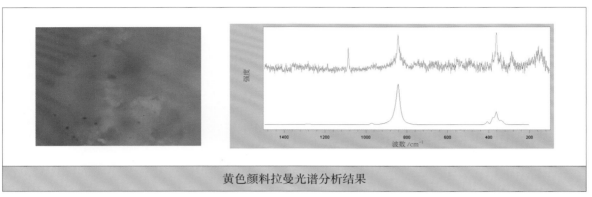

黄色颜料拉曼光谱分析结果

图 8-19　样品 C12（续）

样品编号：C13。

样品位置：B5 梁架底部。

样品描述：蓝色。

分析结果：样品剖面显示蓝色颜料层下方为白色沥粉层和黄色颜料层；拉曼光谱分析结果显示蓝色颜料为群青颜料，黄色颜料为铬黄颜料。（图 8-20）

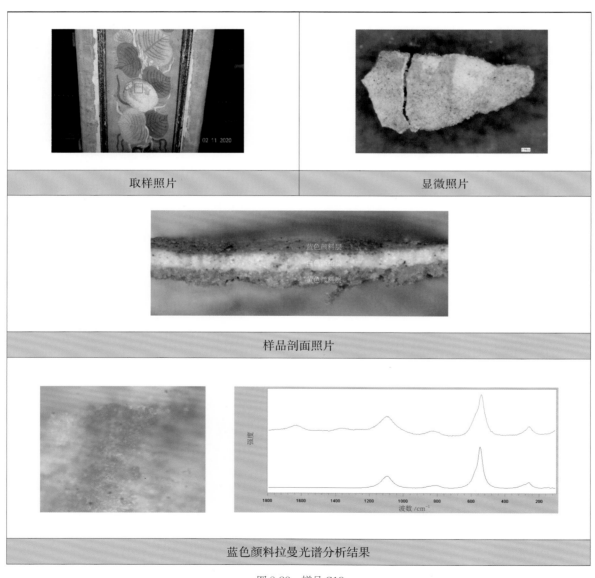

| 取样照片 | 显微照片 |

样品剖面照片

蓝色颜料拉曼光谱分析结果

图 8-20　样品 C13

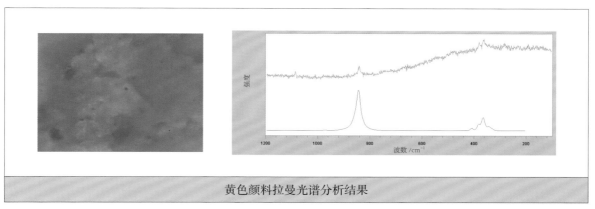

黄色颜料拉曼光谱分析结果

图 8-20　样品 C13（续）

样品编号：C14。

样品位置：长廊 B11 间北侧内檐东聚锦。

样品描述：白。

分析结果：白色颜料为立德粉，俗称大白，应为"文革"期间（1966—1976 年，及 1959 与 1979 年两次大修之间）涂刷残留；拉曼光谱分析结果显示白色颜料为硫酸钡，能谱分析结果显示白色颜料含大量 Zn、S 元素，推测为 ZnS。（图 8-21）

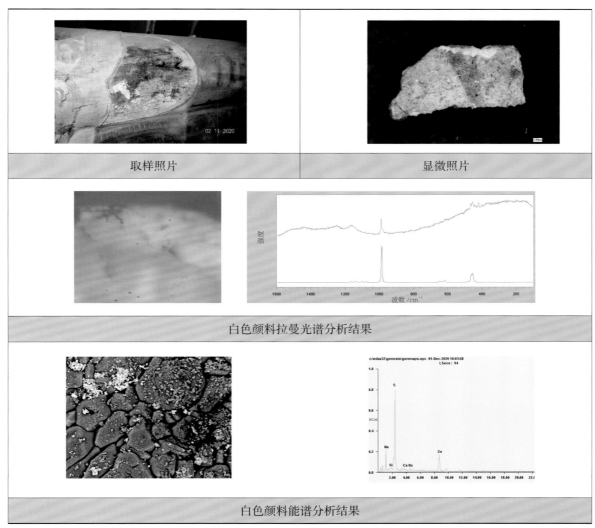

| 取样照片 | 显微照片 |
|---|---|

白色颜料拉曼光谱分析结果

白色颜料能谱分析结果

图 8-21　样品 C14

样品编号：C15。

样品位置：长廊 B11 间北侧内檐烟云。

样品描述：蓝（底面为纸地仗）。

分析结果：拉曼光谱分析结果显示蓝色颜料层为酞菁蓝颜料和钛白颜料的混合物；纸地仗鉴定结果为大白纸。（图 8-22）

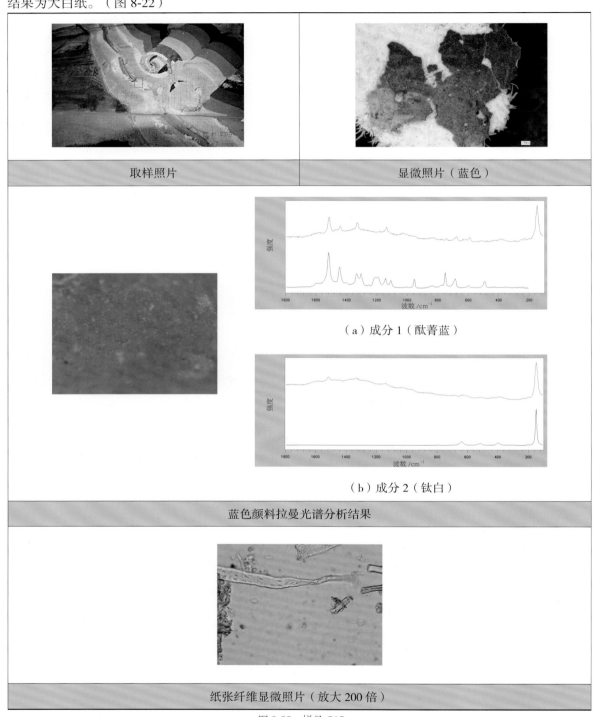

取样照片 | 显微照片（蓝色）

（a）成分 1（酞菁蓝）

（b）成分 2（钛白）

蓝色颜料拉曼光谱分析结果

纸张纤维显微照片（放大 200 倍）

图 8-22　样品 C15

样品编号：C16。

样品位置：长廊 B11 间北侧内檐下枋。

样品描述：红色。

分析结果：拉曼光谱分析结果显示红色颜料层为甲苯胺红颜料。（图 8-23）

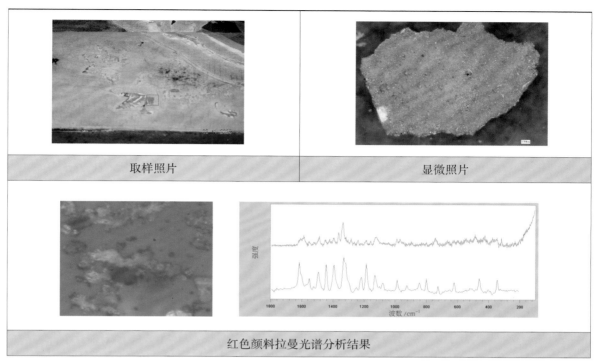

| 取样照片 | 显微照片 |
| --- | --- |

红色颜料拉曼光谱分析结果

图 8-23 样品 C16

样品编号：C17。

样品位置：长廊 B11 间北侧内檐下枋。

样品描述：绿色沥粉金。

分析结果：样品剖面显示，贴金层下方依次为绿色颜料层、地仗层、金层和绿色颜料层，两层贴金及绿色颜料层表明该处存在重绘现象；拉曼光谱分析结果显示外层绿色颜料为颜料绿 8，内层绿色颜料为分散绿颜料和铬黄颜料的混合物；能谱分析结果显示内、外层贴金层所用金箔均为赤金。（图 8-24）

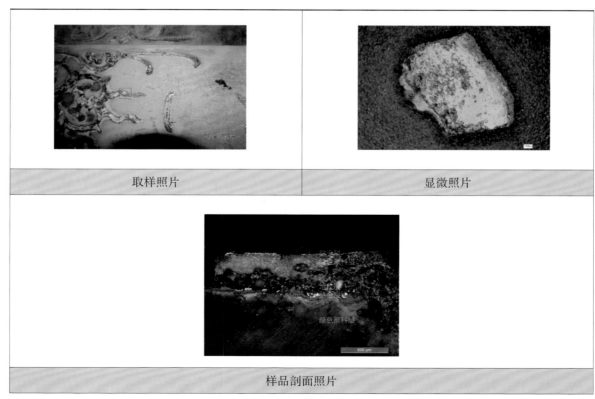

| 取样照片 | 显微照片 |
| --- | --- |

样品剖面照片

图 8-24 样品 C17

**273**

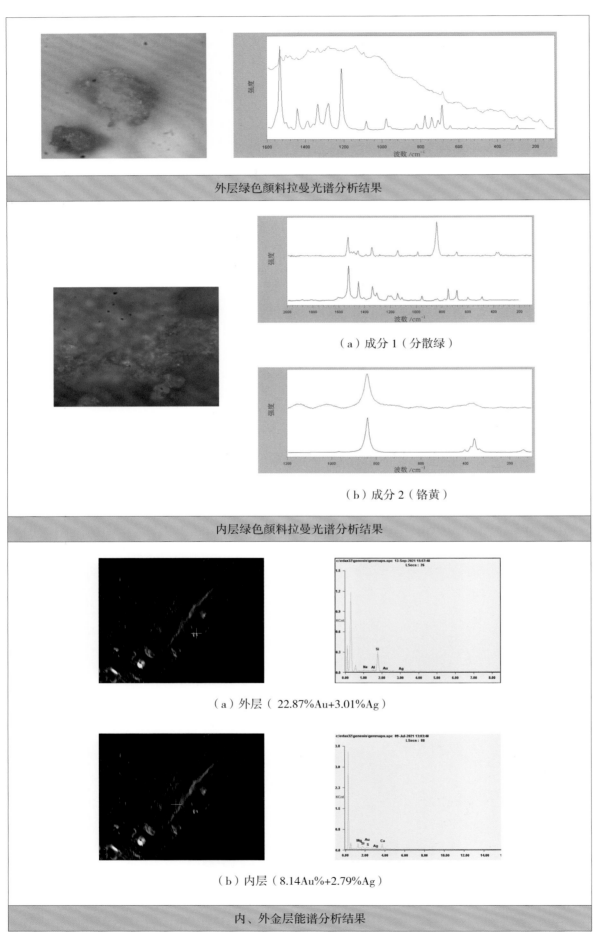

外层绿色颜料拉曼光谱分析结果

（a）成分1（分散绿）

（b）成分2（铬黄）

内层绿色颜料拉曼光谱分析结果

（a）外层（22.87%Au+3.01%Ag）

（b）内层（8.14Au%+2.79%Ag）

内、外金层能谱分析结果

图8-24　样品C17（续）

65.58%Ca、30.73%Mg、1.79%Si、0.97%Al、0.51%Cl（wt%）

| 地仗能谱分析结果 |

图 8-24　样品 C17（续）

样品编号：C18。

样品位置：长廊 B12 间北侧内檐烟云。

样品描述：沥粉金。

分析结果：贴金层下方依次为白色颜料层、地仗层（纸地仗）；能谱分析结果显示贴金层所用金箔为赤金，另有少量钛白颜料成分。（图 8-25）

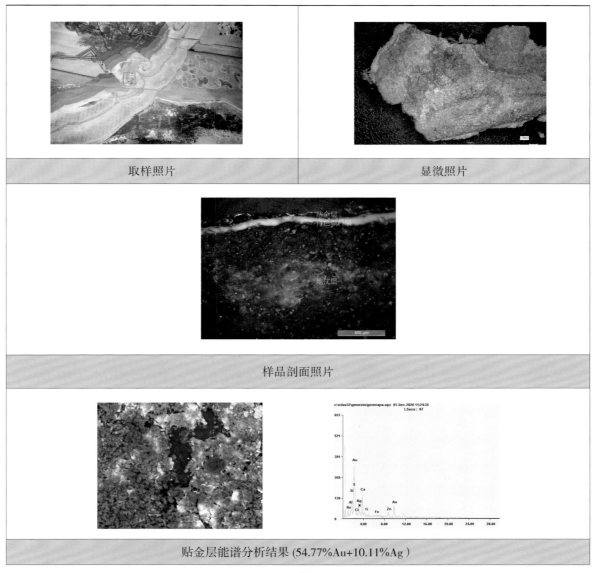

| 取样照片 | 显微照片 |

样品剖面照片

贴金层能谱分析结果（54.77%Au+10.11%Ag）

图 8-25　样品 C18

**275**

样品编号：C19。

样品位置：长廊 B12 间北侧内檐烟云。

样品描述：白色。

分析结果：能谱分析结果显示，白色颜料中含有 86.12%Pb，推测为铅白颜料；拉曼光谱检测出的硫酸钡应为表面的白灰——立德粉（"文革"期间所涂残留）。（图 8-26）

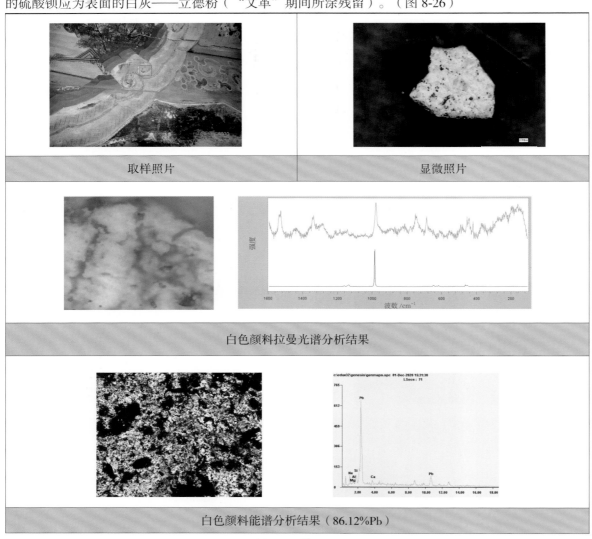

图 8-26  样品 C19

样品编号：C20。

样品位置：长廊 B11 间南侧内檐烟云。

样品描述：白色。

分析结果：白色颜料下层可见纸地仗层；拉曼光谱分析结果显示白色颜料为钛白颜料。（图8-27）

图 8-27  样品 C20

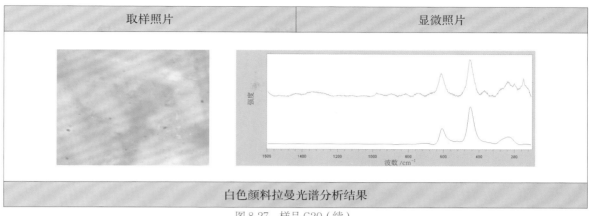

白色颜料拉曼光谱分析结果

图 8-27 样品 C20（续）

样品编号：C21。

样品位置：长廊 H6 间梁架底部方心。

样品描述：蓝、黄（纸）。

分析结果：拉曼光谱分析结果显示，黄色颜料为铬黄颜料，蓝色颜料为群青和钛白两种颜料的混合物，绿色颜料为颜料绿 8，纸张为大白纸（草木皮三种纤维）。（图 8-28）

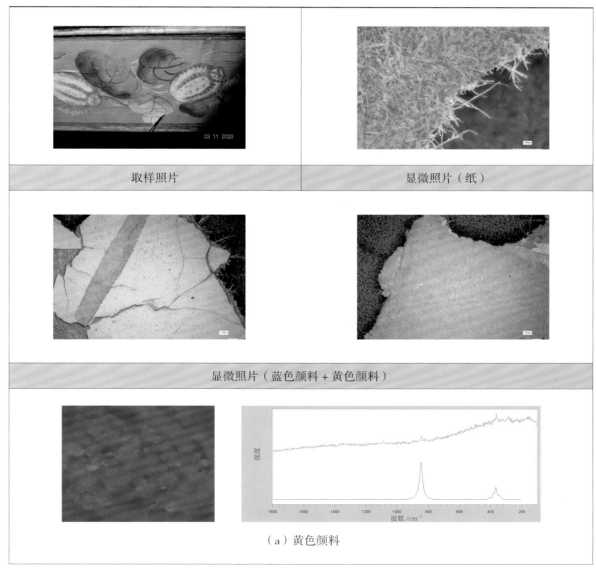

图 8-28 样品 C21

**277**

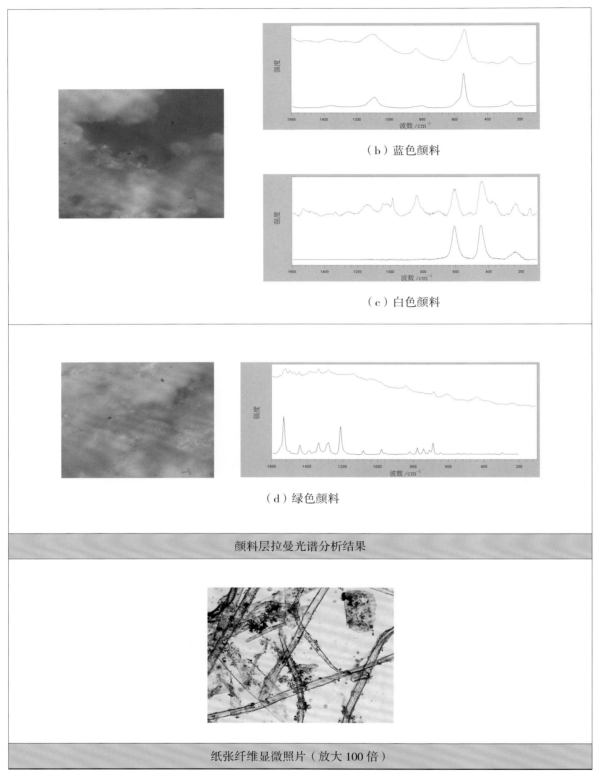

（b）蓝色颜料

（c）白色颜料

（d）绿色颜料

颜料层拉曼光谱分析结果

纸张纤维显微照片（放大100倍）

图 8-28　样品 C21（续）

样品编号：C22。

样品位置：长廊 H6 间梁架底部方心。

样品描述：灰黑。

分析结果：灰黑色颜料为立德粉（白色）和炭黑（黑色）两种颜料的混合物。（图 8-29）

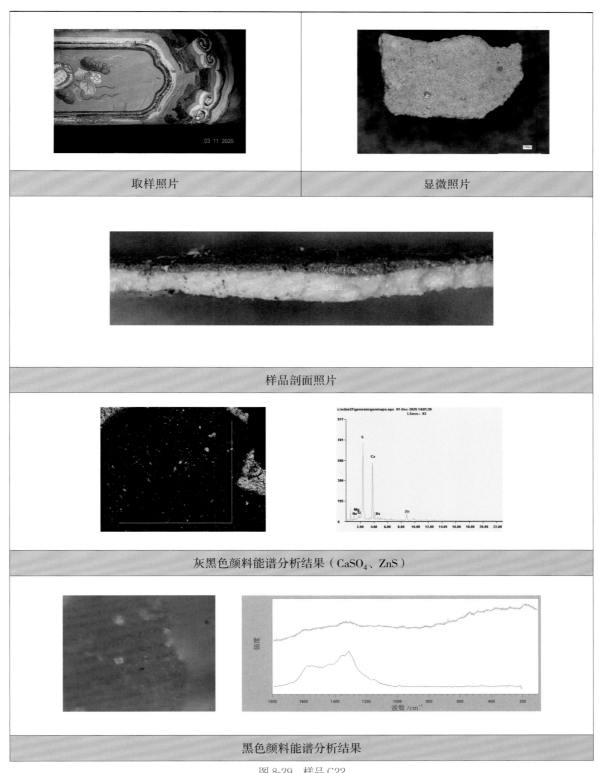

| 取样照片 | 显微照片 |

样品剖面照片

灰黑色颜料能谱分析结果（CaSO₄、ZnS）

黑色颜料能谱分析结果

图 8-29 样品 C22

样品编号：C23。

样品位置：长廊 H12 间北侧内檐垫板烟云边缘。

样品描述：绿色（表面存在较多污染物）。

分析结果：样品剖面显示，绿色颜料层下方依次为红色、白色、红色和黄色颜料层；拉曼光谱分析结果显示，绿色颜料为巴黎绿颜料，外层红色颜料为酸性红 42 颜料，内层红色颜料和黄色颜料均为铅丹颜料。（图 8-30）

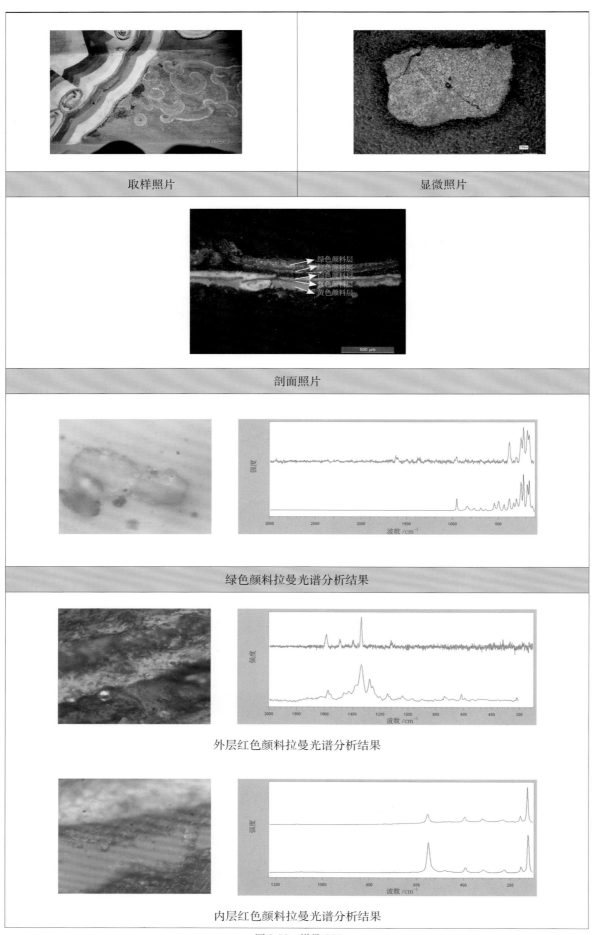

取样照片

显微照片

剖面照片

绿色颜料层
红色颜料层
白色颜料层
红色颜料层
黄色颜料层

绿色颜料拉曼光谱分析结果

外层红色颜料拉曼光谱分析结果

内层红色颜料拉曼光谱分析结果

图 8-30　样品 C23

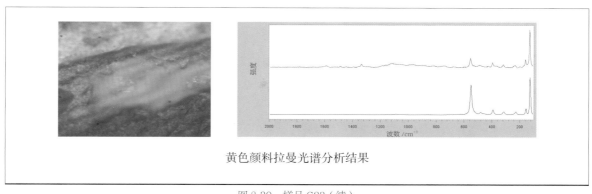

黄色颜料拉曼光谱分析结果

图 8-30 样品 C23（续）

样品编号：C24。

样品位置：长廊 H12 间北侧内檐垫板烟云边缘。

样品描述：红色沥粉金。

分析结果：样品剖面显示，贴金层下方依次为红色颜料层、贴金层、红色颜料层、黄色颜料层和地仗层，两个贴金层及两个红色颜料层表明此处存在重绘现象；能谱分析结果显示两层贴金层均为赤金。（图 8-31）

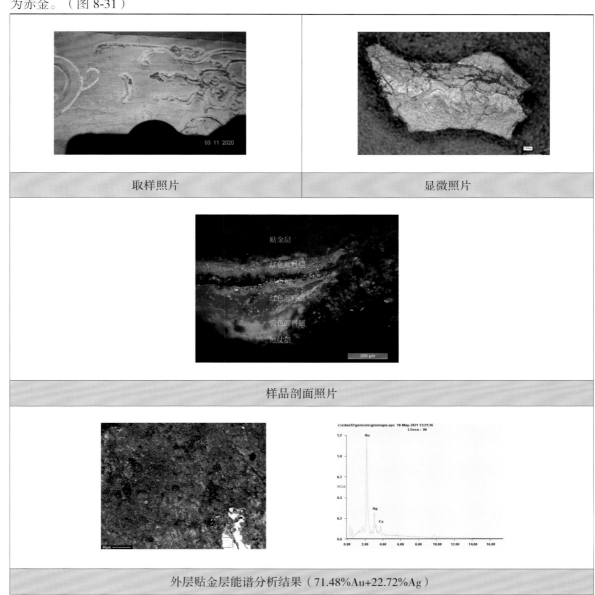

| 取样照片 | 显微照片 |
| --- | --- |

样品剖面照片

外层贴金层能谱分析结果（71.48%Au+22.72%Ag）

图 8-31 样品 C24

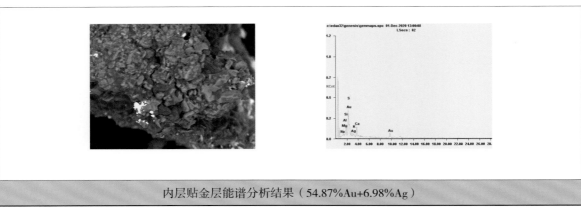

内层贴金层能谱分析结果（54.87%Au+6.98%Ag）

图 8-31　样品 C24（续）

样品编号：C25。

样品位置：长廊 H12 间北侧内檐垫板烟云边缘。

样品描述：蓝色。

分析结果：拉曼光谱分析结果显示蓝色颜料为群青颜料。（图 8-32）

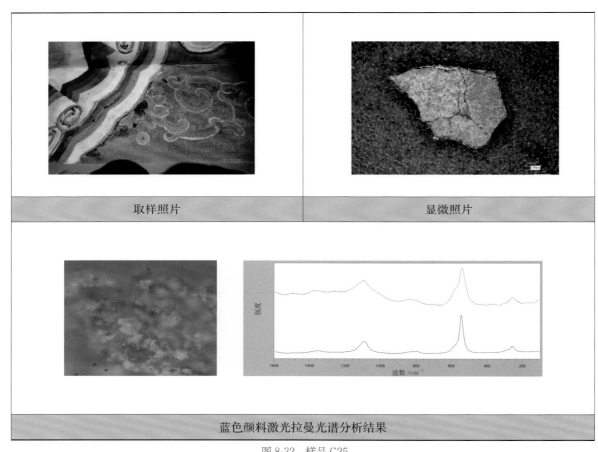

| 取样照片 | 显微照片 |

蓝色颜料激光拉曼光谱分析结果

图 8-32　样品 C25

样品编号：C26。

样品位置：长廊 H12 间北侧内檐烟云。

样品描述：白色。

分析结果：能谱分析结果显示，白色颜料为铅白颜料。（图 8-33）

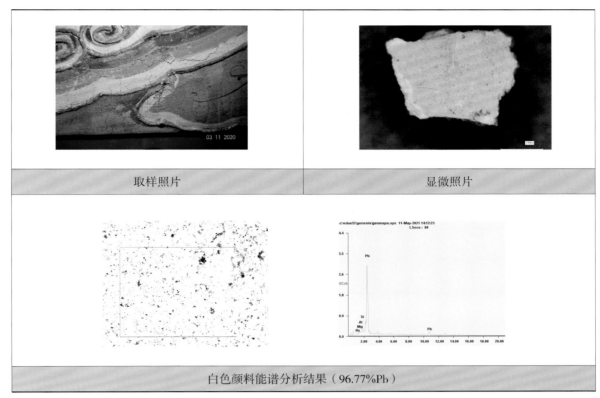

图 8-33　样品 C26

样品编号：C27。

样品位置：长廊 H12 间　北侧内檐烟云。

样品描述：黄色。

分析结果：拉曼光谱分析结果显示黄色颜料为铬黄颜料。（图 8-34）

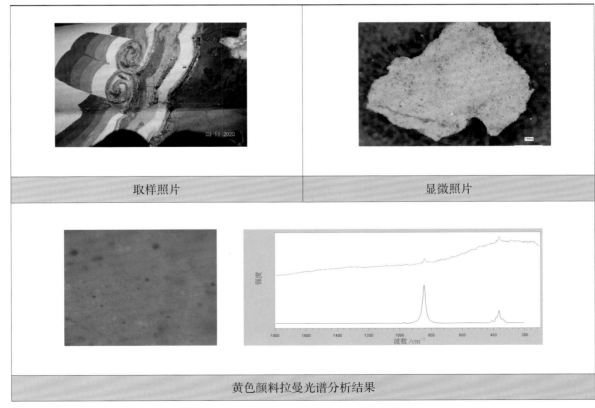

图 8-34　样品 C27

样品编号：C28。

样品位置：长廊 H15 间南侧外檐。

样品描述：黑色。

分析结果：黑色颜料层下方为白粉层、黑色颜料层和白粉层，两层白粉层说明此处存在重绘现象；拉曼光谱分析结果显示黑色颜料为炭黑颜料。（图 8-35）

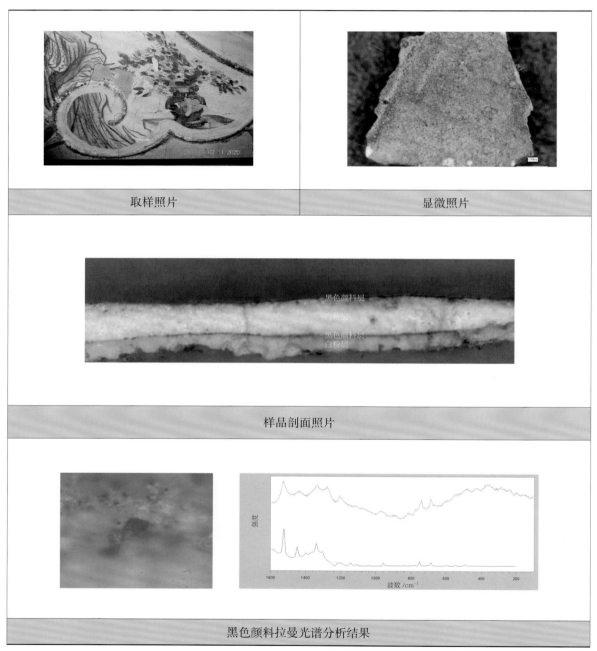

取样照片　　　　　　　　　　显微照片

样品剖面照片

黑色颜料拉曼光谱分析结果

图 8-35　样品 C28

样品编号：C29。

样品位置：长廊 H15 间南侧外檐。

样品描述：蓝色。

分析结果：拉曼光谱分析结果显示蓝色颜料为群青颜料；纸张鉴定结果显示所用纸为大白纸（草、木纤维）。（图 8-36）

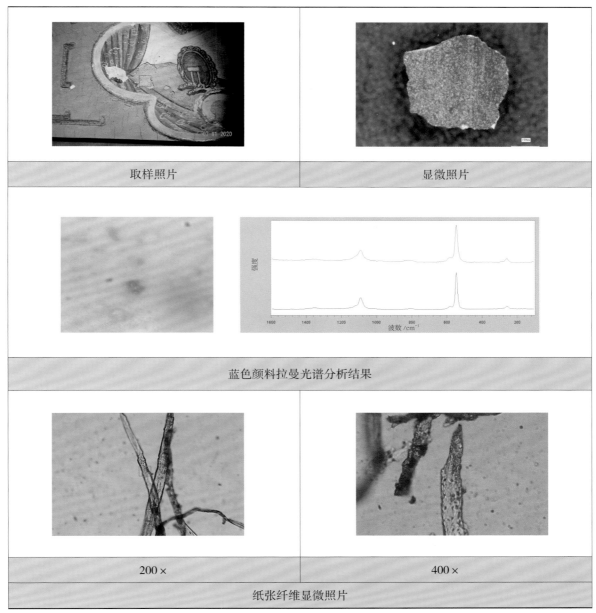

图 8-36 样品 C29

样品编号：C30。

样品位置：长廊 H15 间 南侧外檐 聚锦。

样品描述：白色。

分析结果：能谱分析结果显示，白色颜料中含有 93.39%Pb，推测为铅白颜料。（图 8-37）

图 8-37 样品 C30

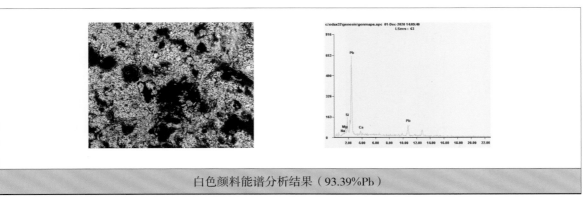

白色颜料能谱分析结果（93.39%Pb）

图 8-37　样品 C30（续）

样品编号：C31。

样品位置：长廊 H16 间北侧外檐。

样品描述：绿色。

分析结果：能谱分析结果显示，绿色颜料为巴黎绿颜料（Cu、As 含量较高）。（图 8-38）

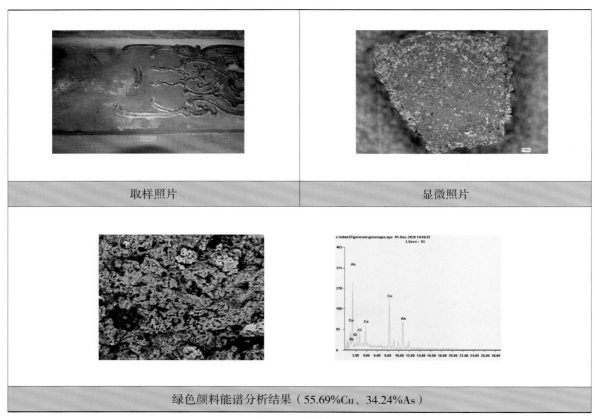

| 取样照片 | 显微照片 |
|---|---|

绿色颜料能谱分析结果（55.69%Cu、34.24%As）

图 8-38　样品 C31

样品编号：C32。

样品位置：长廊 H16 间北侧外檐。

样品描述：沥粉金。

分析结果：贴金层下方为绿色颜料层、贴金层、绿色颜料层和地仗层，两层金层和两层绿色颜料层表明此处存在重绘现象；能谱分析结果显示外层绿色颜料为巴黎绿（Cu、As 元素），内、外两层金箔均为赤金；拉曼光谱分析显示，内层绿色颜料为酞菁绿颜料和铬黄颜料的混合物。（图 8-39）

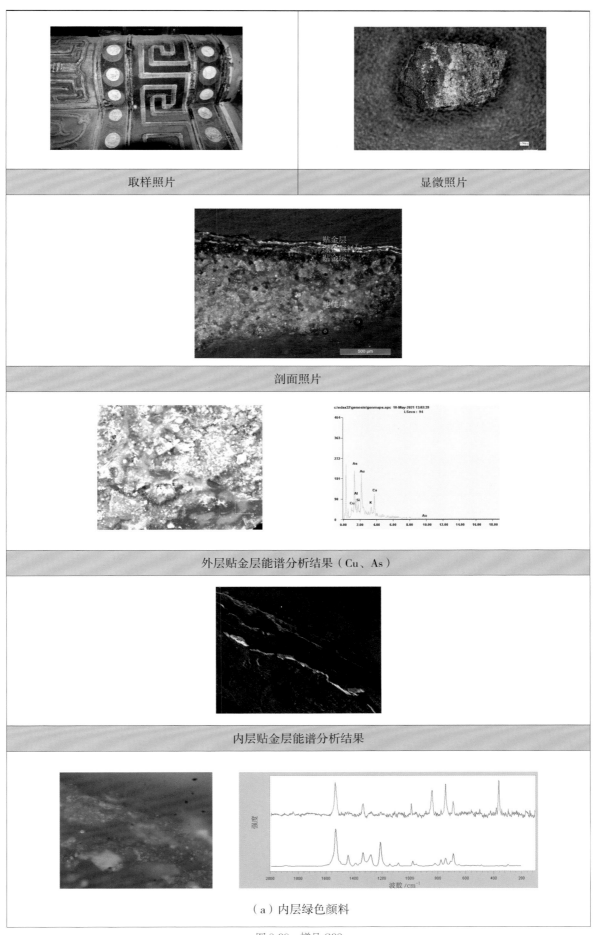

取样照片

显微照片

剖面照片

外层贴金层能谱分析结果（Cu、As）

内层贴金层能谱分析结果

（a）内层绿色颜料

图 8-39　样品 C32

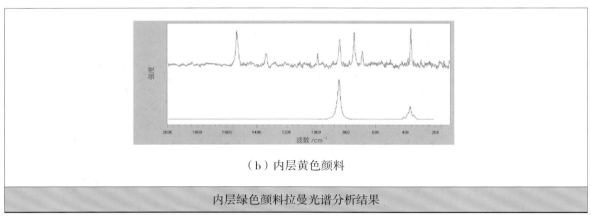

（b）内层黄色颜料

内层绿色颜料拉曼光谱分析结果

图 8-39　样品 C32（续）

样品编号：C33。

样品位置：长廊 I2 间北侧内檐梁枋软卡子。

样品描述：沥粉金 + 污染物。

分析结果：两层贴金层和两层绿色颜料层下方为地仗层，两层贴金层及绿色颜料层表明此处存在重绘现象；能谱分析结果显示内层绿色颜料为巴黎绿颜料，两层金箔均为赤金；拉曼光谱分析结果显示外层绿色颜料为酞菁绿颜料。（图 8-40）

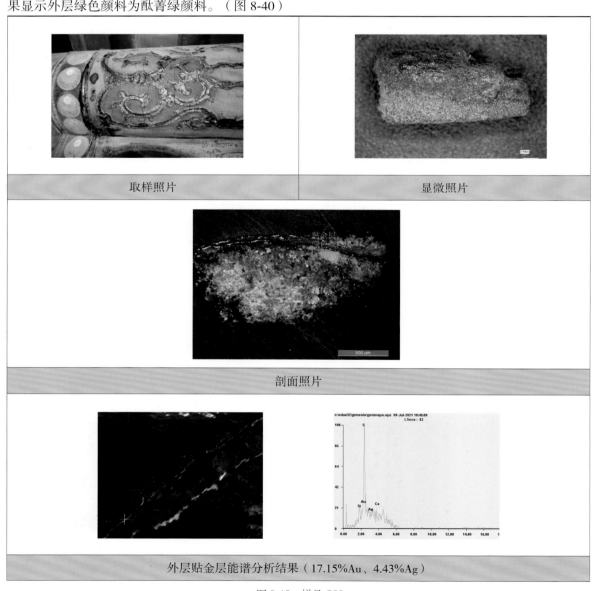

取样照片　　　　　　　　　　　　　　　显微照片

剖面照片

外层贴金层能谱分析结果（17.15%Au、4.43%Ag）

图 8-40　样品 C33

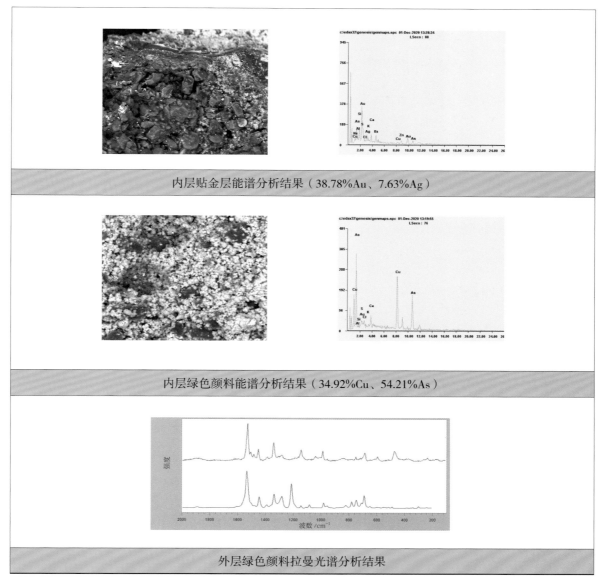

内层贴金层能谱分析结果（38.78%Au、7.63%Ag）

内层绿色颜料能谱分析结果（34.92%Cu、54.21%As）

外层绿色颜料拉曼光谱分析结果

图 8-40　样品 C33（续）

样品编号：C34。

样品位置：长廊 I16 间梁架底部。

样品描述：橙色或黄色。

分析结果：橙色颜料层下方依次为纸地仗、黄色颜料层和地仗层（麻）；拉曼光谱分析结果显示黄色颜料为铬黄颜料。（图 8-41）

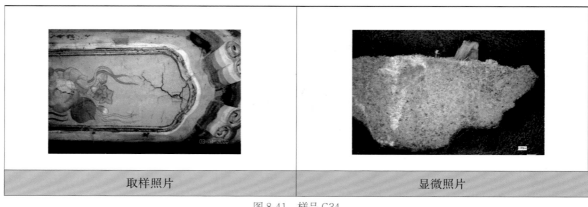

| 取样照片 | 显微照片 |

图 8-41　样品 C34

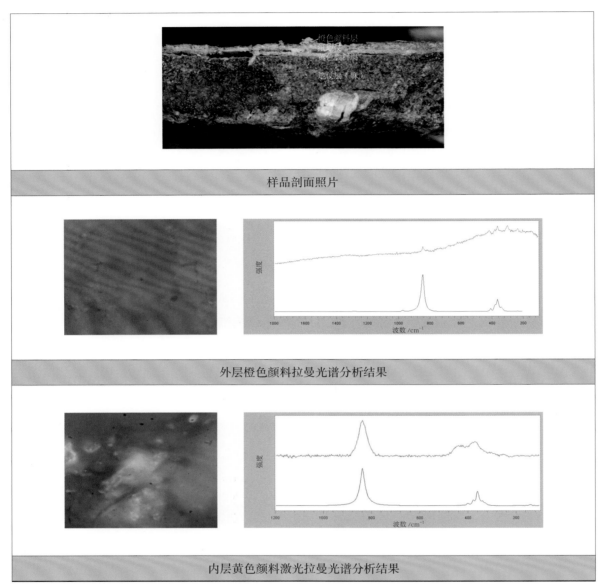

图 8-41　样品 C34（续）

样品编号：C35。

样品位置：长廊 I21 间北侧内檐梁枋。

样品描述：黑色油污。

分析结果：热裂解 – 气相色谱质谱联用仪分析结果表明黑色油污为干性油中的桐油。（图 8-42、表 8-1）

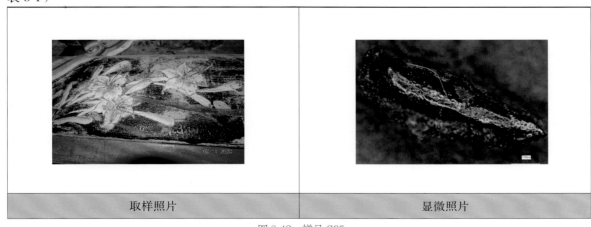

图 8-42　样品 C35

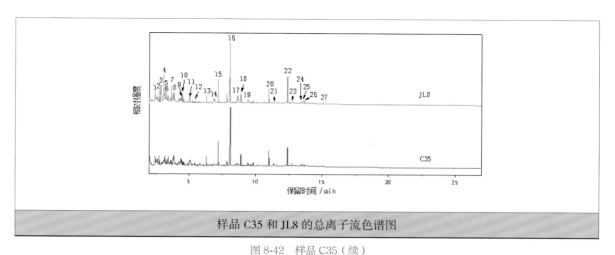

样品 C35 和 JL8 的总离子流色谱图

图 8-42 样品 C35（续）

表 8-1 样品 C35 和 JL8 的总离子流色谱图

| 峰编号 | 保留时间 /min | 裂解产物 |
|---|---|---|
| 1 | 2.46 | Toluene 甲苯 |
| 2 | 2.76 | Pentanoic acid, methyl ester 正戊酸 甲酯 |
| 3 | 2.86 | Glycine 甘氨酸 |
| 4 | 3.09 | Alanine 丙氨酸 |
| 5 | 3.19 | Cyclohexanone 环己酮 |
| 6 | 3.28 | Hexanoic acid, methyl ester 正己酸 甲酯 |
| 7 | 3.69 | 1,3,5-Triazine, hexahydro-1,3,5-trimethyl- 1,3,5- 三甲基己羟基 -1,3,5- 三嗪 |
| 8 | 3.84 | Heptanoic acid, methyl ester 正庚酸甲酯 |
| 9 | 4.43 | 2,5-Pyrrolidinedione, 1-methyl- |
| 10 | 4.49 | Octanoic acid, methyl ester 辛酸甲酯 |
| 11 | 5.13 | Octanoic acid 辛酸 |
| 12 | 5.44 | Hexanedioic acid, dimethyl ester 己二酸甲酯 |
| 13 | 6.30 | Heptanedioic acid, dimethyl ester 庚二酸甲酯 |
| 14 | 6.83 | Arsenic-As4 砷 |
| 15 | 7.20 | Octanedioic acid, dimethyl ester 辛二酸二甲基酯 |
| 16 | 8.10 | Nonanedioic acid, dimethyl ester 壬二酸二甲基酯 |
| 17 | 8.66 | Nonanedioic acid 壬二酸 |
| 18 | 8.90 | Decanedioic acid, dimethyl ester 葵二酸二甲基酯 |
| 19 | 9.48 | Tetradecanoic acid, methyl ester 十四酸二甲基酯 |
| 20 | 11.01 | Hecadecanoic acid, methyl ester 十六烷酸甲酯 |
| 21 | 11.37 | n-Hexadecanoic acid 十六烷酸 |
| 22 | 12.40 | Octadecanoic acid, methyl ester 硬脂酸甲酯 |
| 23 | 12.71 | Octadecanoic acid 硬脂酸 |
| 24 | 13.40 | Oxiraneoctanoic acid, 3-octyl-, methyl ester, trans- 正辛酸甲酯 |
| 25 | 13.56 | Oxiraneoctanoic acid, 3-octyl- 正辛酸 |
| 26 | 13.68 | Eicosanoic acid, methyl ester 二十碳饱和脂肪酸甲酯 |
| 27 | 15.10 | Docosanoic acid, methyl ester 二十二酸甲酯 |

　　样品的裂解产物中含有大量的脂肪酸（一元脂肪酸和二元脂肪酸），黑色油污应为地仗制备中所用油满的浸出物（油满是由面粉、生石灰水、灰油调制而成的，灰油为生桐油按一定比例添加少量的土籽粉和章丹粉），其浸出并附在彩画表面遮盖颜料层

样品编号：C36。

样品位置：长廊 E07 间梁架底部。

样品描述：黄色。

分析结果：拉曼光谱分析结果显示、黄色颜料为铬黄颜料；能谱分析结果显示，黄色颜料中含有大量 Pb 元素，与铬黄颜料的结果相符。（图 8-43）

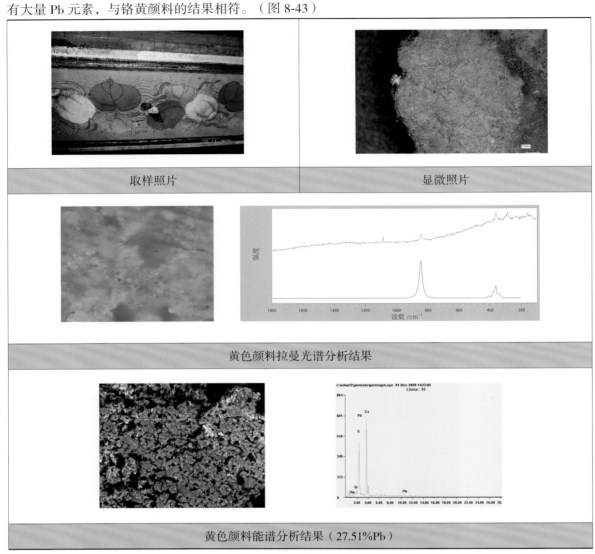

图 8-43　样品 C36

样品编号：C37。

样品位置：长廊 E27 间北侧内檐包袱。

样品描述：白色 + 疑似霉斑。

分析结果：霉斑为枝孢属真菌，易降解为高分子有机物，白色颜料为立德粉。（图 8-44）

图 8-44　样品 C37

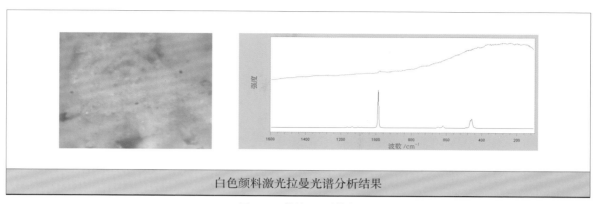

白色颜料激光拉曼光谱分析结果

图 8-44 样品 C37（续）

样品编号：C38。

样品位置：长廊 E07 间北侧内檐包袱。

样品描述：白色 + 地仗。

分析结果：白色颜料为立德粉（硫酸钡和硫化锌的混合物）。（图 8-45）

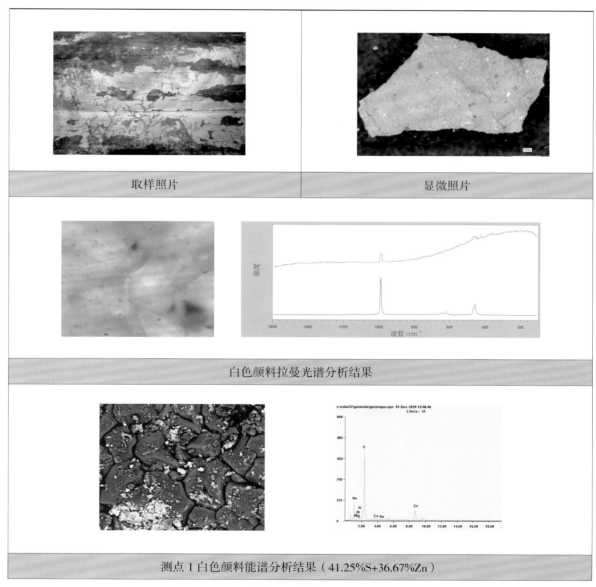

| 取样照片 | 显微照片 |

白色颜料拉曼光谱分析结果

测点 1 白色颜料能谱分析结果（41.25%S+36.67%Zn）

图 8-45 样品 C38

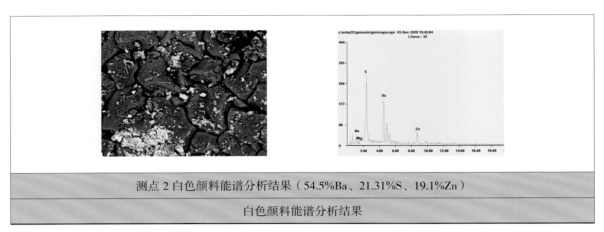

测点 2 白色颜料能谱分析结果（54.5%Ba、21.31%S、19.1%Zn）

白色颜料能谱分析结果

图 8-45　样品 C38（续）

样品编号：C39。

样品位置：长廊 E01 和 F02 间北外檐夹角梁头。

样品描述：红、绿色（麻地仗）。

分析结果：样品剖面显示，红色颜料层下方依次为绿色颜料层、地仗层麻、黄和绿色颜料层及地仗层麻，两层颜料层及地仗层表明此处存在重绘现象；拉曼光谱分析结果显示，红色颜料为甲苯胺红颜料，外层绿色颜料为酞菁绿颜料，内层绿色颜料含有铬黄颜料；地仗中麻的鉴定结果为大麻。（图 8-46）

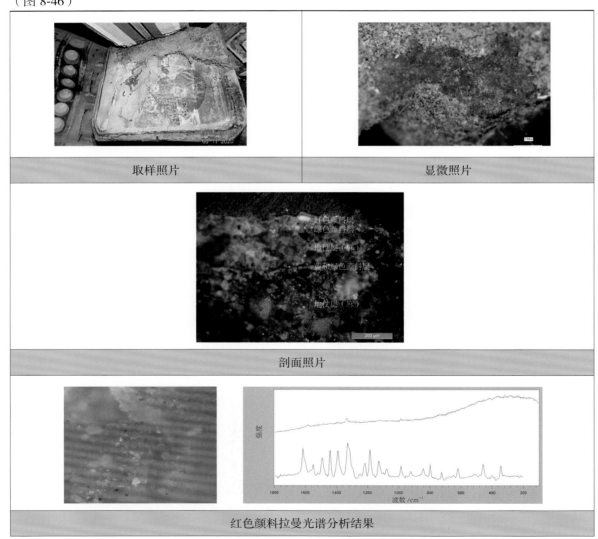

| 取样照片 | 显微照片 |
|---|---|

剖面照片

红色颜料拉曼光谱分析结果

图 8-46　样品 C39

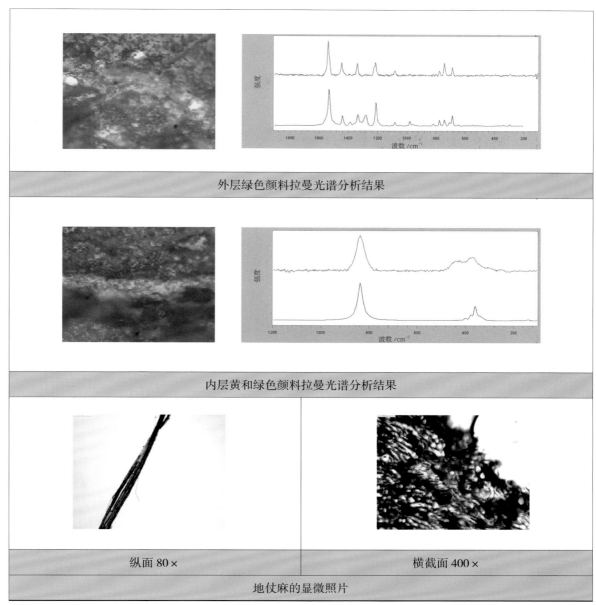

图 8-46 样品 C39（续）

样品编号：C40。

样品位置：长廊 E03 间东侧外檐包袱。

样品描述：纸张（外层、内层）。

分析结果：外层纸张为大白纸，内层纸张为宣纸。（图 8-47）

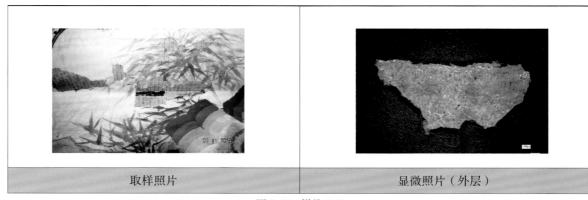

图 8-47 样品 C40

**295**

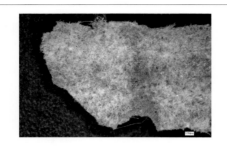

显微照片（内层）

外层纸张带灰，成分为皮、草、木浆
纸张种类为糊墙用大白纸

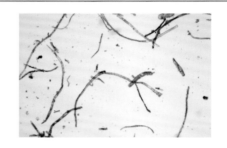

内层纸张带帘纹，成分为皮、草
纸张种类为宣纸

图 8-47　样品 C40（续）

# 三、留佳亭

样品编号：LJ1。

样品位置：留佳亭内檐南侧东边柱子。

样品描述：绿色。

分析结果：拉曼光谱及能谱分析未得出结果（图 8-48）。

取样照片

显微照片

图 8-48　样品 LJ1

样品编号：LJ2。

样品位置：留佳亭内檐南侧东边柱子。

样品描述：白色。

分析结果：拉曼光谱及能谱分析未得出结果（图 8-49）。

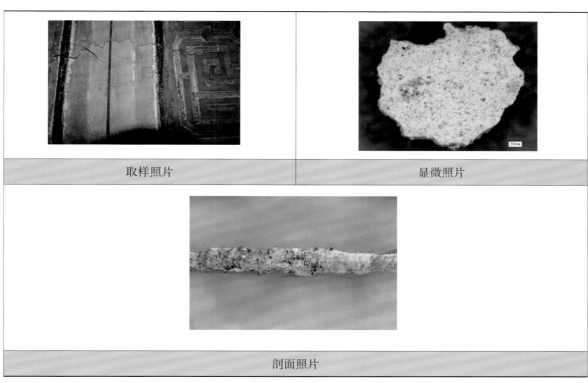

| 取样照片 | 显微照片 |
| --- | --- |

剖面照片

图 8-49 样品 LJ2

样品编号：LJ3。

样品位置：留佳亭内檐南侧东边柱子。

样品描述：蓝色颜料层下方为地仗层。

分析结果：拉曼光谱分析结果显示蓝色颜料为群青颜料（图 8-50）。

| 取样照片 | 显微照片 |
| --- | --- |

样品剖面照片

图 8-50 样品 LJ3

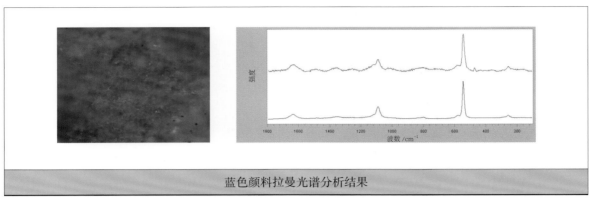

蓝色颜料拉曼光谱分析结果

图 8-50　样品 LJ3（续）

样品编号：LJ4。

样品位置：留佳亭内檐南侧东边柱子。

样品描述：金色。

分析结果：样品剖面显示，贴金层下方依次为蓝色颜料层、贴金层、蓝色颜料层、地仗层（麻）；能谱分析结果显示两层贴金层均为赤金；拉曼光谱分析结果显示两层蓝色颜料均为群青颜料。（图8-51）

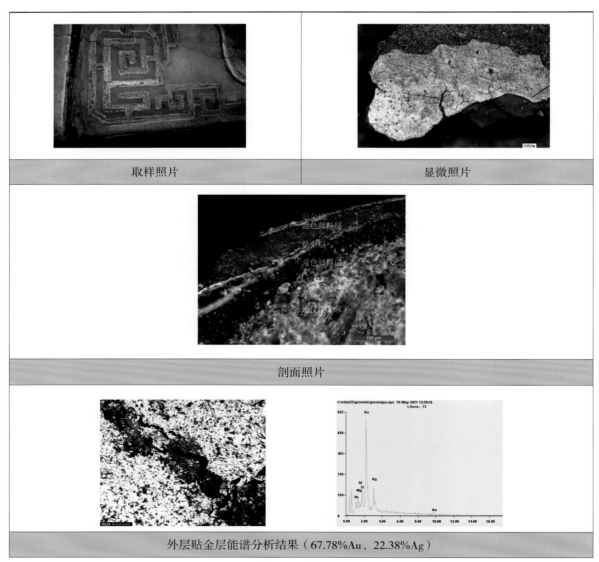

| 取样照片 | 显微照片 |

剖面照片

外层贴金层能谱分析结果（67.78%Au、22.38%Ag）

图 8-51　样品 LJ4

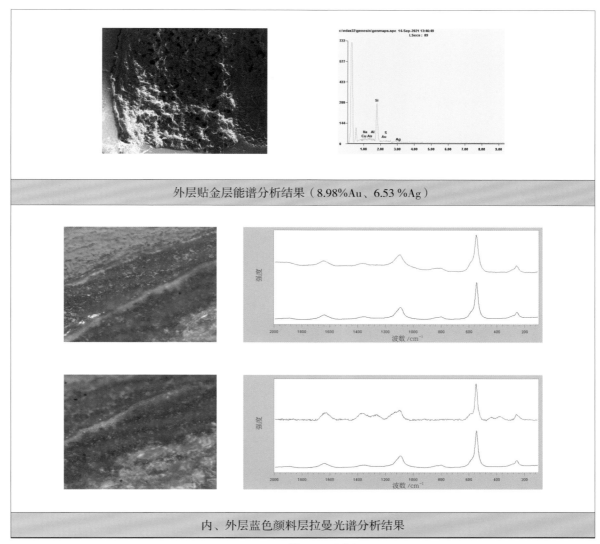

图 8-51　样品 LJ4（续）

样品编号：LJ5。

样品位置：留佳亭内檐南侧东边柱子。

样品描述：红色。

分析结果：样品剖面分析结果显示，红色颜料层下方依次为白粉层和绿色颜料层；拉曼光谱分析结果显示，红色颜料为甲苯胺红颜料。（图 8-52）

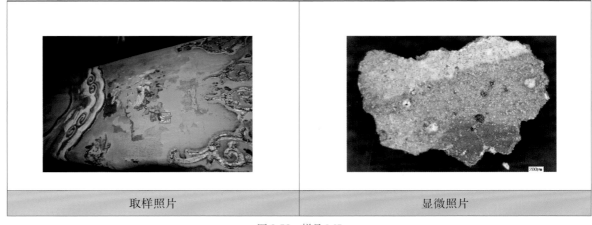

图 8-52　样品 LJ5

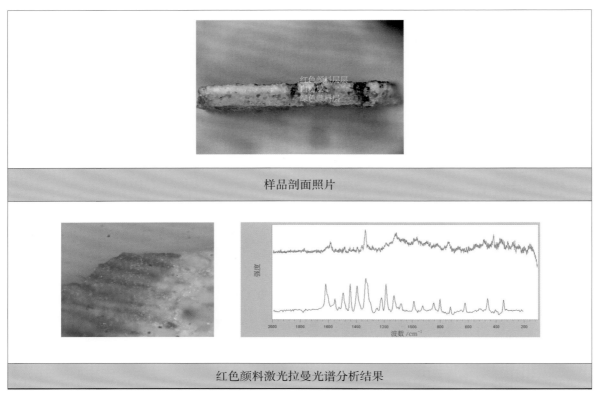

样品剖面照片

红色颜料激光拉曼光谱分析结果

图 8-52　样品 LJ5（续）

样品编号：LJ6。

样品位置：留佳亭内檐南侧东边柱子。

样品描述：黑色。

分析结果：样品剖面分析结果显示，黑色颜料层下方为绿色颜料层；黑色颜料为炭黑颜料。（图 8-53）

取样照片　　　　　　　　　　　　　　　显微照片

样品剖面照片

图 8-53　样品 LJ6

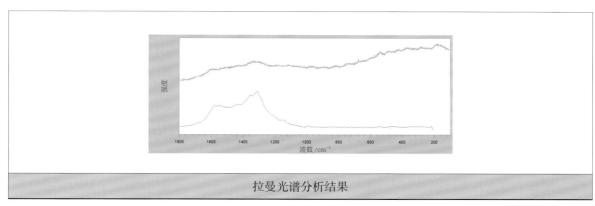

拉曼光谱分析结果

图 8-53 样品 LJ6（续）

样品编号：LJ7。

样品位置：留佳亭内檐南侧东边柱子。

样品描述：沥粉金。

分析结果：样品剖面分析结果显示，贴金层下方依次为绿色颜料层、贴金层、白粉层、绿色颜料层和地仗层，两层贴金层及绿色颜料层表明该处存在重绘现象；能谱分析结果显示，两层贴金层所用金箔均为赤金，内层绿色颜料为巴黎绿颜料。（图 8-54）

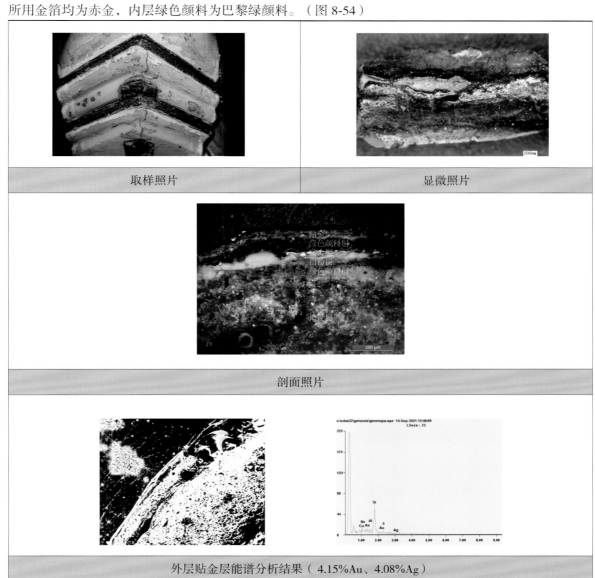

图 8-54 样品 LJ7

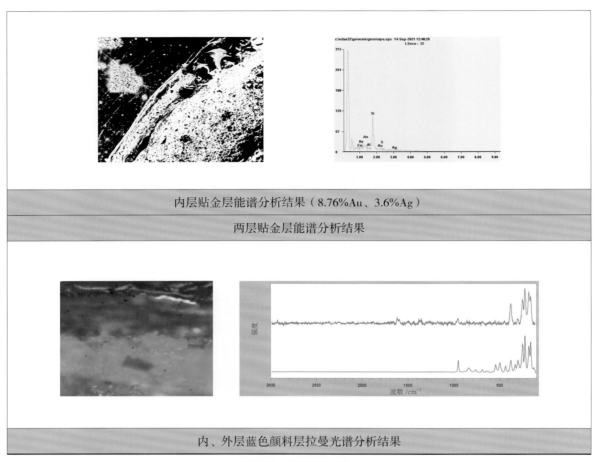

内层贴金层能谱分析结果（8.76%Au、3.6%Ag）

两层贴金层能谱分析结果

内、外层蓝色颜料层拉曼光谱分析结果

图 8-54　样品 LJ7（续）

样品编号：LJ8。

样品位置：留佳亭内檐南侧东边柱子。

样品描述：褐色。

分析结果：褐色颜料层下方为黄色颜料层；拉曼光谱分析结果显示，黄色颜料为铅丹颜料；褐色颜料未测出，推测为有机颜料。（图 8-55）

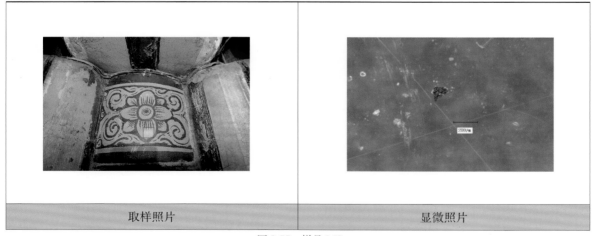

取样照片　　　　　　　　　　　　　　　　显微照片

图 8-55　样品 LJ8

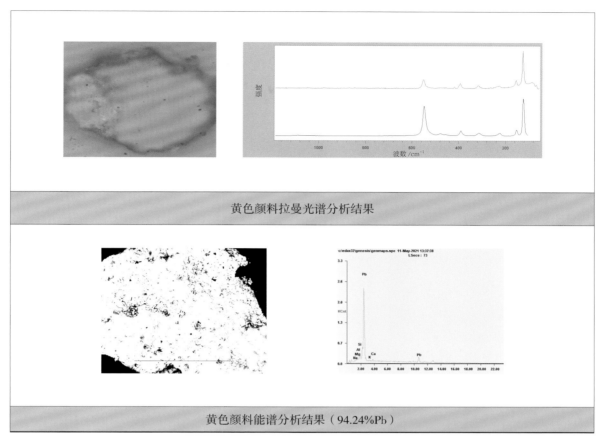

黄色颜料拉曼光谱分析结果

黄色颜料能谱分析结果（94.24%Pb）

图 8-55 样品 LJ8（续）

# 四、对鸥舫

样品编号：DO1。

样品位置：对鸥舫北侧东柱。

样品描述：沥粉金。

分析结果：样品剖面分析结果显示，贴金层下方为绿色颜料层、贴金层、绿色颜料层和地仗层，两层贴金层和绿色颜料层表明该处存在重绘现象；能谱分析结果显示，两层金箔均为赤金；拉曼光谱分析结果显示，外层绿色颜料为酞菁绿颜料，内层绿色颜料为巴黎绿颜料（乙酰亚砷酸铜）。（图8-56）

| 取样照片 | 显微照片 |

图 8-56 样品 DO1

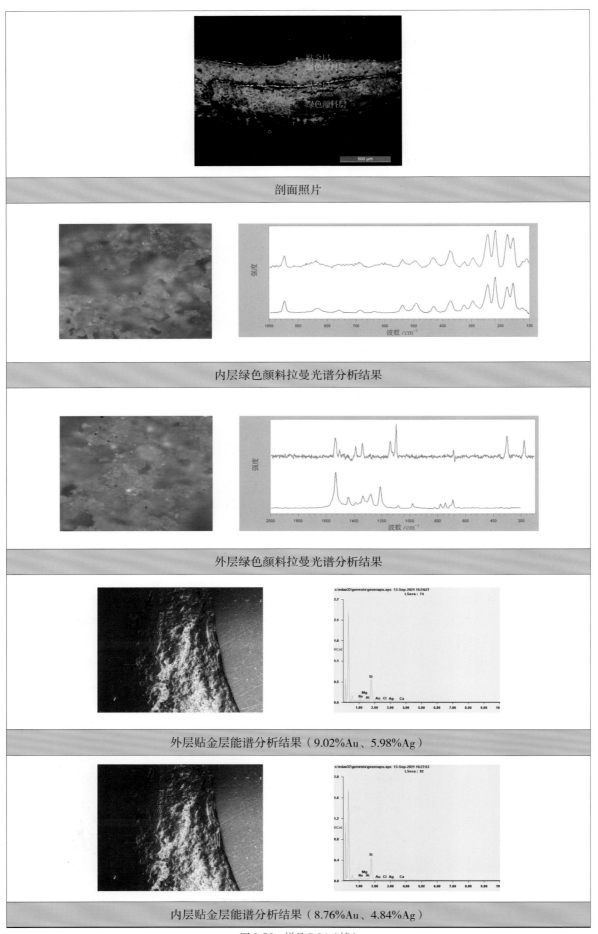

剖面照片

内层绿色颜料拉曼光谱分析结果

外层绿色颜料拉曼光谱分析结果

外层贴金层能谱分析结果（9.02%Au、5.98%Ag）

内层贴金层能谱分析结果（8.76%Au、4.84%Ag）

图 8-56　样品 D01（续）

样品编号：DO2。

样品位置：对鸥舫北侧东柱。

样品描述：绿色。

分析结果：绿色颜料层的拉曼光谱分析结果显示，其为酞菁绿颜料。（图 8-57）

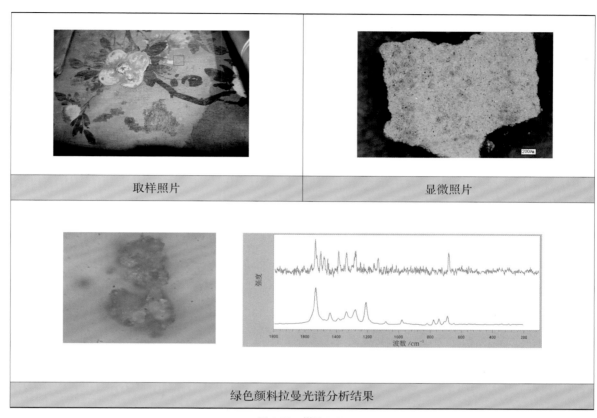

图 8-57　样品 DO2

样品编号：DO3。

样品位置：对鸥舫北侧东柱。

样品描述：白色。

分析结果：样品剖面分析结果显示，白色颜料层下方为绿色颜料层；能谱分析结果显示，白色颜料为铅白颜料。（图 8-58）

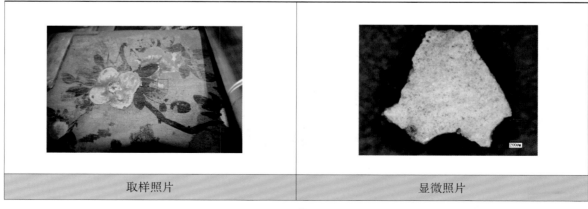

图 8-58　样品 DO3

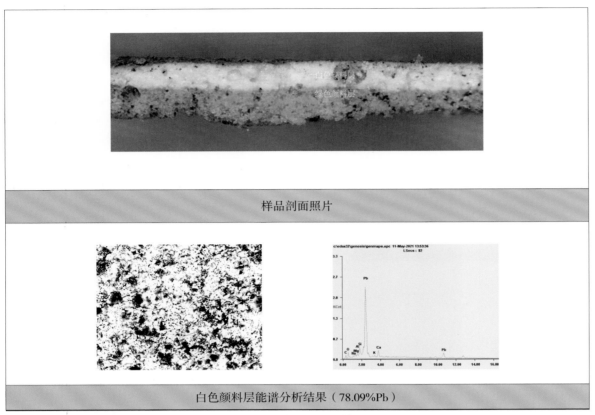

| 样品剖面照片 |
| --- |

| 白色颜料层能谱分析结果（78.09%Pb） |
| --- |

图 8-58　样品 DO3（续）

样品编号：DO4。

样品位置：对鸥舫北侧东柱。

样品描述：黑色。

分析结果：样品剖面分析结果显示，黑色颜料层下方依次为白色颜料层和绿色颜料层；黑色颜料为炭黑颜料，白色颜料为铅白颜料。（图 8-59）

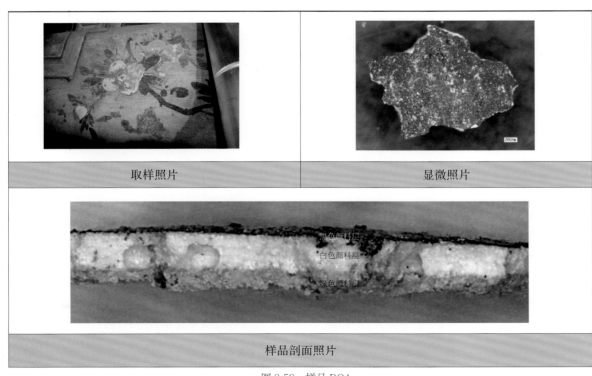

| 取样照片 | 显微照片 |
| --- | --- |

| 样品剖面照片 |
| --- |

图 8-59　样品 DO4

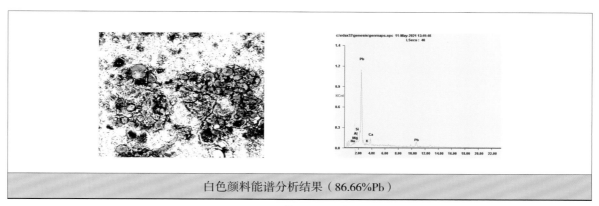

白色颜料能谱分析结果（86.66%Pb）

图 8-59 样品 DO4（续）

样品编号：DO5。

样品位置：对鸥舫北侧东柱。

样品描述：红色。

分析结果：样品剖面分析结果显示，红色颜料层下方依次为白色颜料层、绿色颜料层和地仗层；拉曼光谱分析结果显示红色颜料为酸性红颜料，白色颜料为钛白颜料。（图 8-60）

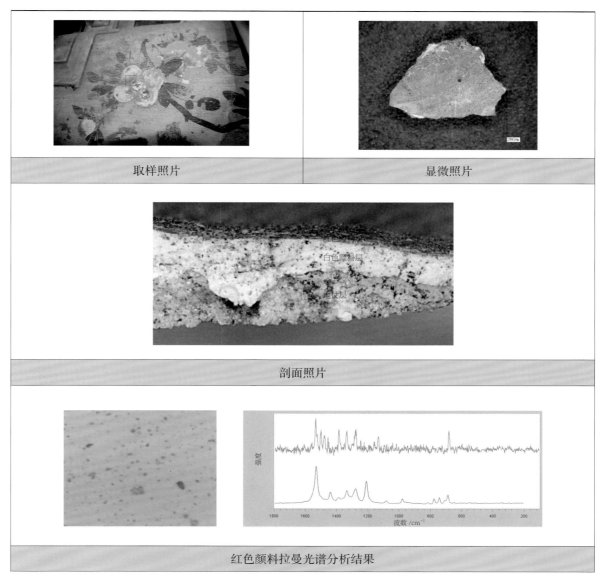

图 8-60 样品 DO5

**307**

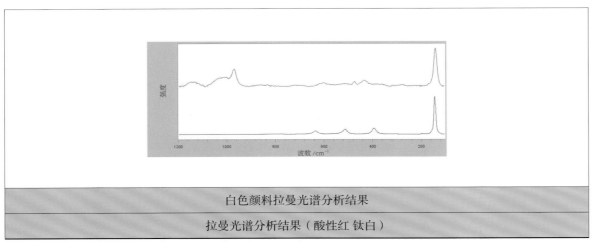

白色颜料拉曼光谱分析结果

拉曼光谱分析结果（酸性红 钛白）

图 8-60 样品 DO5（续）

样品编号：DO6。

样品位置：对鸥舫北侧东柱。

样品描述：蓝色。

分析结果：拉曼光谱分析结果显示蓝色颜料为群青颜料。（图 8-61）

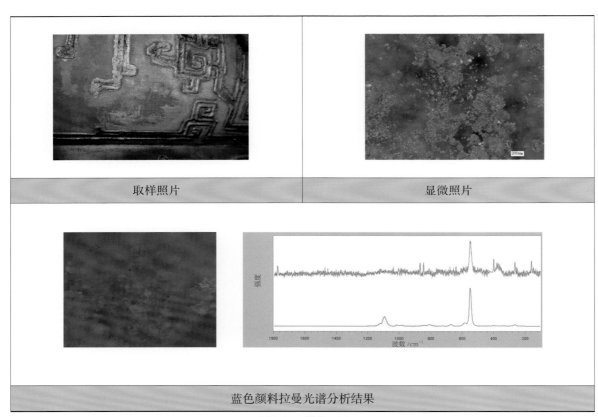

取样照片　　　　　　　　　　　　　　显微照片

蓝色颜料拉曼光谱分析结果

图 8-61 样品 DO6

样品编号：DO7。

样品位置：对鸥舫北侧东柱。

样品描述：纸（底层）。

分析结果：纸张鉴定为大白纸。（图 8-62）

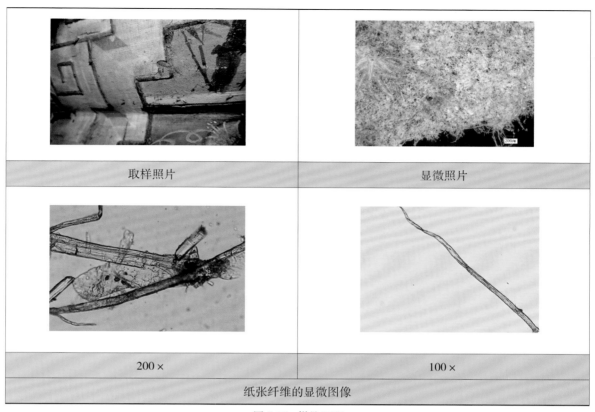

图 8-62 样品 D07

样品编号：D08。

样品位置：对鸥舫北侧东柱。

样品描述：纸（表层）。

分析结果：拉曼光谱分析结果显示蓝色颜料为酞菁蓝颜料；纸张鉴定结果显示纸张为宣纸。（图 8-63）

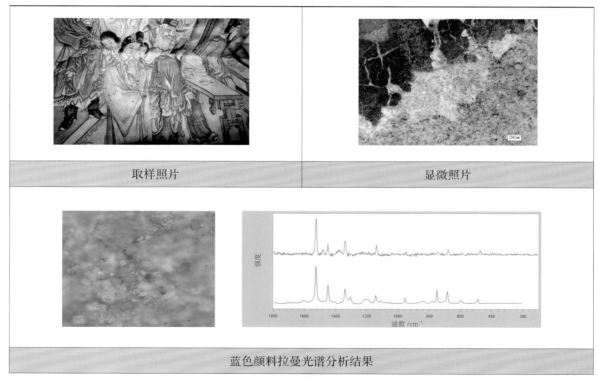

图 8-63 样品 D08

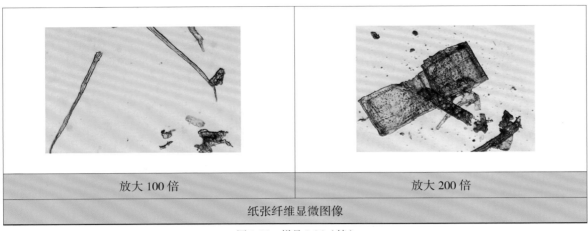

| 放大 100 倍 | 放大 200 倍 |
| --- | --- |
| 纸张纤维显微图像 | |

图 8-63　样品 DO8（续）

# 五、寄澜亭

样品编号：JL1。

样品位置：寄澜亭西侧北边柱。

样品描述：白色。

分析结果：样品剖面显示，白色颜料层下方为地仗层；白色颜料未测出结果。（图 8-64）

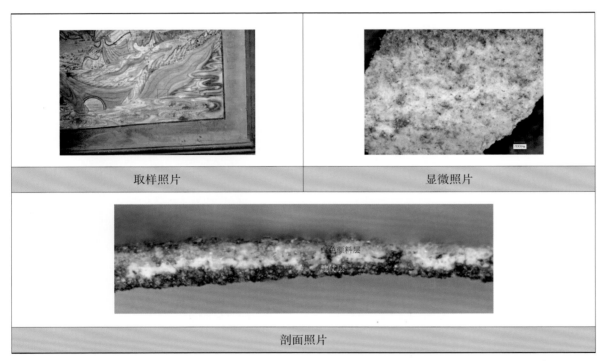

| 取样照片 | 显微照片 |
| --- | --- |
| 剖面照片 | |

图 8-64　样品 JL1

样品编号：JL2。

样品位置：寄澜亭西侧走马板。

样品描述：蓝色。

分析结果：样品剖面分析结果显示，蓝色颜料层下方为白色颜料层；拉曼光谱分析结果显示，蓝色颜料为酞菁蓝颜料。（图 8-65）

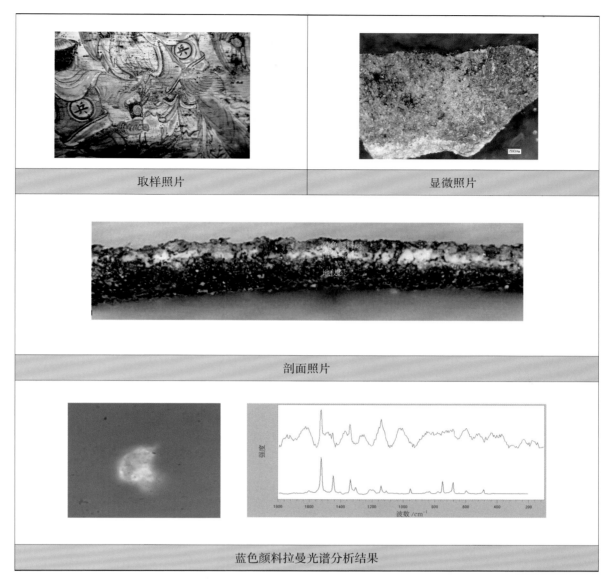

| 取样照片 | 显微照片 |

剖面照片

蓝色颜料拉曼光谱分析结果

图 8-65 样品 JL2

样品编号：JL3。

样品位置：寄澜亭西侧额枋。

样品描述：金。

分析结果：样品剖面分析结果显示，贴金层下方为蓝色颜料层；能谱分析结果显示，所用金箔为赤金。（图 8-66）

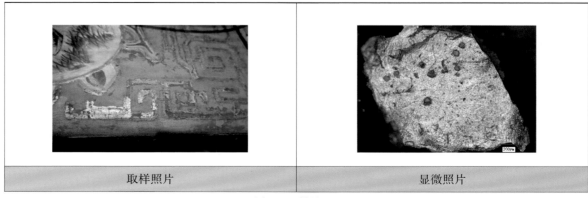

| 取样照片 | 显微照片 |

图 8-66 样品 JL3

剖面照片

贴金层的能谱分析结果

图 8-66　样品 JL3（续）

样品编号：JL4。

样品位置：寄澜亭西侧额枋。

样品描述：绿色。

分析结果：绿色颜料未测出结果（图 8-67）。

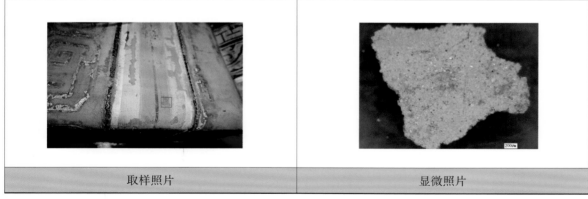

| 取样照片 | 显微照片 |

图 8-67　样品 JL4

样品编号：JL5。

样品位置：寄澜亭西侧额枋。

样品描述：蓝色。

分析结果：拉曼光谱分析结果显示蓝色颜料为群青颜料（图 8-68）。

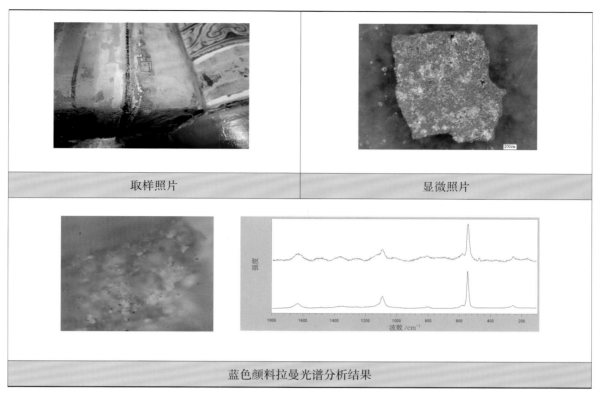

图 8-68　样品 JL5

样品编号：JL6。

样品位置：寄澜亭西侧额枋。

样品描述：白色。

分析结果：样品剖面分析结果显示，白色颜料层下方为绿色颜料层；能谱分析结果显示，白色颜料为铅白颜料。（图 8-69）

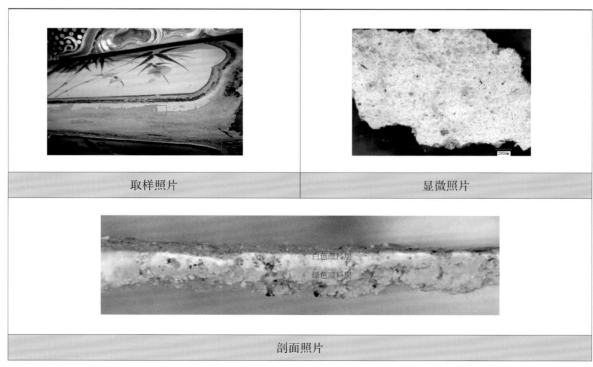

图 8-69　样品 JL6

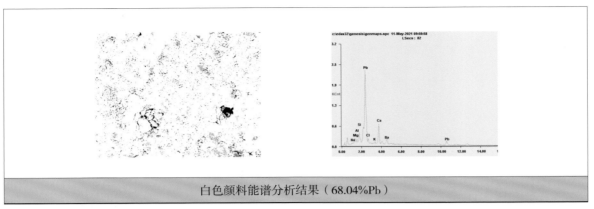

白色颜料能谱分析结果（68.04%Pb）

图 8-69　样品 JL6（续）

样品编号：JL7。

样品位置：寄澜亭西侧额枋。

样品描述：黑色。

分析结果：样品剖面分析结果显示，黑色颜料层下方为绿色颜料层；拉曼光谱分析结果显示，黑色颜料为炭黑颜料。（图 8-70）

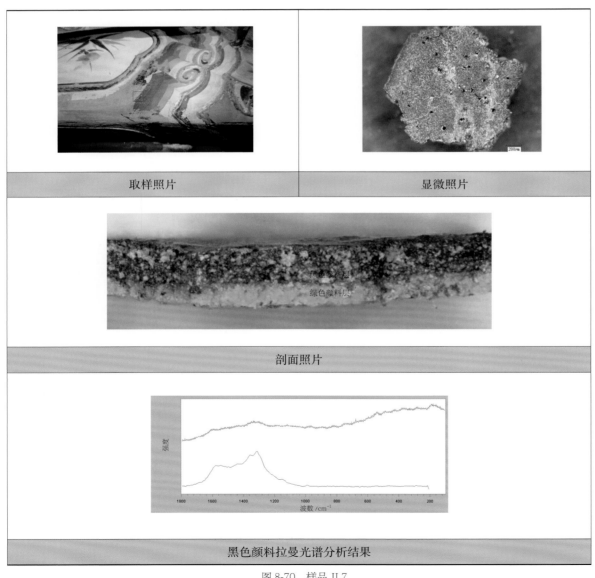

| 取样照片 | 显微照片 |
|---|---|

剖面照片

黑色颜料拉曼光谱分析结果

图 8-70　样品 JL7

样品编号：JL8。

样品位置：寄澜亭西侧额枋。

样品描述：黑色。

分析结果：热裂解－气相色谱质谱联用仪分析结果显示，黑色油污为干性油中的桐油。（表 8-1、图 8-71）

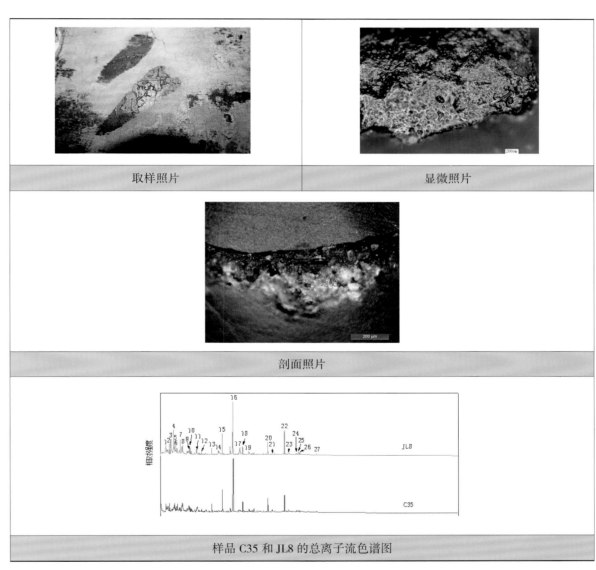

图 8-71　样品 JL8

样品编号：JL9。

样品位置：寄澜亭西侧额枋。

样品描述：红色。

分析结果：样品剖面分析结果显示，红色颜料层下方依次为浅蓝色颜料层、白色颜料层和蓝色颜料层；拉曼光谱分析结果显示，红色颜料为甲苯胺红颜料。（图 8-72）

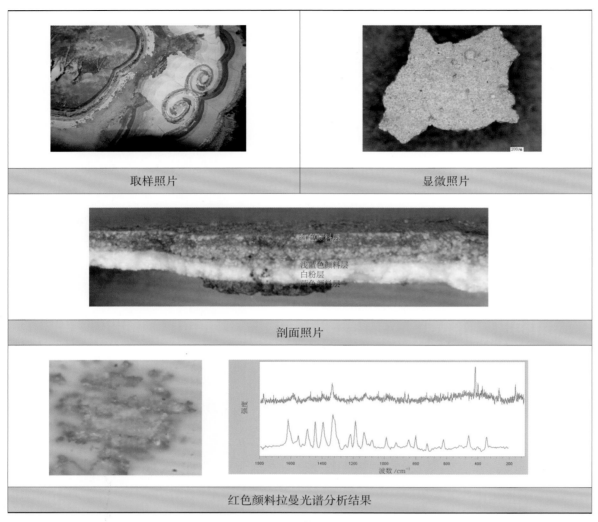

| 取样照片 | 显微照片 |

红色颜料层
浅蓝色颜料层
白粉层
蓝色颜料层

剖面照片

红色颜料拉曼光谱分析结果

图 8-72 样品 JL9

# 六、山色湖光共一楼

样品编号：SH1。

样品位置：山色湖光共一楼一层东侧北柱额枋。

样品描述：浅蓝色。

分析结果：样品剖面分析结果显示蓝色颜料层下方为绿色颜料层；拉曼光谱分析结果表明蓝色颜料为群青颜料。（图 8-73）

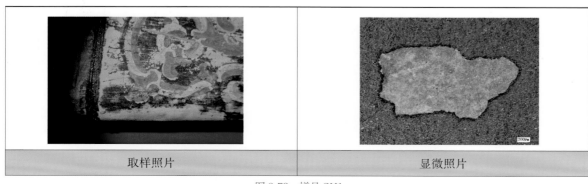

| 取样照片 | 显微照片 |

图 8-73 样品 SH1

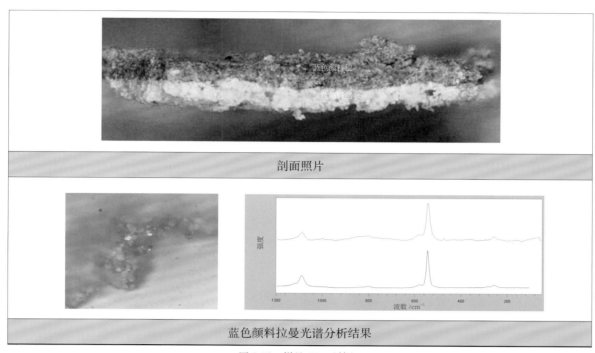

图 8-73 样品 SH1（续）

样品编号：SH2。

样品位置：山色湖光共一楼一层东侧北柱额枋。

样品描述：红色。

样品检测结果：样品剖面分析结果显示，红色颜料层下方为绿色颜料层未测出结果；红色颜料。（图 8-74）

图 8-74 样品 SH2

样品编号：SH3。

样品位置：山色湖光共一楼 一层东侧北柱穿插枋。

样品描述：黄色（本为贴金处，以黄色颜料替代）。

分析结果：样品剖面分析结果显示，黄色颜料层下方为蓝色颜料层；拉曼光谱分析结果显示黄色颜料为铬黄颜料。（图 8-75）

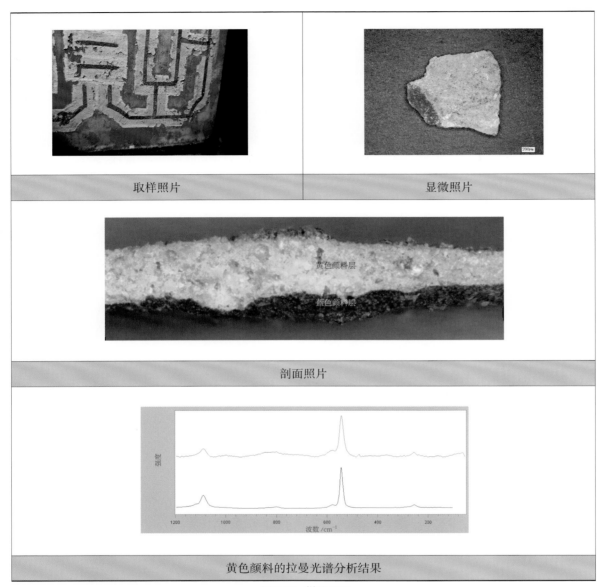

| 取样照片 | 显微照片 |
| --- | --- |

剖面照片

黄色颜料的拉曼光谱分析结果

图 8-75　样品 SH3

样品编号：SH4。

样品位置：山色湖光共一楼一层东侧北柱 额枋。

样品描述：绿色。

分析结果：样品剖面分析显示，淡绿色颜料层下方为绿色颜料层；能谱分析结果显示，绿色颜料为巴黎绿颜料和铅白颜料的混合物。（图 8-76）

| 取样照片 | 显微照片 |
| --- | --- |

图 8-76　样品 SH4

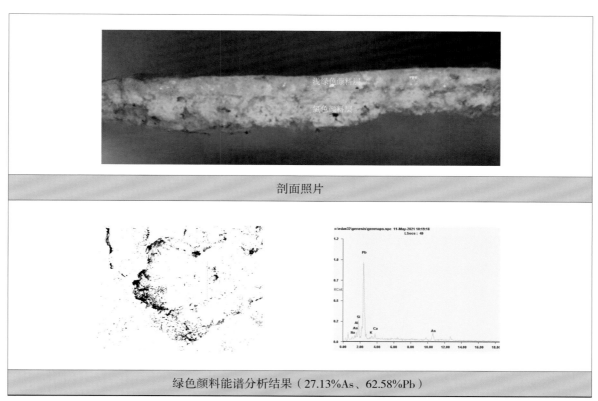

剖面照片

绿色颜料能谱分析结果（27.13%As、62.58%Pb）

图 8-76 样品 SH4（续）

样品编号：SH5。

样品位置：山色湖光共一楼一层东侧北柱额枋。

样品描述：白色。

分析结果：样品剖面分析结果显示白色颜料层下方为蓝色颜料层；能谱分析结果显示白色颜料为铅白颜料。（图 8-77）

| 取样照片 | 显微照片 |
| --- | --- |

剖面照片

图 8-77 样品 SH5

**319**

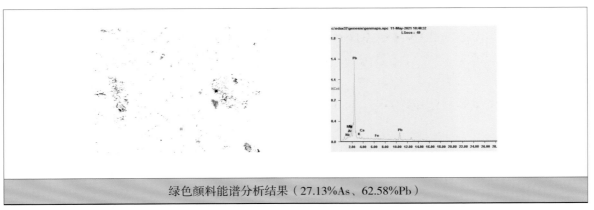

绿色颜料能谱分析结果（27.13%As、62.58%Pb）

图 8-77　样品 SH5（续）

样品编号：SH6。

样品位置：山色湖光共一楼一层东侧北柱额枋。

样品描述：沥粉金。

分析结果：样品剖面分析结果显示，贴金层下方为蓝色颜料层和地仗层；能谱分析结果显示，贴金层所用金箔为赤金（11.7%Au、4.68%Ag），绿色颜料为巴黎绿颜料（3.17%Cu、6.86%As）。（图8-78）

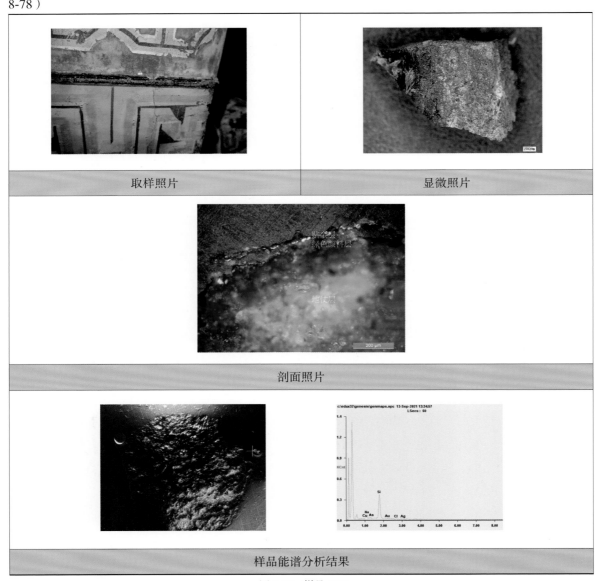

取样照片　　显微照片

剖面照片

样品能谱分析结果

图 8-78　样品 SH6

样品编号：SH7。

样品位置：山色湖光共一楼一层东侧北柱额枋。

样品描述：黑色。

分析结果：样品剖面分析结果显示，黑色颜料层下方为绿色颜料层；拉曼光谱分析结果显示，黑色颜料为炭黑颜料。（图 8-79）

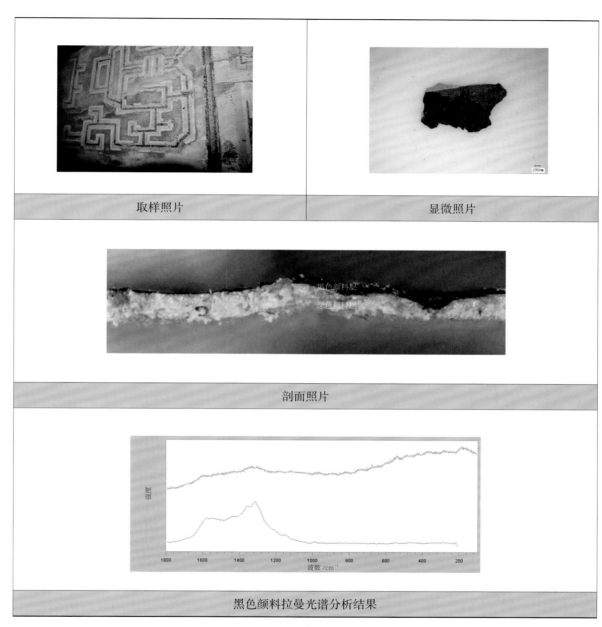

| 取样照片 | 显微照片 |

剖面照片

黑色颜料拉曼光谱分析结果

图 8-79　样品 SH7

样品编号：SH8。

样品位置：山色湖光共一楼一层东侧北柱额枋（图 8-80）。

样品描述：霉斑。

分析结果：黑色菌斑为霉斑。

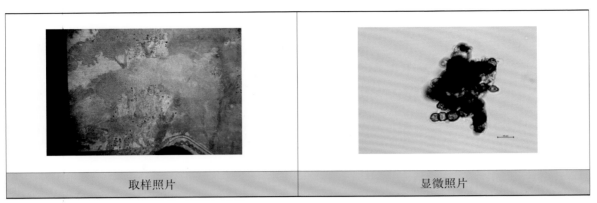

| 取样照片 | 显微照片 |

图 8-80　样品 SH8

样品编号：SH9。

样品位置：山色湖光共一楼二层东北侧内檐底部烟云。

样品描述：沥粉黄 + 红漆。

分析结果：样品剖面分析结果显示，黄色颜料层下方为白粉层和地仗层；拉曼光谱分析结果显示黄色颜料为铬黄颜料。（图 8-81）

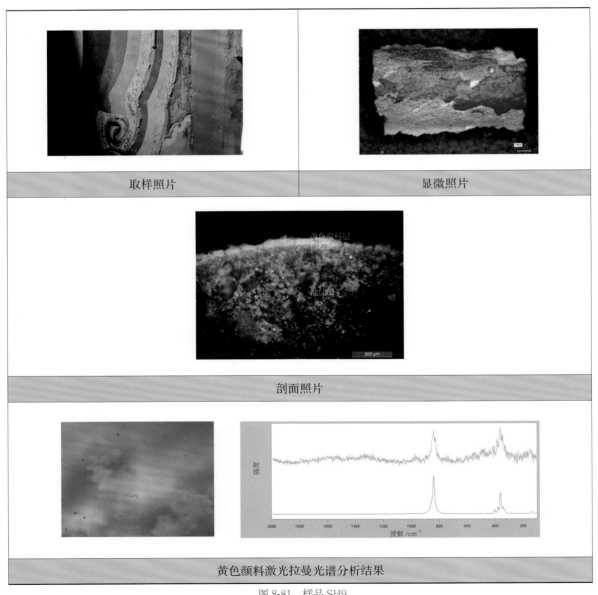

| 取样照片 | 显微照片 |

剖面照片

黄色颜料激光拉曼光谱分析结果

图 8-81　样品 SH9

样品编号：SH10。

样品位置：山色湖光共一楼二层东北侧内檐底部烟云。

样品描述：蓝色。

分析结果：拉曼光谱分析结果显示，蓝色颜料为群青。（图 8-82）

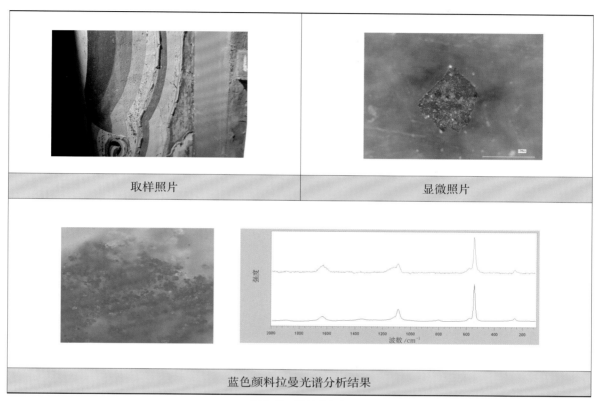

图 8-82　样品 SH10

样品编号：SH11。

样品位置：山色湖光共一楼二层东北侧内檐西侧箍头。

样品描述：蓝色 + 地仗。

分析结果：样品剖面分析显示，蓝色颜料层下方为地仗层（麻）；拉曼光谱分析结果显示，蓝色颜料为群青颜料。（图 8-83）

图 8-83　样品 SH11

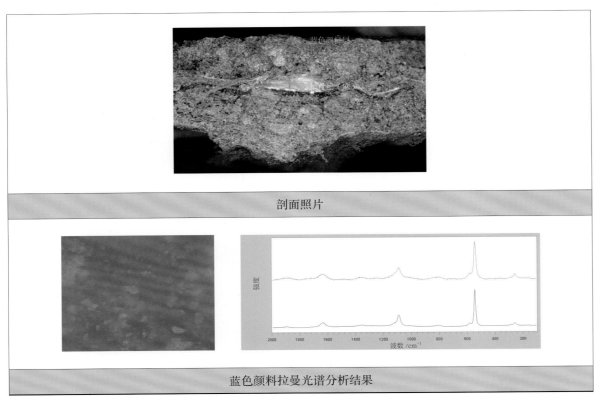

剖面照片

蓝色颜料拉曼光谱分析结果

图 8-83　样品 SH11（续）

样品编号：SH12。

样品位置：山色湖光共一楼二层东北侧内檐西侧箍头。

样品描述：绿色。

分析结果：样品剖面分析结果显示，绿色颜料层下方为地仗层（麻）；拉曼光谱分析结果显示，绿色颜料为巴黎绿颜料。（图 8-84）

取样照片　　　　　　　　　显微照片

剖面照片

图 8-84　样品 SH12

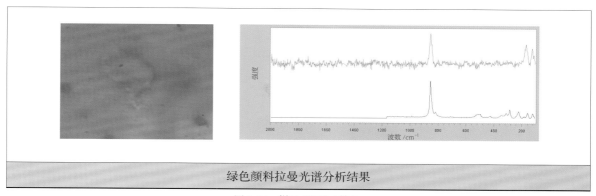

绿色颜料拉曼光谱分析结果

图 8-84 样品 SH12（续）

样品编号：SH13。

样品位置：山色湖光共一楼二层北侧内檐西部穿插枋箍头。

样品描述：白色。

分析结果：样品剖面分析结果显示白色颜料层下方为绿色颜料层；白色颜料未测出结果。（图 8-85）

| 取样照片 | 显微照片 |

样品剖面照片

图 8-85 样品 SH13

样品编号：SH14。

样品位置：山色湖光共一楼二层东南侧内檐包袱。

样品描述：白色 + 表面抹白。

分析结果：样品剖面分析显示，抹白下方为白色颜料层和地仗层（麻）；拉曼光谱分析结果显示，白色抹灰为立德粉。（图 8-86）

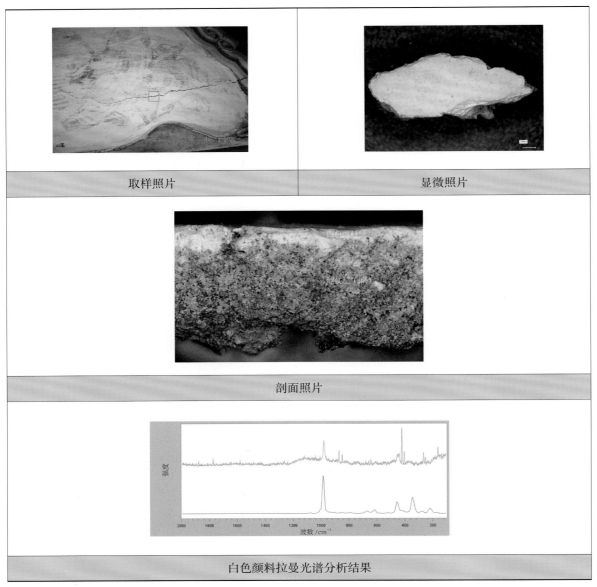

| 取样照片 | 显微照片 |

剖面照片

白色颜料拉曼光谱分析结果

图 8-86　样品 SH14

样品编号：SH15。

样品位置：山色湖光共一楼二层东南内檐烟云。

样品描述：灰色。

分析结果：样品剖面结果显示，灰色颜料层下方为白色颜料层和地仗层；拉曼光谱分析结果表明黑色颜料为炭黑颜料。（图 8-87）

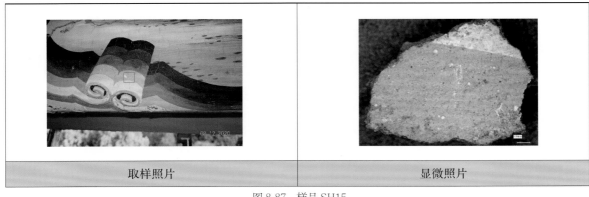

| 取样照片 | 显微照片 |

图 8-87　样品 SH15

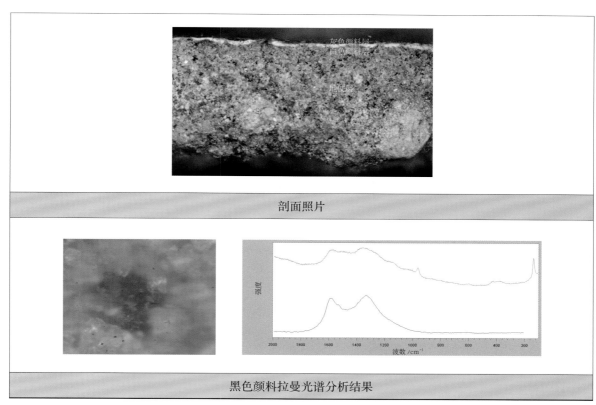

剖面照片

黑色颜料拉曼光谱分析结果

图 8-87　样品 SH15（续）

样品编号：SH16。

样品位置：山色湖光共一楼二层东南侧烟云边。

样品描述：紫红色。

分析结果：样品剖面结果显示，紫红色颜料层下方依次为黄色颜料层、白粉层和地仗层；拉曼光谱分析结果表明紫红色颜料为红色和蓝色两种颜料（分别为群青颜料和铁红颜料）的混合物。（图 8-88）

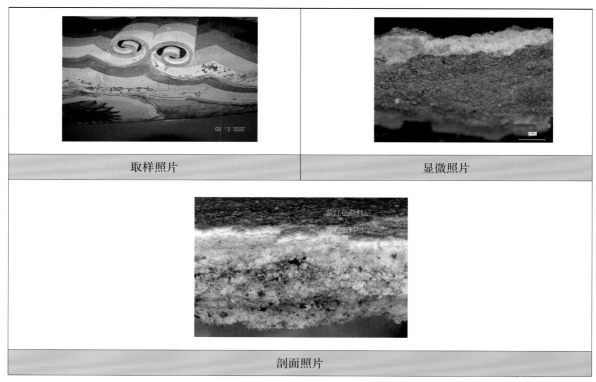

取样照片　　　　　显微照片

剖面照片

图 8-88　样品 SH16

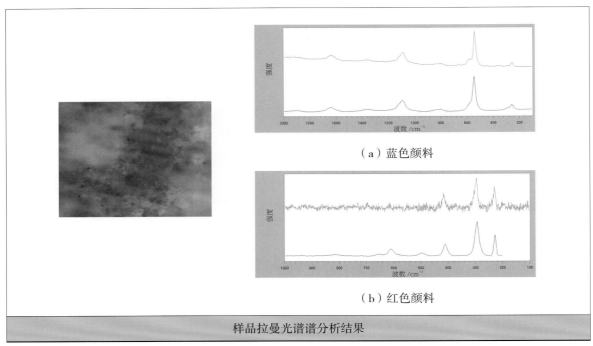

样品拉曼光谱谱分析结果

（a）蓝色颜料

（b）红色颜料

图 8-88　样品 SH16（续）

样品编号：SH17。

样品位置：山色湖光共一楼二层南侧内檐烟云边。

样品描述：白色。

分析结果：拉曼光谱分析结果表明，白色颜料为立德粉。（图 8-89）

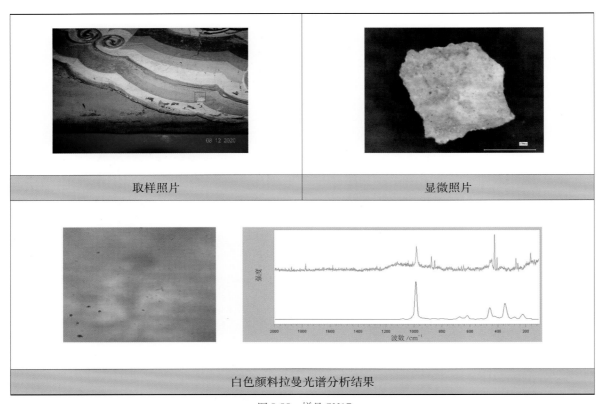

取样照片　　　　　　　　　　显微照片

白色颜料拉曼光谱分析结果

图 8-89　样品 SH17

样品编号：SH18。

样品位置：山色湖光共一楼二层南侧内檐烟云边。

样品描述：黄色。

分析结果：拉曼光谱分析结果表明黄色颜料为铬黄颜料。（图8-90）

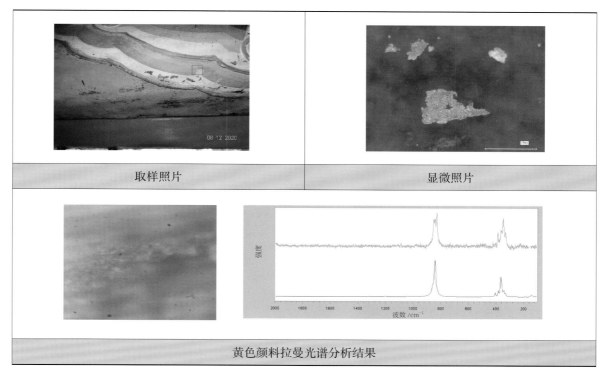

| 取样照片 | 显微照片 |
| --- | --- |

黄色颜料拉曼光谱分析结果

图8-90 样品SH18

样品编号：SH19。

样品位置：山色湖光共一楼二层西南侧内檐烟云边。

样品描述：黑色。

分析结果：样品剖面分析结果显示，黑色颜料层下方为含麻地仗层；拉曼光谱分析结果表明，黑色颜料为炭黑颜料。（图8-91）

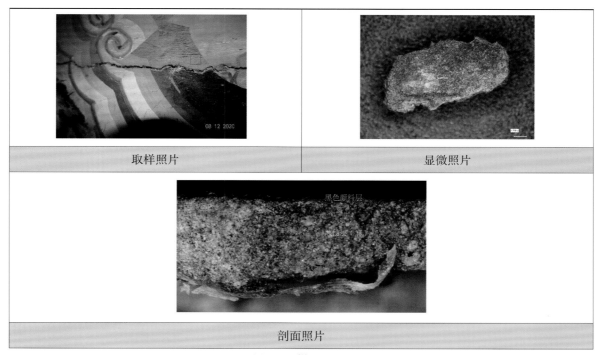

| 取样照片 | 显微照片 |
| --- | --- |

剖面照片

图8-91 样品SH19

**329**

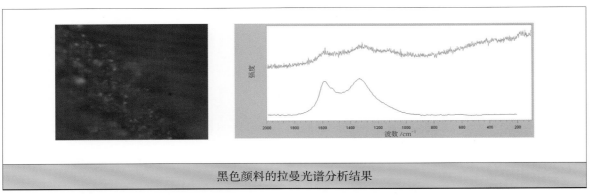

黑色颜料的拉曼光谱分析结果

图 8-91　样品 SH19（续）

样品编号：SH20。

样品位置：山色湖光共一楼二层西南侧内檐烟云边。

样品描述：红色。

分析结果：样品剖面分析结果显示，红色颜料层下方为白粉层和地仗层（麻）；拉曼光谱分析结果表明，红色颜料为朱砂颜料。（图 8-92）

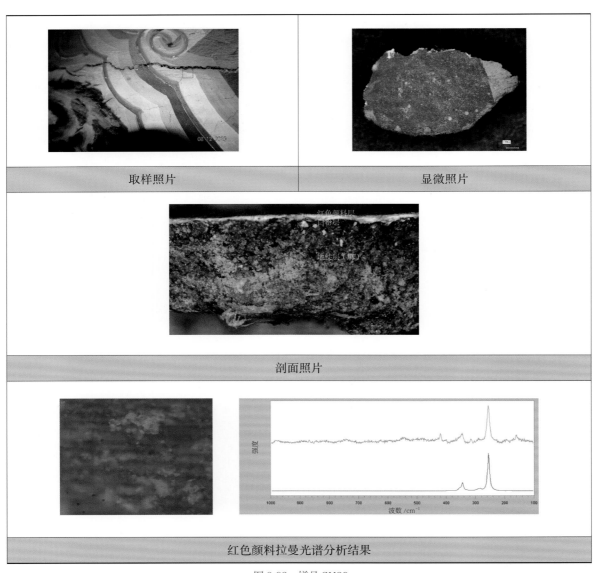

| 取样照片 | 显微照片 |
| --- | --- |

剖面照片

红色颜料拉曼光谱分析结果

图 8-92　样品 SH20

样品编号：SH21。

样品位置：山色湖光共一楼二层西侧内檐烟云边。

样品描述：橙色。

样品分析结果：样品剖面结果显示橙色颜料层下方为黄色颜料层、橙色颜料层和白粉层；拉曼光谱分析结果表明，橙色颜料和黄色颜料分别为铅丹颜料和硫化砷颜料。（图8-93）

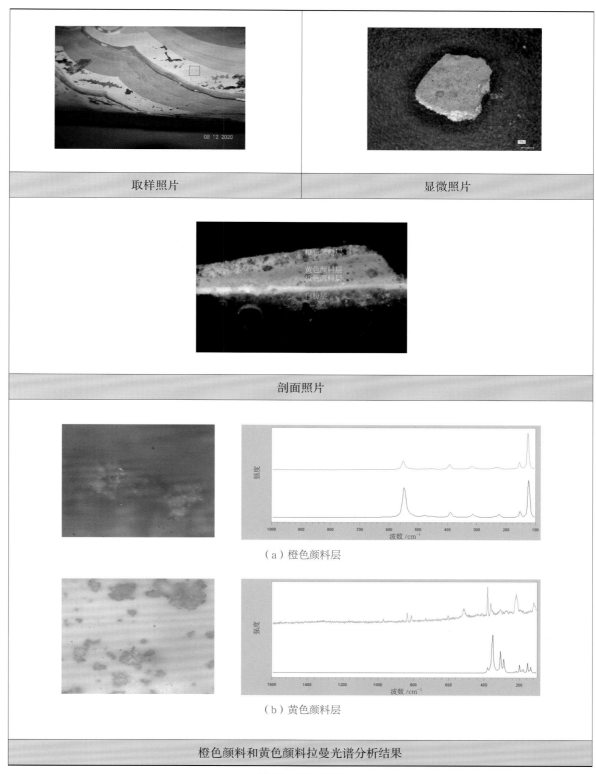

| 取样照片 | 显微照片 |

剖面照片

（a）橙色颜料层

（b）黄色颜料层

橙色颜料和黄色颜料拉曼光谱分析结果

图8-93　样品SH21

样品编号：SH22。

样品位置：山色湖光共一楼二层西侧内檐烟云边。

样品描述：蓝色。

分析结果：拉曼光谱分析结果表明，蓝色颜料为群青颜料。（图8-94）

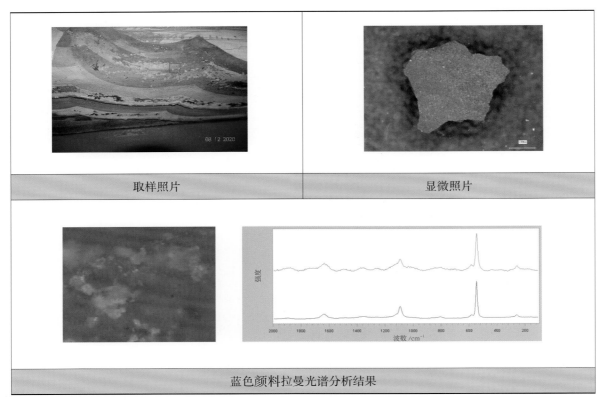

| 取样照片 | 显微照片 |
|---|---|

蓝色颜料拉曼光谱分析结果

图 8-94　样品 SH22

# 七、清遥亭

样品编号：QY1。

样品位置：清遥亭额枋。

样品描述：沥粉金。

分析结果：样品剖面分析结果显示，贴金层下方依次为蓝色颜料层、贴金层、绿色颜料层、地仗层；能谱分析结果显示两层贴金层均为赤金。（图8-95）

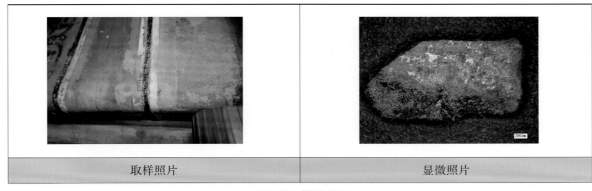

| 取样照片 | 显微照片 |
|---|---|

图 8-95　样品 QY1

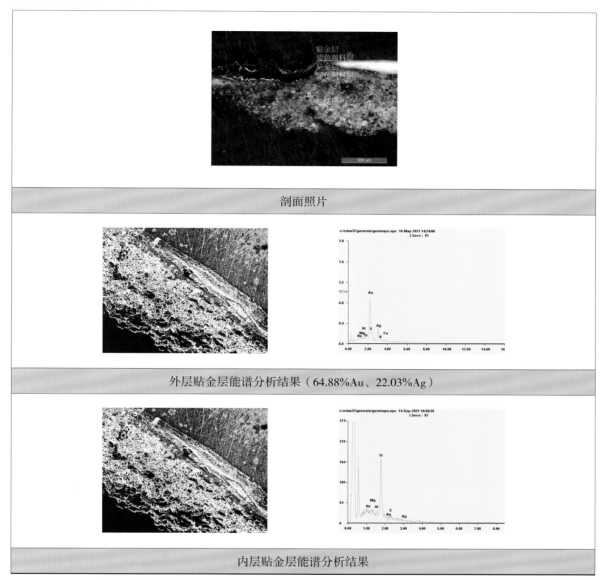

剖面照片

外层贴金层能谱分析结果（64.88%Au、22.03%Ag）

内层贴金层能谱分析结果

图 8-95　样品 QY1（续）

样品编号：QY2。

样品位置：清遥亭额枋。

样品描述：绿色。

分析结果：拉曼光谱分析结果表明，绿色颜料为巴黎绿颜料。（图 8-96）

| 取样照片 | 显微照片 |

图 8-96　样品 QY2

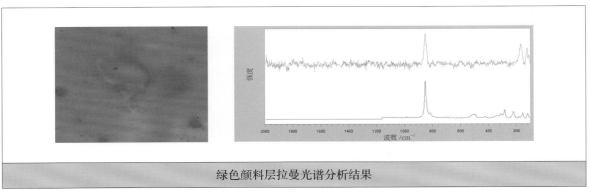

绿色颜料层拉曼光谱分析结果

图 8-96　样品 QY2（续）

样品编号：QY3。

样品位置：清遥亭额枋。

样品描述：蓝色。

分析结果：样品剖面分析结果显示，蓝色颜料层下方为白粉层；拉曼光谱分析结果表明，蓝色颜料为群青颜料。（图 8-97）

| 取样照片 | 显微照片 |
|---|---|
| 剖面照片 | |

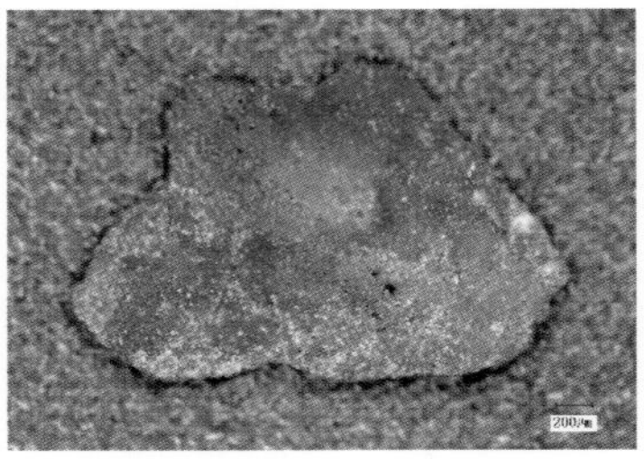

图 8-97　样品 QY3

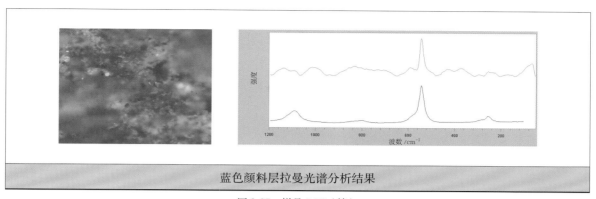

蓝色颜料层拉曼光谱分析结果

图 8-97　样品 QY3（续）

样品编号：QY4。

样品位置：清遥亭额枋。

样品描述：白色。

分析结果：样品剖面分析结果显示，白色颜料层下方为蓝色颜料层；拉曼光谱分析结果表明白色颜料为铅白颜料。（图 8-98）

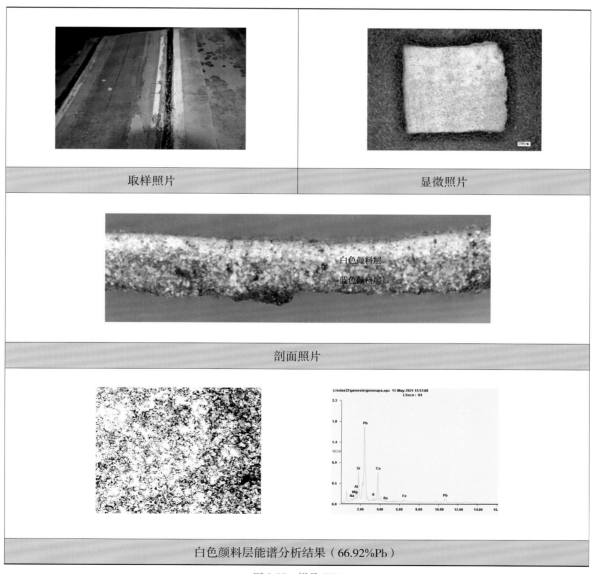

| 取样照片 | 显微照片 |

剖面照片

白色颜料层能谱分析结果（66.92%Pb）

图 8-98　样品 QY4

样品编号：QY5。

样品位置：清遥亭 额枋。

样品描述：黄色。

分析结果：样品剖面分析结果显示，黑色颜料层下方为黄色颜料层、地仗层；拉曼光谱和能谱分析结果显示，黄色颜料为铅丹颜料。（图 8-99）

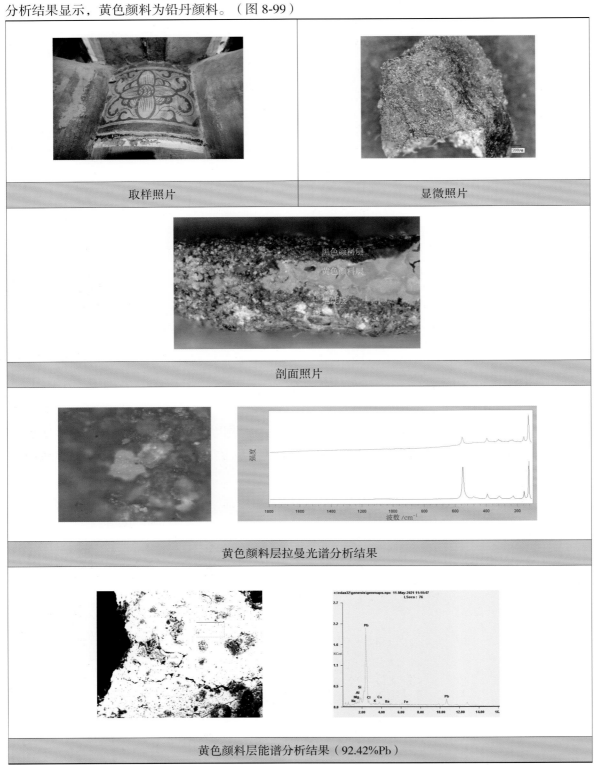

取样照片　　　　　　　　显微照片

剖面照片

黄色颜料层拉曼光谱分析结果

黄色颜料层能谱分析结果（92.42%Pb）

图 8-99　样品 QY5

样品编号：QY6。

样品位置：清遥亭北侧垫板。

样品描述：红色。

分析结果：红色颜料未测出结果。（图 8-100）

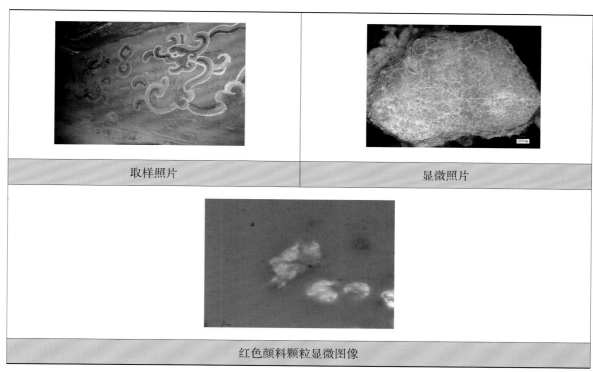

图 8-100 样品 QY6

样品编号：QY7。

样品位置：清遥亭北侧垫板。

样品描述：沥粉金。

分析结果：样品剖面分析结果显示，贴金层下方依次为金胶油、绿色颜料层、蓝色颜料层、贴金层、地仗层；能谱分析结果显示贴金层所用金箔为赤金；蓝色颜料为群青颜料，绿色颜料为巴黎绿颜料。（图 8-101）

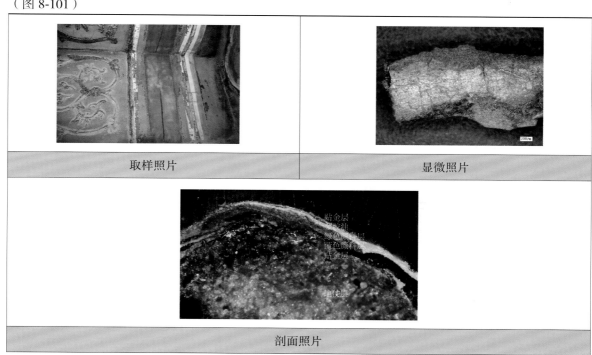

图 8-101 样品 QY7

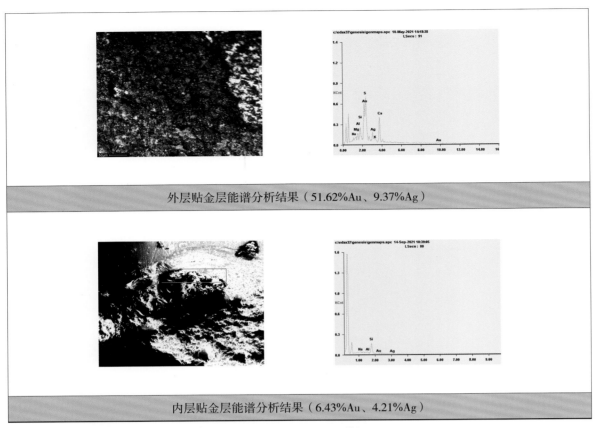

外层贴金层能谱分析结果（51.62%Au、9.37%Ag）

内层贴金层能谱分析结果（6.43%Au、4.21%Ag）

图 8-101　样品 QY7（续）

# 八、鱼藻轩

样品编号：YZ1。

样品位置：鱼藻轩东侧。

样品描述：绿色。

分析结果：样品剖面分析结果显示，绿色颜料层下方依次为红色颜料层、绿色颜料层和地仗层，两层绿色颜料层表明该处存在重绘现象；拉曼光谱分析结果显示，绿色颜料为星蓝（Astra blue）颜料，红色颜料为铅丹颜料。（图 8-102）

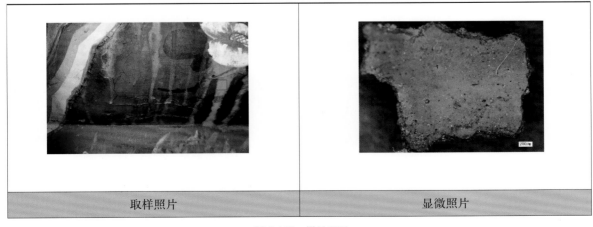

| 取样照片 | 显微照片 |

图 8-102　样品 YZ1

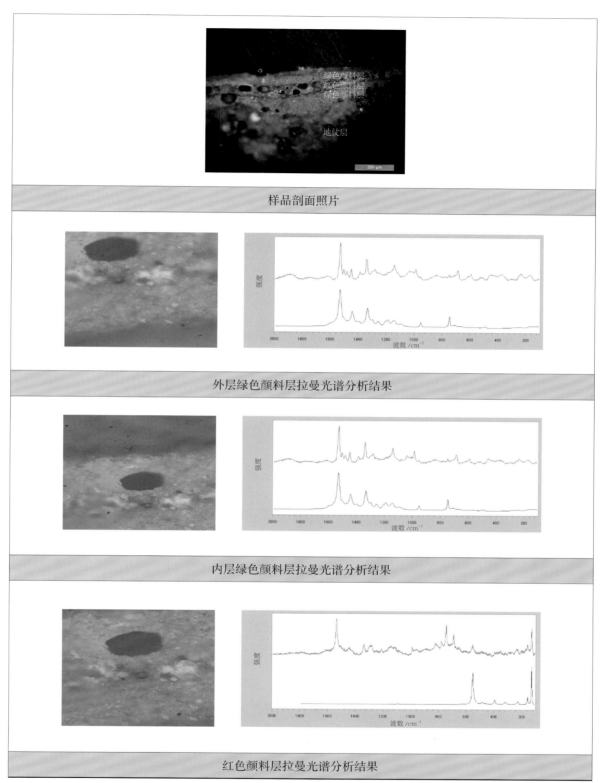

图 8-102　样品 YZ1（续）

样品编号：YZ2。

样品位置：鱼藻轩东侧。

样品描述：沥粉金。

分析结果：样品剖面分析结果显示，贴金层下方为红色颜料层、贴金层、黄色颜料层、白粉层及地仗层；两层贴金层及黄色颜料层表面该处存在重绘现象；能谱分析结果显示外层贴金层所用金箔为赤金。（图 8-103）

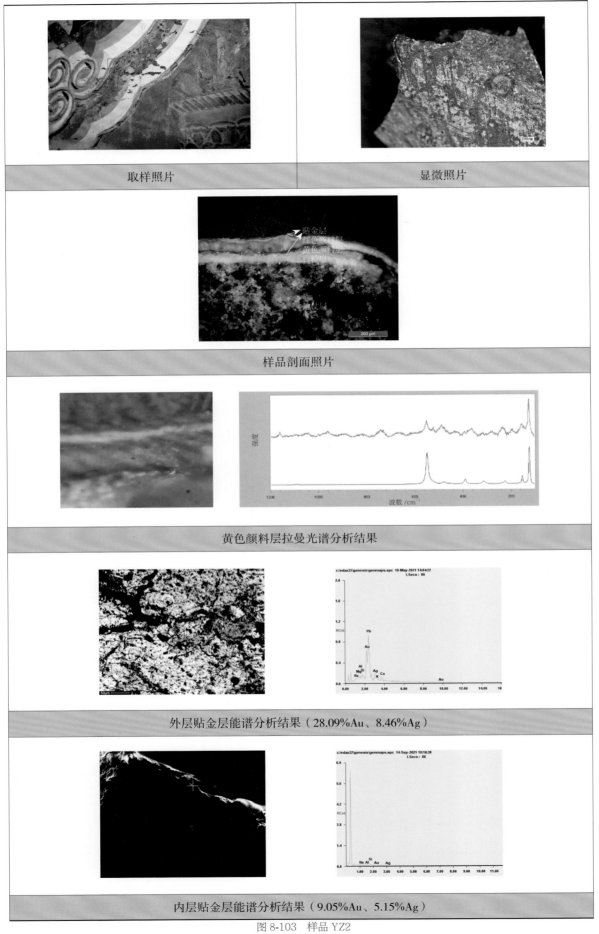

取样照片

显微照片

样品剖面照片

黄色颜料层拉曼光谱分析结果

外层贴金层能谱分析结果（28.09%Au、8.46%Ag）

内层贴金层能谱分析结果（9.05%Au、5.15%Ag）

图 8-103　样品 YZ2

样品编号：YZ3。

样品位置：鱼藻轩东侧。

样品描述：白色。

分析结果：能谱分析结果显示白色颜料层中含有大量 Pb 元素，推测白色颜料为铅白颜料。（图 8-104）

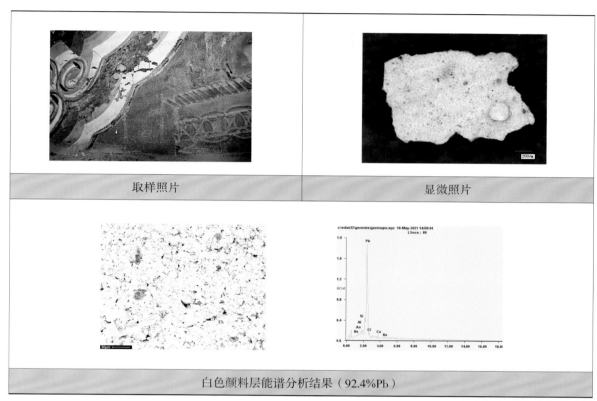

| | |
|---|---|
| 取样照片 | 显微照片 |

白色颜料层能谱分析结果（92.4%Pb）

图 8-104　样品 YZ3

样品编号：YZ4。

样品位置：鱼藻轩东侧。

样品描述：红色。

分析结果：红色颜料层下方为黄色颜料层、绿色颜料层、红色颜料层和黄色颜料层；两层红色和黄色颜料层表明该处存在重绘现象；拉曼光谱分析结果显示，红色颜料为红 112 颜料，内、外层黄色颜料均为铅丹颜料，绿色颜料为酞菁颜料。（图 8-105）

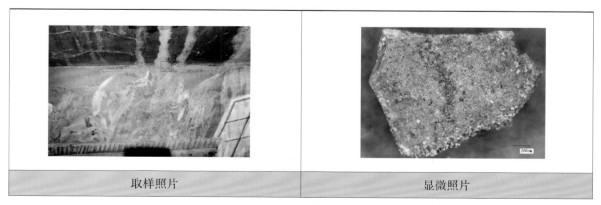

| | |
|---|---|
| 取样照片 | 显微照片 |

图 8-105　样品 YZ4

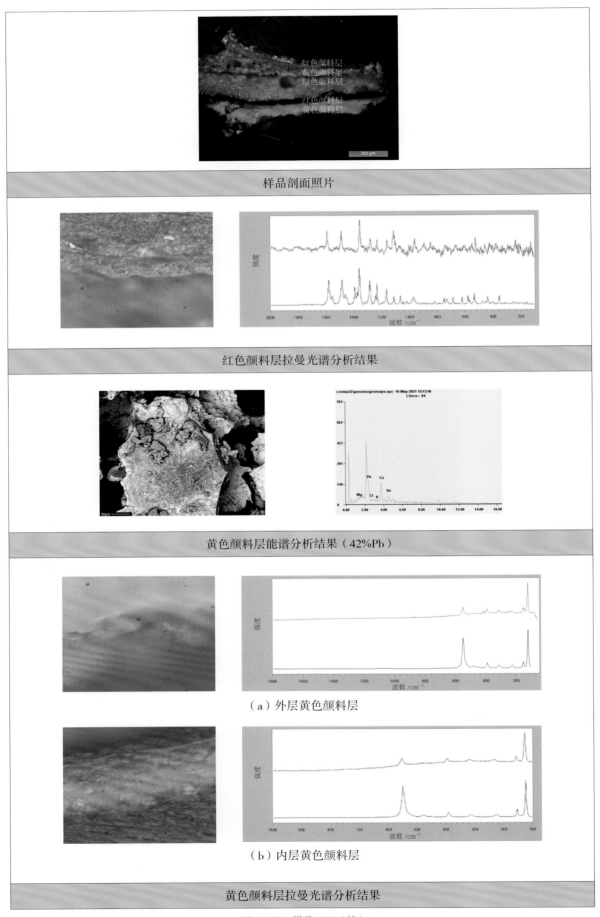

样品剖面照片

红色颜料层拉曼光谱分析结果

黄色颜料层能谱分析结果（42%Pb）

（a）外层黄色颜料层

（b）内层黄色颜料层

黄色颜料层拉曼光谱分析结果

图 8-105　样品 YZ4（续）

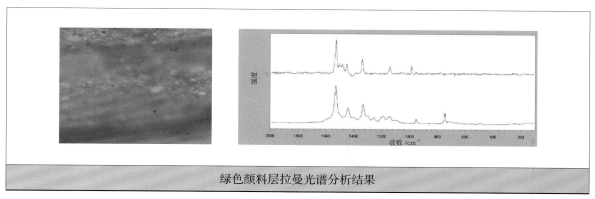

绿色颜料层拉曼光谱分析结果

图 8-105　样品 YZ4（续）

样品编号：YZ5。

样品位置：鱼藻轩东侧。

样品描述：灰色。

分析结果：能谱分析结果表明，灰色颜料为铅白颜料和炭黑颜料的混合物。（图 8-106）

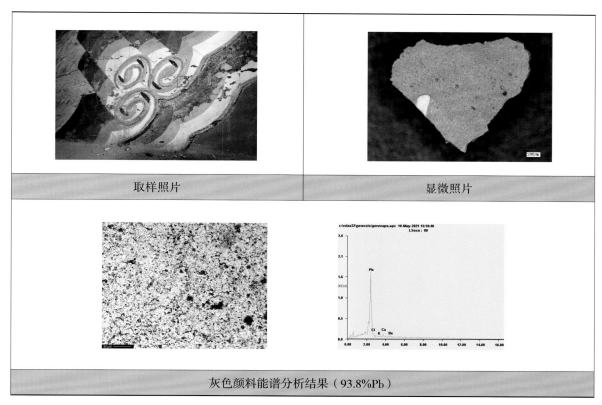

| 取样照片 | 显微照片 |

灰色颜料能谱分析结果（93.8%Pb）

图 8-106　样品 YZ5

样品编号：YZ6。

样品位置：鱼藻轩东侧。

样品描述：蓝色。

分析结果：拉曼光谱分析结果表明，蓝色颜料为群青颜料。（图 8-107）

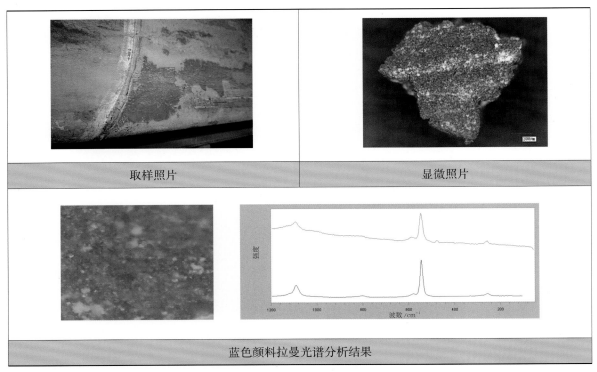

图 8-107　样品 YZ6

样品编号：YZ7。

样品位置：鱼藻轩东侧。

样品描述：肉色。

分析结果：根据能谱分析结果，推测肉色颜料为铅丹（红色）颜料与铅白（白色）颜料的混合物。（图 8-108）

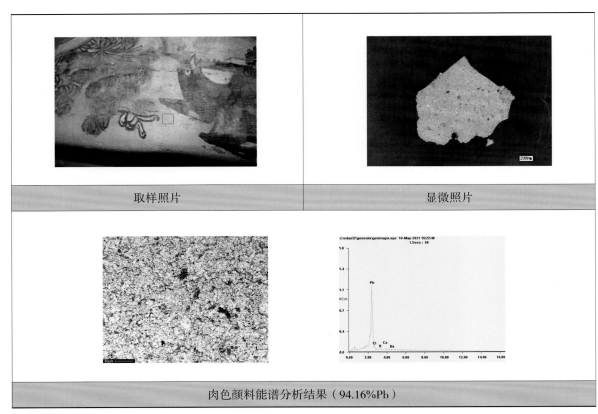

图 8-108　样品 YZ7

# 九、秋水亭

样品编号：QS1。

样品位置：秋水亭西侧额枋。

样品描述：白色。

分析结果：能谱分析结果显示，白色颜料为铅白颜料。（图 8-109）

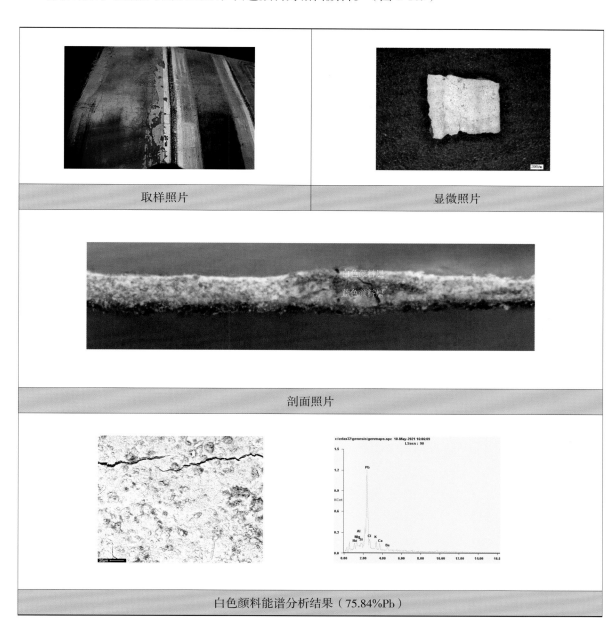

图 8-109　样品 QS1

样品编号：QS2。

样品位置：秋水亭西侧额枋。

样品描述：沥粉金。

分析结果：能谱分析结果显示，两层贴金层所用金箔均为赤金。（图 8-110）

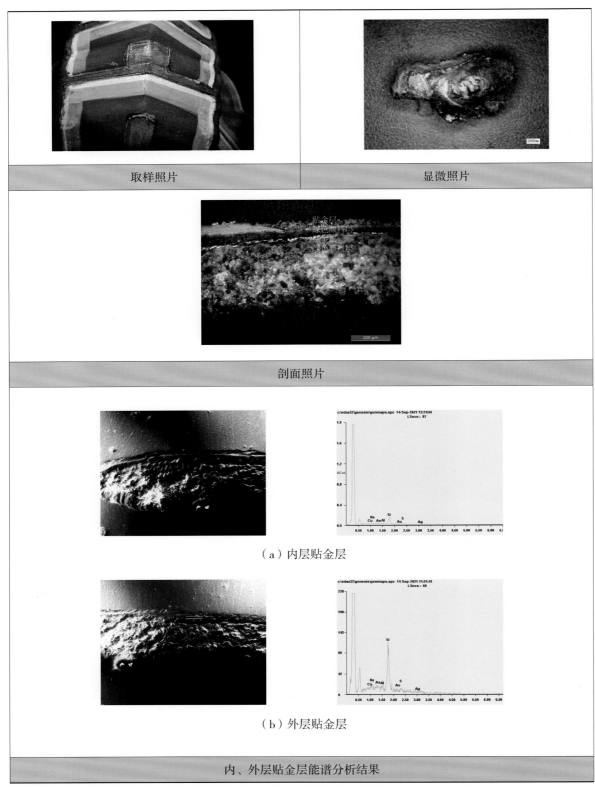

| | |
|---|---|
| 取样照片 | 显微照片 |

剖面照片

（a）内层贴金层

（b）外层贴金层

内、外层贴金层能谱分析结果

图 8-110　样品 QS2

样品编号：QS3。

样品位置：秋水亭西北侧额枋。

样品描述：蓝色。

分析结果：蓝色颜料层下方为地仗层；拉曼光谱分析结果表明，蓝色颜料为群青颜料。（图 8-111）

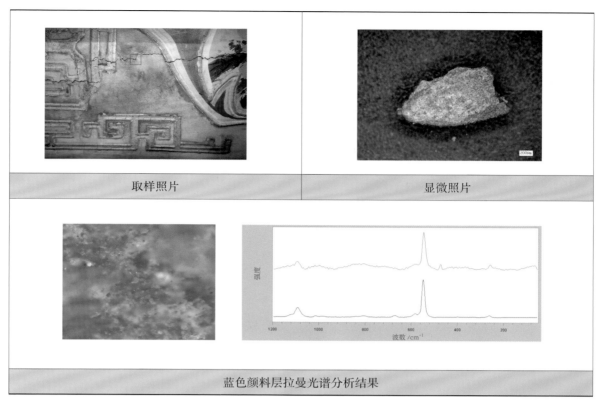

蓝色颜料层拉曼光谱分析结果

图 8-111　样品 QS3

样品编号：QS4。

样品位置：秋水亭西侧额枋。

样品描述：绿色。

分析结果：能谱分析结果表明，绿色颜料为巴黎绿颜料。（图 8-112）

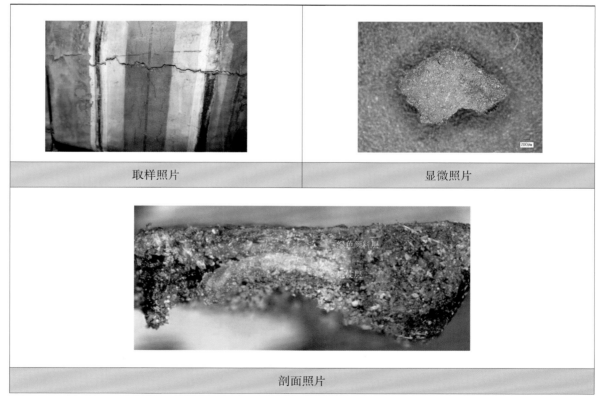

剖面照片

图 8-112　样品 QS4

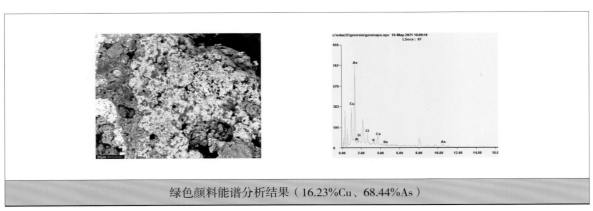

绿色颜料能谱分析结果（16.23%Cu、68.44%As）

图 8-112　样品 QS4（续）

样品编号：QS5。

样品位置：秋水亭西侧额枋。

样品描述：粉色。

分析结果：样品剖面分析结果显示，粉色颜料层下方为地仗层；能谱分析结果显示，粉色颜料为铅丹（红色）颜料和铅白（白色）颜料的混合物。（图 8-113）

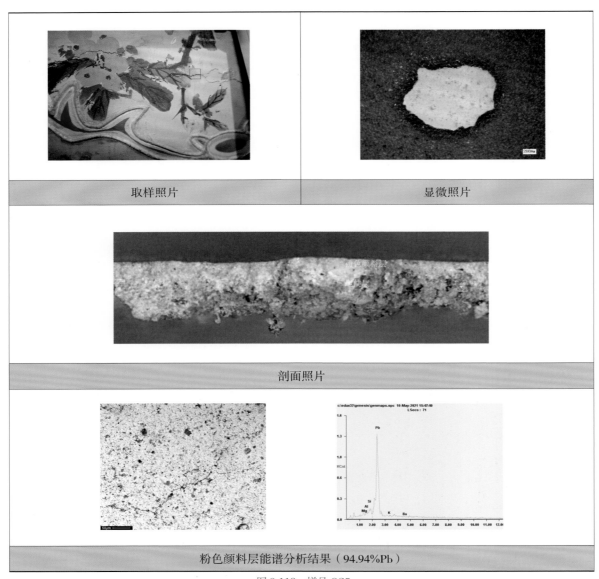

| 取样照片 | 显微照片 |
| --- | --- |

剖面照片

粉色颜料层能谱分析结果（94.94%Pb）

图 8-113　样品 QS5

样品编号：QS6。

样品位置：秋水亭西侧额枋。

样品描述：红色。

分析结果：样品剖面分析结果显示，红色颜料层下方依次为黄色颜料层和地仗层；能谱分析结果显示，红色颜料层中含有 57.83%Pb，故推测红色颜料为铅丹颜料或钼铬红颜料；黄色颜料层中含有 31.93%Pa、45.44%Cd、20.09%S，故推测黄色颜料层为镉钡黄颜料。（图 8-114）

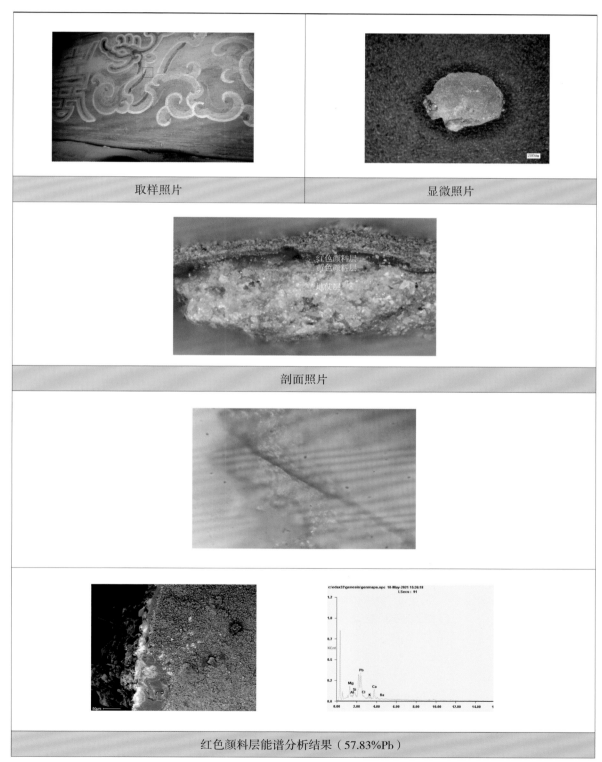

| 取样照片 | 显微照片 |

剖面照片

红色颜料层能谱分析结果（57.83%Pb）

图 8-114　样品 QS6

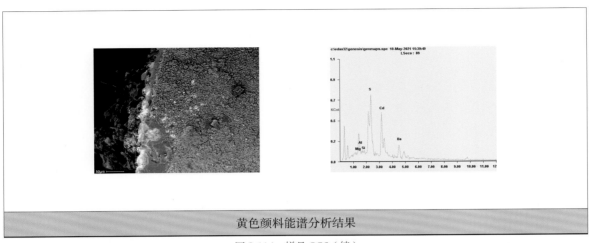

黄色颜料能谱分析结果

图 8-114　样品 QS6（续）

样品编号：QS7。

样品位置：秋水亭西侧额枋。

样品描述：黑。

分析结果：样品剖面分析结果显示，黑色颜料层下方依次为白色颜料层、绿色颜料层、地仗层；能谱分析结果表明，黑色颜料为炭黑颜料，白色颜料为铅白颜料。（图 8-115）

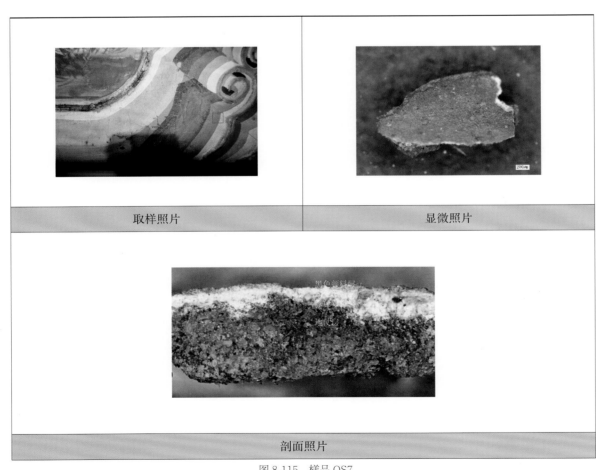

取样照片　　　　　　　　　显微照片

剖面照片

图 8-115　样品 QS7

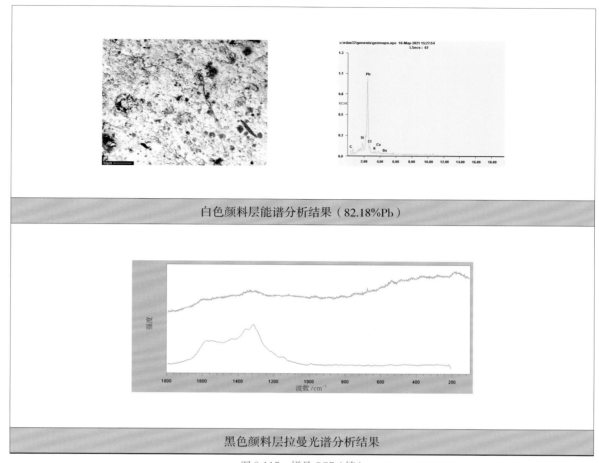

白色颜料层能谱分析结果（82.18%Pb）

黑色颜料层拉曼光谱分析结果

图 8-115　样品 QS7（续）

# 十、积尘样品

　　样品编号：D1。

　　样品位置：长廊 H11 间垫板和下方处。

　　样品描述：积尘。

　　分析结果：能谱分析结果显示，积尘中主要元素为 Si、Ca、Fe、Al、S、K；X 射线衍射（XRD）结果显示积尘中矿物成分为石英、钠长石、白云石、石膏；离子色谱结果显示 $Na^+$ 含量为 0.330 mg/g、$K^+$ 含量为 0.173 mg/g、$Mg^{2+}$ 含量为 0.24 mg/g、$NH_4^+$ 含量为 0.00015 mg/g、$Cl^-$ 含量为 1.46 mg/g、$NO_3^-$ 含量为 0.411 mg/g、$SO_4^{2-}$ 含量为 5.74 mg/g；积尘水溶液的 pH= 6.46；积尘颗粒的粒径范围为 0.919~416.9 μm，中位粒径为 30.56 μm。（图 8-116）

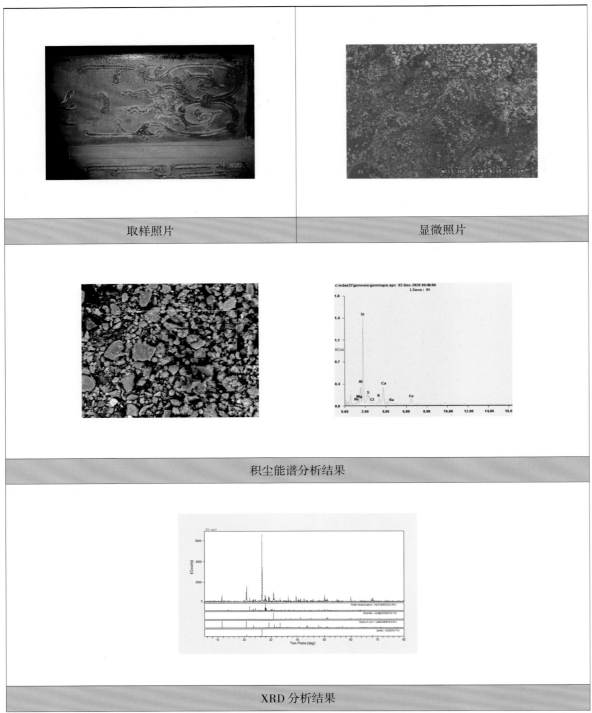

取样照片　　　　　　　　　　　　　显微照片

积尘能谱分析结果

XRD 分析结果

图 8-116　样品 D1

样品编号：D2。

样品位置：长廊 C16 间梁架上部。

样品描述：积尘。

分析结果：能谱结果显示积尘中主要元素为 Si、Ca、Fe、Al、S、K；XRD 结果显示积尘中矿物成分为石英、钠长石、白云石、石膏；离子色谱结果显示积尘中的 $Na^+$ 含量为 0.301mg/g、$K^+$ 含量为 0.174mg/g、$Mg^{2+}$ 含量为 0.303 mg/g、$Ca^{2+}$ 含量为 3.12 mg/g、$NH_4^+$ 含量为 0.000 15 mg/g、$Cl^-$ 含量为 2.044 mg/g、$NO_3^-$ 含量为 0.464 mg/g、$SO_4^{2-}$ 含量为 4.81 mg/g；积尘溶液的 pH= 6.56；粒径分析仪显示积尘颗粒的粒径范围为 0.704~2056 μm，中位粒径为 45.93 μm。（图 8-117）

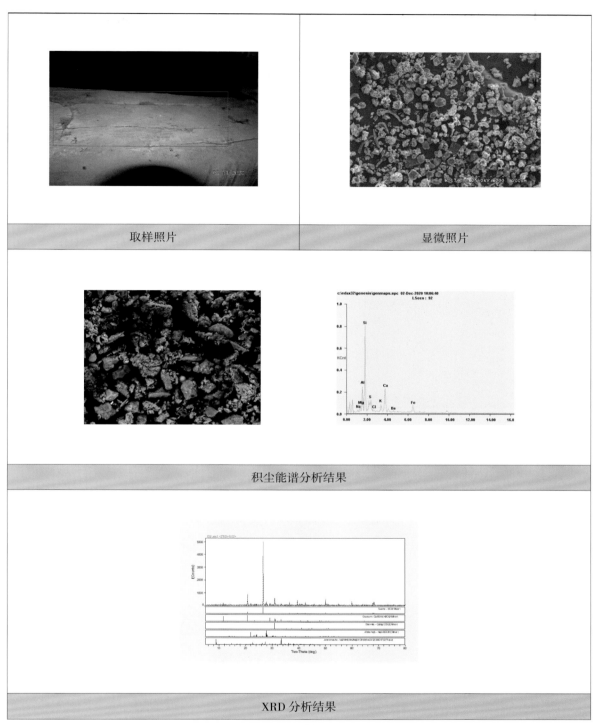

图 8-117　样品 D2

样品编号：D3。

样品位置：长廊 C1 间 梁架温湿度计表面。

样品描述：积尘。

分析结果：D3 处温湿度计仅放置 1 个月，其表面积尘量较少，故仅做了能谱分析，结果显示积尘主要含有 Si、Ca、Al、Fe、S、K 等元素。（图 8-118）

**353**

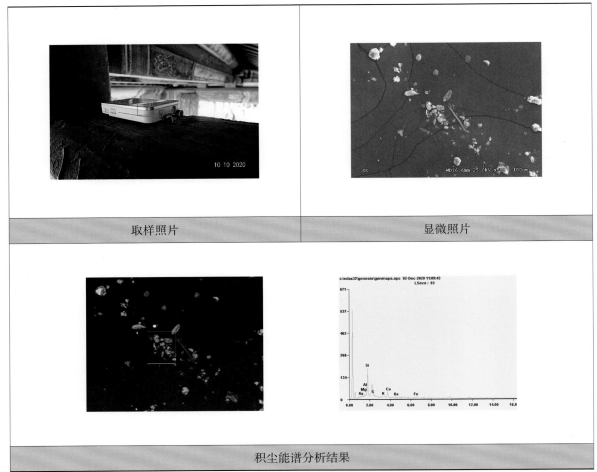

| 取样照片 | 显微照片 |

积尘能谱分析结果

图 8-118　样品 D3

样品编号：D4。

样品位置：山色湖光共一楼二层室内西南角地面。

样品描述：积尘；采集面积为 196 cm²，以 2 年沉降时间计算，该处降尘速率为 0.56 mg/（cm²·yr），即 0.0153 g/（m²·d），查阅北京市生态环境局统计数据，北京市积尘的平均沉降速率为 0.107~0.49 g/（m²·d）。

分析结果：离子色谱结果显示积尘中 Na⁺ 含量为 0.440 mg/g、K⁺ 含量为 0.236 mg/g、Mg²⁺ 含量为 0.197 mg/g、Ca²⁺ 含量为 2.86 mg/g、NH₄⁺ 含量为 0.000 15 mg/g、Cl⁻ 含量为 1.34 mg/g、NO₃⁻ 含量为 0.320 mg/g、SO₄²⁻ 含量为 2.26 mg/g；积尘溶液的 pH=6.72；粒径分析结果显示，积尘颗粒的粒径范围为 0.919~1207 μm，中位粒径为 35.59 μm。（图 8-119）

取样照片

图 8-119　样品 D4

样品编号：D5。

样品位置：山色湖光共一楼二层室内西北角窗台。

样品描述：积尘；采集面积为 196 cm$^2$，以 4 年沉降时间计算，该处降尘速率为 3.37 mg/（cm$^2$·yr），即 0.092 g/（m$^2$·d），查阅北京市生态环境局官网统计数据，北京市积尘的平均沉降速率为 0.107~0.49 g/（m$^2$·d）。

分析结果：离子色谱结果显示积尘中 Na$^+$ 含量为 0.446 mg/g、K$^+$ 含量为 0.279 mg/g、Mg$^{2+}$ 含量为 0.219 mg/g、Ca$^{2+}$ 含量为 1.670 mg/g、NH$_4^+$ 含量为 0.000 05 mg/g、Cl$^-$ 含量为 0.874 mg/g、NO$_3^-$ 含量为 0.289 mg/g、SO$_4^{2-}$ 含量为 2.300 mg/g；积尘溶液的 pH=6.69；粒径分析结果显示，积尘颗粒的粒径范围为 0.919~2056 μm，中位粒径为 45.48 μm。（图 8-120）

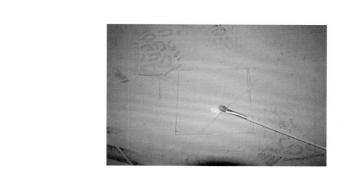

取样照片

图 8-120　样品 D5

# 第九章
# 传统技艺与匠心传承

悠久的历史赋予了中国灿烂的古代文化，而古建筑便是其历史和传统文化的重要组成部分。中国古建筑以其悠久的历史、独特的结构体系、优美的艺术造型、丰富的艺术装饰、精湛的施工技艺和深厚的文化内涵独树一帜，在世界建筑历史中占有不可忽视的重要地位，同时也写下了光辉灿烂的不朽篇章。

颐和园被誉为皇家园林博物馆，是我国现存规模最大、保存最完整的皇家园林，其中几乎涵盖了中国古代建筑的所有类型，而彩画作为中国传统建筑的重要特征之一，是不可缺少的要素，色彩绚丽的彩画纹饰不仅具有装饰建筑、标定建筑物的等级和使用者身份的功能，同时还起到保护建筑木构件，避免木构件受风日雨雪的自然侵蚀以及防虫防蛀的作用。彩画在传统建筑中占有非常突出的地位，尤其是在园林建筑中，起到重要的景观和装饰作用，这使其成为中国建筑标志性的特征之一。（图 9-1）

颐和园的建筑彩画经过时代的演变和发展，形成了独具特色的体系，具有与园林建筑相融合、时代段落清晰、构图形式灵活多变等特点，尤其是被称为中国古典园林中最长的画廊——长廊（图 9-2）。该建筑位于颐和园万寿山南麓，横贯东西，其东起邀月门，西至石丈亭，全长728 米，共 273 间，廊的中间建有留佳、寄澜、秋水、清遥四座八角重檐亭。其上绘有包袱、方心、聚锦等多种形式的彩画 14 000 余幅，长廊彩画为典型的清晚期官式苏式彩画。长廊内、外檐步为金线包袱式苏画，每一幅包袱内分别绘建筑线法、山水、花卉、人物、花鸟翎毛。檩、枋的找头青地绘聚锦，绿地绘黑叶子花卉。长廊历史上经过多次油饰和彩画重绘（图 9-3），导致彩画风格不一。其大部分修复于 20 世纪 50—80 年代，部分彩画还保留着较为明显的时代特色，尤其是 20 世纪 50—60 年代的苏式彩画，多为当时工艺高超的画师所绘，是颐和园世界文化遗产价值的重要体现。但是，现存的彩画在自然环境中也面临老化和病害的侵蚀。一方面是因日照和西晒的影响，阳面一侧较背面彩画普遍存在褪色、色彩暗淡的问题。另一方面，历史上数次修缮，使得画面画风和彩画施工时所用的工艺材料也有不同，尤其是在 1978 年大修时，苏式彩画中"包袱"改为绘于纸面，再粘贴于建筑上，除由画工绘制外，还有美工及工艺美术学院学生参加，在此次彩画修缮中，出现个别重复画面，并且因为彩画绘于纸上，已经出现很多残损脱落和人为破坏的迹象。如今长廊彩画距末次修缮已过

图 9-1　修缮后的德和园大戏楼

图 9-2　夜间的颐和园长廊

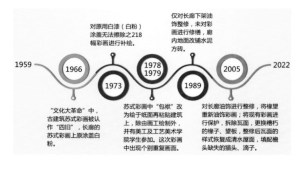

图 9-3　长廊修缮历史沿革

40余载，出现残损、褪色，以及地仗空鼓、脱落等病害情况，且有蔓延扩大的趋势，需要采取及时有效的措施进行保护修复，遏制病害的发展，并使其重新恢复稳定状态。

古建筑彩画保护修复的目的是最大限度地保存其历史信息。在修缮工程中，依据彩画的保存情况、历史沿革、价值评估等实际情况制定相应的保护方案。遵照"不改变文物原状、不破坏文物价值、最大保留和最小干预"原则，进行保护性修缮。

近年来，政府对文物保护的支持力度不断加大，人们对文物保护的整体意识有所提高。作为世界文化遗产，颐和园建筑彩画的文化和遗产价值受到越来越多的社会关注和重视。2020年起，颐和园与中国文化遗产研究院合作，开展长廊彩画病害调查与勘察设计工作（图9-4），历时两年时间完成长廊彩画历史资料档案的汇集整理、现场病害调查、彩画保存状态评估、颜料与工艺分析、现场局部彩画修复试验等，形成长廊彩画病害图集、保护试验报告及保护修缮方案等（图9-5）。

依据充实完备的长廊彩画保护修复成果性文件支持，颐和园管理处计划逐年开展对长廊彩画长期的研究性保护修复工作，此项工作将侧重对遗产主要价值的保护和整体历史风貌的保存，以科学、合理、有效的方法保存长廊彩画极高的艺术水准和历史价值。

图9-4 长廊彩画病害调查与现场试验

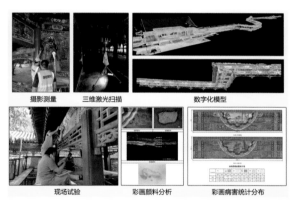

图9-5 长廊彩画勘察设计数字化应用及成果

保护古都风貌是北京城市建设的重点工作，同样，守护文物建筑安全、保存和延长古建筑原有的历史价值和信息也是颐和园文保工作的重中之重。用传统技艺还原古建之美，维护古都风貌，离不开古建修缮匠人的精湛技艺。在现代建造思想和建造方式盛行的时代下，古建营造技艺正在面临"人去艺亡"的尴尬境地。随着时间的推移，流传多年的古建筑操作技艺渐有失传之势，因此，我们在对古建筑进行保护修缮的过程中首先要传承传统古建筑操作工艺，积极总结工匠们的实践经验，更好地发扬传承古建筑传统建造和修缮技艺。

2022年，颐和园在完成长廊彩画保护大量前期勘察、试验的基础上，组织经验丰富、技艺水平极高的古建筑彩画技艺传承工匠，依据长廊彩画保护修缮方案开展长廊彩画的局部修复试验（图9-6）。过程中，由于长廊建筑彩画具有极高的历史价值和艺术观赏价值，本着不对现存包袱、方心、聚锦彩画进行大面积的满砍重绘的原则，将实验区域内尚无画面内容的彩画参照历史档案及照片内容进行复制重绘；针对保存较好的彩画，通过除尘清洗、软化、回贴、加固，以及局部补绘的方式，最大限度地保存其历史信息；包袱、方心、聚锦以外的规矩活部位，本着最小干预的原则，打磨、修补地仗后，卡子、烟云、博古、卷草、黑叶子花等所有画面规矩活部位，修复前进行原样拓描，并按传统工艺和材料进行恢复，最大限度地确保遗产的真实性、完整性、延续性。

弘扬工匠精神，传承古建筑文脉，通过修复研究培育壮大修缮匠人队伍。2022年的长廊彩画保护修复有别于常规的彩画保护修缮工程。北京市园林古建工程有限公司作为本次长廊彩画修复试验的实施单位，同时也是20世纪50—80年代长廊彩画修缮工程的主要参与单位，其公司拥有较全面、较优秀的专业技术人才，同时在参与历次修缮长廊时保存了一定的历史资料信息，也是助力此次彩画保护试验工作达到最佳效果的保障。该公司入选国务院批准文化和旅游部确定的第五批国家级非物质文化遗产代表性项目保护单位名录，具有系统的、完整的古建筑施工技术支撑体

图9-6　长廊彩画保护修复试验现场

系，公司的非遗传承中心更是具有木作、瓦作、石作、油漆作、彩画作传承人近20人，凝聚五大工种，师徒有序传承，知识体系完整，技术精湛，是一支能打硬仗的技术队伍。修复过程中，北京市园林古建工程有限公司根据彩画的现存状态和修复保护方案，选派古建筑彩画领域的北京大工匠李燕肇，首都建筑工匠王光宾，以及李海先、张民光等几位非遗传承人进驻现场，邀请边精一、刘大可等老师组成外部专家团队，并在中国文化遗产研究院由陈青、王云峰等老师带领的团队给予的协助指导下，共同开展以学术研究保护为导向的彩画修复工作。

下面对参与彩画修复的非遗传承人进行介绍（图9-7）。

彩画作匠师李燕肇，师承冯庆生先生；从事古建工作39年，古建项目经理；文物保护工程责任工程师；擅长彩画设计、绘画实操；北京"古建油漆彩绘"代表性传承人；2021年被评为第二届北京大工匠（图9-8）。

彩画作匠师王光宾，师承冯庆生先生、故宫博物院彩画专家王仲杰先生；从事古建彩画工作38年；擅长博古、花鸟、侍女的绘制；2021年被评为第二届北京大工匠提名人物。

彩画作匠师张民光师承冯义先生；从事古建彩画工作36年；擅长人物、山水、花卉；尤以"落墨搭色"人物为好。

油漆作匠师李海先，师承刘玉明先生；从事古建工作37年，全面掌握官式油漆作施工工艺，油作实操技术精湛；北京"古建油漆彩绘"代表性传承人。

项目实施前，组织专家、传承人对现有实验修复区域的彩画形式、受损和病害程度进行细致踏勘，制定初步实施方案（图9-9）。从现状拍照、纹样拓描、采用传统工艺和材料制作等比例样板，到最终的上架实操等，传承人团队都很认真地查看历史资料，进行技术研讨并现场实操交底，严格把控每道操作工序技艺水平。传承人亲手重绘包袱，补绘聚锦，绘制规矩活，对彩画进行整体清洗加固，最终使得修复完的彩画不但保留延续了历史的痕迹，还针对除包袱、聚锦以外的规矩活部分，通过打磨、重做地杖、刷色、沥粉、贴金等按部就班的传统绘制技艺（图9-10），使其恢复了最佳的艺术观赏效果，受到了园方和业界专家们的认可。

此外，古建修缮，人是关键。人在则技在，技在则艺传。党的二十大报告提到，要尊重劳动、尊重人才，努力培养造就更多的大国工匠，要真心爱才、悉心育才、倾心引才、精心用才。本次长廊彩画修复试验加强保护修缮过程中的科学管理，注重真抓实练，培养年轻的手艺人，多次组织项目管理人员、文物保护工作者到场进行观摩学习、动手实践，选择素质较高、责任心强的工作人员，对长廊彩画特有的工艺、做法进行全面收集、整理，以逐步建立记录与传承长廊彩画保护修复传统工艺、做法的根本，走出了一条古建修缮人才培养的可持续发展之路。同时，通过试验、数据分析成果，丰富和完善颐和园古建筑彩画保护工作的经验，尽可能避免病害发生，或尽早发现问题、解

李海先

李燕肇

王光宾

张民光

图 9-7　北京市园林古建工程有限公司非遗传承代表人物

图 9-8　彩画匠师李燕肇绘制长廊檐步、脊步彩画样板

图 9-9　邀请边精一老师等专家召开长廊彩画保护方案论证会

决问题，实现古建筑彩画的预防性保护工作。

最终，此次修复试验传承了传统彩画作营造技艺，保留原材料和原工艺，力求最大限度地确保遗产的真实性、完整性和延续性。使长廊彩画在保护中传承，在传承中创新，做到遗产传承、保护、管理、利用的可持续发展。

古建筑彩画是特定历史时期的真实写照，也是遗产建筑的重要体现。对彩画进行全面保护与修缮是一件十分必要的工作，也是一件长期的工作，是传承中国古建筑历史信息不可缺少的手段。修缮工程结束后，我们仍将对颐和园的古建筑彩画进行定期的监测，及时掌握彩画的变化情况，以延长颐和园精品彩画的生命为目标，深入研究颐和园建筑彩画发展的脉络，为颐和园园林古建筑历史信息的保护与研究奠定基础，从而达到最大限度地保留与传承历史信息的目的。（图9-11、图9-12）

图9-10　长廊彩画修复试验过程

图9-11　市公园管理中心张勇主任、颐和园园领导调研检查长廊彩画保护修复现场

图 9-12 保护修复后的长廊彩画

第十章　数字化创新与应用

# 一、不可移动文物数字化保护的现状和发展趋势

## （一）不可移动文物数字化保护的现状

随着计算机、三维扫描等技术的发展，21世纪初，国内外几乎同步开始了不可移动文物数字化工作的探索和应用，主要的标志是地面型三维激光扫描仪在不可移动文物三维数字化采集的应用。伴随着摄影测量技术的进步和无人机技术的进步，近景摄影测量等新的技术也逐渐加入进来。

在当今社会科技飞速发展，三维扫描技术、摄影测量技术、计算机图形技术、建筑信息模型重建及利用现代化管理技术等先进的技术也在逐步走进不可移动文物保护中来。

为了实现古建筑现状的保护性修缮，数字化工作必不可少。古建筑的数字化测绘工作主要包括测量、采集、处理古建筑及附属文物相关的空间尺寸信息和色彩信息等。数字化测绘古建筑的目的在于为古建筑保留最为原始的档案资料，因此进行这项工作需要较高水平的测绘技术，以确保最终所得的测绘数据的精确性，使得最终的测绘成果具有实际应用意义，并基于数字化成果数据与彩画病害数据、环境监测数据等，在后期进行古建筑修缮和保护过程中可以发挥非常重要的作用。

## （二）文物数字化保护的发展趋势

不可移动文物的数字化保护工作的目标是对不可移动文物进行全面的数字化记录，主要是对文物几何形状、空间位置、纹理色彩的记录，并适当地通过对数据的解读，形成一套数字档案，或者直接形成供研究、勘察、修缮、监测、文创等进一步使用的成果数据。

数字化保护是对不可移动文物保护的一种有效的、重要的保护方法。数字化保护工作带来的最直接的价值就是使信息保存更为全面和完整。另外，数字化保护的成果数据已经完全电子化，所以可以更好地进行数据共享和使用。数字化保护成果的共享，可以为更多的文物保护工作参与者提供信息。科研工作者可以基于这些数据做进一步的研究。修缮方案制定者可以依据这些信息做更好的修缮技术路线设计和规划。管理工作者可以看到更全面的文物现状。文物监测者可以通过对比分析了解文物病害的发展变化。文创工作者可以基于数据进行文创产品的设计或文化衍生品的制作。

当然，不可移动文物数字化保护最核心的价值是现状信息的存档。文物，尤其是不可移动文物不可避免地面临自然和人为的损害，只有通过全面的数字化记录，才能让相关信息得以长久保存，甚至在灾难或突发事件发生后，能够为文物的修复提供弥足珍贵的信息资料。

不可移动文物数字化保护的作用和价值越来越多地得到认可。数字化保护也是数字经济建设的重要数据基础。

## （三）建筑彩画的数字化保护应用

古建筑彩画是中国古代建筑特有的装饰形式，是古代建筑的重要组成部分。彩画作为历史遗存，不仅具有极为重要的历史、艺术价值，而且承载了传统文化的诸多信息。彩画因自身的工艺特点、赋存环境的影响等因素，往往也比较脆弱，是不可移动文物中比较容易受到损害的部分。古建筑彩

画本身具有较高的艺术装饰性，也是中国古建筑的点睛之笔。彩画中保留的文化价值丰富，除材料和工艺信息外，彩画本身的几何尺寸和色彩信息也具有非常重要的价值。这些几何尺寸和色彩信息目前最佳的记录手段就是数字化保护。

对于闻名中外的历史文化遗产颐和园长廊彩画来说，如何运用科学、简便、快捷和高效的方法来合理保护它，是我们现在主要考虑的方向和操作要点。为了做到对彩画现状的准确记录，并获取相对精确的病害现状信息，为彩画的保护方案提供重要的依据和指导，数字化技术与彩画保护的深入结合非常值得探索和创新。

# 二、长廊彩画数字化保护技术创新

高精度 3D 数字化技术可以赋能物质文化遗产保护领域完成文化遗产的虚拟展示、修复、保护和研究工作。

文物保护数字化进程快速发展，所谓数字化新技术很快也将被新的技术手段所取代。不断摸索和不断创新才是文物保护事业中的常青树。传统的文物保护手段依然发挥它的作用，新的技术手段也将继承传统手段的衣钵在文物保护事业上发光发热。

文物数字化的关键是通过图像拍摄和三维扫描技术来记录文物本体的色彩、空间和三维数据，形成可以在计算机上编辑和转化的高精度数据。运用三维扫描技术，为文物建立独一无二的可加密数字化档案，可以没有限制、无损地利用数字化文物进行展示、研究、保护甚至是复原。

在本次颐和园长廊彩画修缮项目中制作的完整的彩画三维数字化档案，可以提供三维、动态、互动、虚拟修复等各种形式的信息服务，使得文物整个生命周期管理技术的应用成为可能，为文物的新时代保护打开了大门，为颐和园长廊彩画的保护和修复工作提供精细的、准确的、工程化的基础数据。

## （一）全生命周期的数字化管理

彩画的保护、维修首先需要较为完整的基础资料，而准确、真实的图像资料是其中非常重要的环节。以往彩画资料的收集大多采用传统测绘、照相、录像等综合性手段，这不仅需要较多的人力投入，图像的整体性、准确性因受多种因素的影响，也存在一定的局限性。

从 2020 年长廊彩画的病害调查及勘察设计阶段开始，对颐和园 273 间长廊的彩画进行了数字化采集，实现从病害调查、病害统计分析、彩画修缮计划、修编过程中的集施工、材料、用工、工艺工法于一体的全流程数字化记录的管理平台，以长廊彩画高清正射影像图、三维实景模型为依据，实现每个环节都有照片、视频、文字等基础信息，形成一个完整的数据库。

为颐和园长廊彩画打造全生命周期的数字化保护方案，还原颐和园长廊 3D 场景的完整细节，建立一套以 2020 年颐和园长廊彩画为基础的"数字孪生"版本，为其今后使用与保护提供重要的数字资产，为彩画研究、保护与传播提供有力的新 IT 技术支持。

将现代科技融入彩画保护、修缮以及管理过程中，利用彩画摄影测量、三维扫描、全景影像成像等技术，实现对彩画全生命周期跟踪，让彩画更好地发挥永续保护、利用的作用，更好地向世界展现彩画艺术魅力。

颐和园长廊数字化管理平台如图 10-1 所示。

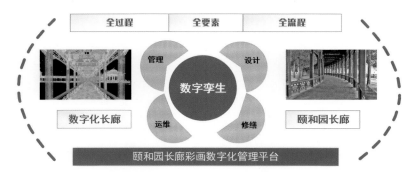

图 10-1　颐和园长廊数字化管理平台

# （二）三维激光扫描等关键性技术

传统彩画测绘主要是通过现场踏勘的方式，对彩画病害进行勘察，绘制草图，并且利用诸如水准仪、全站仪、测尺等常规测量仪器逐点逐线测量出建筑物的大量关键特征点，进而绘制出彩画病害图。但手工测量存在致命缺陷：①工作量巨大；②数据精度变化大。

对颐和园长廊整体，采用多种技术手段相结合的方式进行数字化采集，通过三维激光扫描仪非接触式测量技术，1∶1真实还原长廊结构细节。对于彩画表面色彩的还原则使用近景摄影测量的方式，完美呈现彩画表面生动色彩。用数字手段把文物当前的状态尽可能完整、高清、本真地记录下来。

## 1. 三维激光扫描技术

在文物保护过程中，首先要记录文物的三维信息，传统方式是采用传统测绘工具对尺寸信息进行记录，不但操作时间过长而且数据在传输过程中可能出现错误，对参与人员专业度以及人员之间相互配合的默契度要求都很高，对最后获取的信息还要进行平差以及返场校验。诸多因素限制了整个项目的进程。

相较于传统方式，三维激光扫描技术在获取文物本体真实信息方面体现出两个方面的进步：一是三维尺寸信息的快捷获取，一是色彩信息的准确获取。

技术路线如图 10-2 所示。

三维激光扫描技术具有以下特点。

（1）非接触性。不需要接触目标，即可快速确定目标点的三维信息，解决了危险目标的测量、不宜接触目标的测量和人员无法达到目标的测量等问题。

（2）快速性。激光扫描的方式能够快速获得大面积目标的空间信息，这对于需要快速完成的测量工作尤其重要。

（3）数据采集的高密度性。可以按照用户设定的采样间隔对物体进行扫描，这使先前用传统的测绘方法无法进行的测绘工作变得比较方便。

（4）主动性。主动发射光源，不需要外部光线，接收器通过探测自身发射出的光经反射后的光线，这样，扫描不受时间和空间的限制。

（5）全数字化。三维扫描仪得到的"点云"图为包含采集点的三维坐标和颜色属性的数字文件，便于移植到其他系统处理和使用。

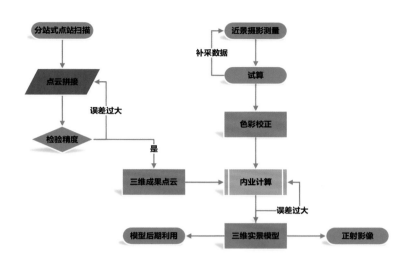

图 10-2　技术路线

三维激光扫描技术包括以下两个要点。

**（1）三维非接触式激光扫描**

三维激光扫描仪根据颐和园长廊建设布局，进行分站式数据采集，将采集的原始点云进行拼接处理，检查精度，调整拼接，再检查，然后输出成果，最终完成长廊点云三维信息的采集。

**（2）内业标准化处理**

内业拼接经过人工选点比对，选取 X\Y\Z 三个方向的控制点进行同向同轴粗拼接在通过软件内部的平差处理，将两个子站整合到一个坐标系内。

## 2. 近景摄影测量技术

近景摄影测量是借助于人眼的双眼视差，通过拍摄不同位置的物体照片，利用后方交会 – 前方交会法求区内外方位元素，并解析计算出像点在实际位置的地面坐标，进而解析出被测物体的三维模型（图 10-3）。

采用佳能 5Dsr 型号的单反相机对彩画进行近景摄影测量方式的数字化采集，并且后期采用专门处理摄影测量的 PhotoScan 软件，进行单个区域的裁剪，生成数字正射图，制作数字线划图等。

图 10-3　长廊点云三维信息采集

近景摄影测量技术包括以下两个要点。

**（1）现场多方位摄影数据采集**

摄影测量步骤为"现场拍照—试算—补拍—校色—计算—出模型—正射输出—三维彩色模型输出"。

**（2）摄影测量的内业处理**

利用软件将拍摄的单张照片，接和相片的角度、位置、颜色等信息将照片进行像素颗粒化，再将颗粒化的像元进行拼接重组，得到一个点云集，这个点云集就是摄影测量后模型的最初版本。后期经过加密，去燥，建网，构面，成体，染色等处理，最后得到完整的模型（图10-4至图10-8）。

图10-4　内业处理工作

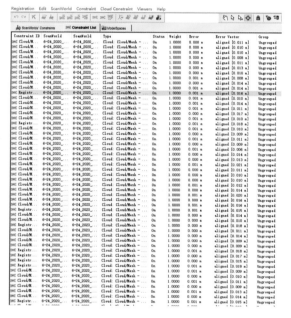

图10-5　拼接完成后的误差检验

图10-6　摄影测量过程

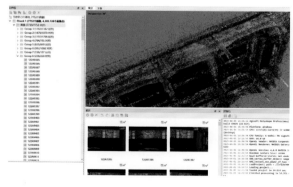

图10-7　内业软件处理

图10-8　内业成果展示

传统文物保护技术与数字化保护技术对比见表10-1。

表10-1　传统文物保护技术与数字化保护技术对比

| 对比 | 传统测绘方式 | 数字化测绘方式（近景摄影测量） |
|---|---|---|
| 测绘对象 | 以彩画为调查重心 | 对彩画及其所依附的木构建筑进行详细测绘 |
| 勘察仪器 | 微单、单反相机 | 三维激光扫描仪<br>全站仪（测绘仪器）<br>高像素、高画质单反相机 |
| 勘察方法 | 工具测量<br>手工记录 | 三维信息化数字测绘<br>多种三维设备测量<br>多软件组合信息处理<br>多源数据信息化展示 |
| 影像记录 | 单张照片，拼图照片 | 一组照片（多种高度，多种角度） |
| 照片精密度 | 低、中 | 高（75DPI） |
| 色彩还原度 | 差 | 高 |
| 彩画价值 | 保存一般，价值一般 | 数字化存档，出版级别 |
| 勘察成果 | 勘察图册及报告 | 三维全数字化，信息采集 |

## （三）彩画数字化管理平台

彩画数字化管理平台如图10-9所示。

图10-9　数字化管理平台

传统的文物保护与展示主要通过人工观察、人工测量等方式进行，不仅效率低，而且人为因素可能会对文物造成不可挽回的破坏。传统的文物修复大多采用拍照和描述的方法，这种方法耗时长，且在修复时存在一定的误差。

相对于传统的记录、存储方式，数字化的优势主要体现在以下三个方面。

第一，存储灵活。随着数据存储格式、载体、容量的快速进步，非遗资源的电子化存储已经成为主流，所需的存储空间、成本、管理使用流程将大大降低和减少，为非遗资源的盘活利用创造了条件。

第二，传播迅速。在经过电子化存储后，对非遗资源的复制、编辑和传播的效率将大大提高。

第三，应用广泛。电子化后的非遗资源，应用灵活，对数据的分析与统计、查询与检索、资源加工与应用将更加方便和多元化。

使用三维数字化技术可以将文物的信息以数字化的形式永久保存，永续利用。文物研究人员可以依托数字信息管理平台分类管理存储文物的数字化信息，减少了文物保护人员的工作量，提高了文物保护质量。

## （四）彩画数字化成果创新

本次工作内容主要以颐和园长廊彩画为研究范围。长廊始于乐寿堂西的邀月门，止于石舫东面的石丈亭，全长 728 米。长廊共 273 间，长廊的每根廊枋上都绘有大小不同的苏式彩画，共 1.4 万余幅。传统彩画病害调查及勘察成果主要以照片病害图及报告为主。通过实施颐和园数字化项目完成了以下数字化成果（图 10-10），为其今后使用与保护提供重要的数字资产。

本次数字化工作完成颐和园长廊彩画正射影像图 3587 张，有 75DPII、50DPI 两种分辨率，TIFF 与 JPG 两种格式；对颐和园 273 间长廊彩画采用近景摄影方式拍摄照片 4.45 T。

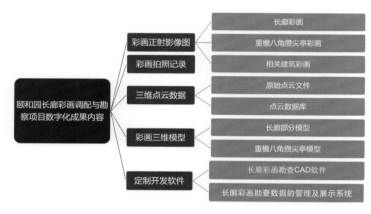

图 10-10　数字化成果

长廊数字化原始照片和成果数据见表 10-2。

表 10-2　长廊数字化原始照片和成果数据

| 序号 | 彩画所属建筑 | | 成果数据（Tiff 格式） | | 备注 |
| --- | --- | --- | --- | --- | --- |
| | 类型 | 数量 | 正射数量 | 容量（MB） | |
| 1 | 长廊 | 273 | 3040 | 102209.29 | 正射 75dpi，单独输出 50dpi 的 jpg 供病害图绘制使用 |
| 2 | 亭子 | 4 | 156 | 20814.63 | 正射 75dpi，单独输出 50dpi 的 jpg 供病害图绘制使用 |
| 3 | 建筑 | 4 | 391 | 62213.27 | 正射 150dpi，单独输出 50dpi 的 jpg 供病害图绘制使用 |
| | 总计 | 281 | 3587 | 185237.19 | |

### 1. 颐和园长廊彩画勘察 CAD 软件

针对颐和园长廊彩画病害调查阶段的调查分析，通过对病害的梳理，定制开发颐和园长廊彩画勘察 CAD 软件，基于数字化采集制作的正射影像图为每一张彩画绘制病害图，大量节省彩画绘制的时间，极大方便了彩画残损图绘制人员高效、准确、快捷地完成图纸的绘制，也是文物保护新技术的完美应用。颐和园长廊彩画勘察 CAD 软件的使用见图 10-11。

图 10-11　颐和园长廊彩画勘察 CAD 软件使用

该软件开发专门针对彩画病害图绘制，基于 AutoCAD2021 版本开发，采用 ObjectARX 技术，提供了包括正射影像图按比例调用、图框便捷设置和填写、病害标准化绘制工具，以及病害的自动统计功能。自动统计功能分布统计病害的面积和程度百分比。

### 2. 颐和园长廊彩画修缮管理信息系统

2020 年，颐和园长廊彩画病害调查与勘察设计项目组对颐和园长廊彩画病害进行了全面的调查，基于调查数据，完成颐和园 273 间长廊彩画的数字化采集工作。

基于以上数据开发了颐和园长廊彩画管理信息系统（图 10-12），系统收集整理了长廊彩画的历史档案、相关论文文献、彩画三维点云数据、彩画正射影像图、彩画三维实景模型等大量多源异构数据，对长廊彩画的空间位置进行标记，并形成三维立体化展示，使彩画的档案信息、影像信息、病害信息等形成体系，实现了彩画的精细化管理和立体化展示。

通过颐和园长廊彩画修缮管理信息系统可以查看彩画历史照片、原彩画正射影像图，并对彩画修缮过程进行了全面的数字化记录。可以很方便地对彩画修缮前后的数据进行有效的对比及管理。

颐和园长廊彩画勘察数据的管理及展示系统彩画通将采集的数据、数字化处理后的数据以及勘察相关的其他数据统一管理起来。数字化三维表达可以让各专业技术人员直观地看到当前彩画的空间位置及相关状态，有助于专业人员制定更易于实施的修缮规划。

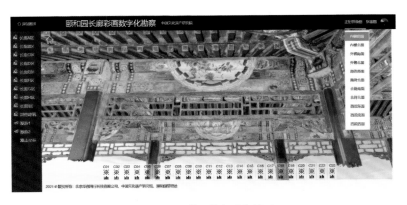

图 10-12　管理信息系统界面

颐和园长廊彩画管理信息系统主要具有以下功能：

1）修缮文献管理与应用模块开发。对与施工相关的历史文献和技术资料文献进行管理，包括相关历史文献、彩画工艺和彩画材料相关文献等，方便检索和调用；

2）修缮过程信息管理与应用模块开发。对施工过程记录的信息资料、过程记录、过程照片、过程视频资料等进行规范化入库，支持检索和浏览，并支持信息资料的汇总统计。

3）古建彩画作传统工艺、材料信息库开发。针对彩画传统工艺、传统材料信息资料进行数据库管理，支持检索和信息浏览。

# 三、数字化保护的应用

## （一）文物病害信息获取和软件开发

传统建筑彩画是我国木构古建筑中的一个重要组成部分。彩画受到传统绘画材料、传统绘画工艺的限制影响，再加上随着时间的推移，受到气温周期的变化、风吹日晒、积尘污染等自然环境的影响，出现了地仗层开裂、结垢、起翘脱落、颜料脱落褪色、粉化等病害，无法长期保存。

传统的彩画病害现场勘察通过对建筑彩画存在的病害、病害成因进行研究，分析彩画制作材料、工艺、颜料成分、颜料层厚度、重层彩画以及原始地仗材质。

传统的获取彩画病害信息流程如图 10-13 所示。采用传统测绘、照相、收集资料等手段，不仅需要较多的人力投入，还可能因为环境、设备等外在因素的影响，使其整体性和准确性存在一定的局限性。

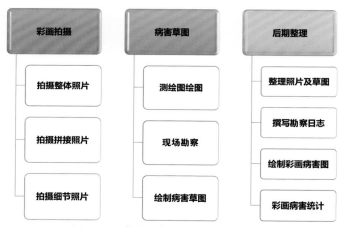

图 10-13　传统的获取彩画病害信息的流程

新技术获取彩画病害信息流程如图 10-14 所示。

图 10-14　新技术获取彩画病害信息流程

数字化新技术在彩画病害信息获取方面，通过数字化采集及处理，形成颐和园长廊的三维实景模型、三维点云模型、彩画的正摄影像、数字线划图等一系列高精度的数字化档案，实现了长廊彩画数据的数字化保存。

借助彩画勘察 CAD 软件可以直接将彩画的正射影像转化为彩画病害图，还可以借助颐和园长廊彩画管理系统为彩画病害调查与勘察设计以及后期修缮项目提供准确的工程依据。

颐和园长廊彩画数字化采用了数字化测绘、三维扫描、三维建模、近景摄影测量等手段，留存彩画翔实的现状信息，完成了彩画的数字采集、数字存储、数字处理、数字管理、数字应用，并建立彩画信息档案及数据库，实现对颐和园长廊彩画毫米级高精度、沉浸交互式的数字还原。

通过定制开发的彩画勘察 CAD 软件，绘制出彩画病害图可以准确地反映彩画病害信息，解决了彩画病害信息准确记录的难题（图 10-15、图 10-16）。

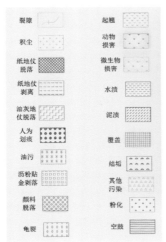 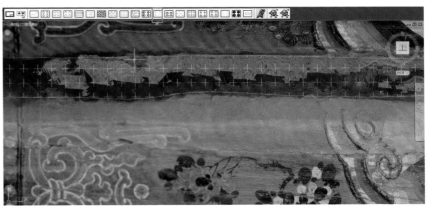

图 10-15　CAD 病害种类分类

图 10-16　病害属性编辑

正摄影像的实际应用，通过 CAD 软件的二次开发，与采集的真实正摄影像相结合，获取彩画的真实尺寸、面积、内容以及病害种类等信息，然后提取出来进行汇总和研究。开发的古建筑彩画勘察 CAD 针对病害的种类进行了图例分类，人们可以更加直观地查看古建筑病害（图 10-17）。

**375**

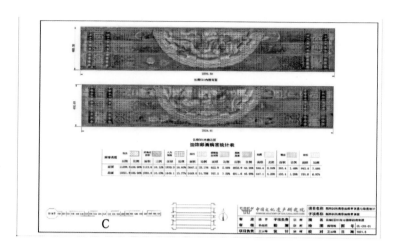

图 10-17　病害图幅成果

根据文物行业《古代壁画病害与图示》（GB/T 30237—2013）和《古代建筑彩画病害与图示》（WW/T 0030—2010）规范中的相关要求，并参考《古代壁画现状调查规范》（WW/T 0006—2007）、《古代壁画病害与图示》，在项目前期勘察阶段，我们对长廊彩画开展了病害类型勘察，确认病害主要有 20 种。

此软件在中国遗产研究院使用的 CAD 基础版本的基础上，结合中国遗产研究院的病害图列样本等信息，由北京华创同行科技有限公司自主研发，极大地方便了彩画残损图绘制人员高效、准确、快捷地完成图纸的绘制工作，这也是文物保护新技术的完美应用。

## （二）文物修复前后的对比分析

随着年代的增长，文物面临着由外部环境和自身材质所造成病害的影响。我们在获取这些病害信息的时候也要尽量减缓这些病害加深的进度。而如何观察这些防治进度的变化，就需要将病害修复前后的状态进行对比分析。对比以往的彩画病害收集只是拍照调研，而新技术对修复工程不只是调研而是将两期实景信息全部转化为实景模型和高清正摄影像，然后对两次高清数字化影像进行细部分析对比（图 10-18 至图 10-21）。

图 10-18　E13 区域修复前彩画正射图

图 10-19　E13 区域修复后彩画正射图

图 10-20　E14 区域修复前彩画正射图

图 10-21　E14 区域修复后彩画正射图

针对修护后的彩画，定期进行实景采集，观察其彩绘变化，从而制定新的方案。

## （三）彩画管理系统的开发

想要更好地利用文物所蕴藏的价值，最重要的一条就是要将文物的信息保留下来，只有保留下文物的信息才能永久使用文物，但是实体文物湮灭的过程在现有的技术条件下是不可能停止的，也是不可逆的。使用三维数字化技术可以将文物的信息以数字化的形式永久保存，永续利用。

为了方便数据的查找和应用，更为了数字化数据的汇总和管理，文物保护工作者将收集到的数据统一且系统地整理起来。针对数字化项目开发的一套多功能管理系统（图10-22），使得整个长廊彩画数字化项目整体化。

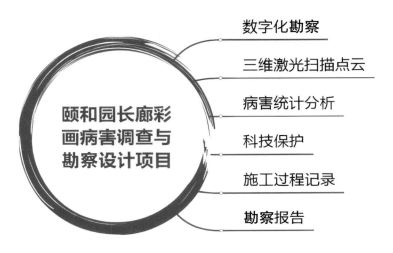

图 10-22　彩画管理系统界面

将整个数字化过程统一汇总起来，查漏补缺，可以便于数据的查看和分析。系统主要栏目包括数字化勘察、三维激光扫描、病害统计分析、科技保护、施工过程及勘察报告。该系统将与文物相关的各个环节和内容添加进去，具备时间管理、数据浏览、数据查找、二次开发等功能，有助于操作者方便快捷地了解该文物。

该系统三维实景模型展示等功能浏览界面如图10-23至图10-36所示。

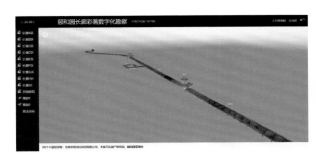

图 10-23　三维实景模型展示

图 10-24　模型细部展示

**377**

图 10-25　整体三维点云展示

图 10-26　模型编辑操作界面 1

图 10-27　模型编辑操作界面 2

图 10-28　高清正射影像展示

图 10-29　病害标记

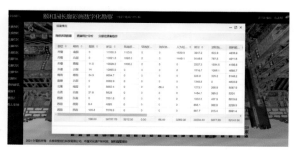

图 10-30　病害统计

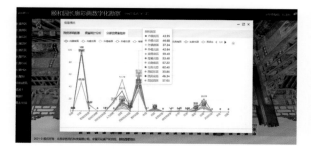

图 10-31　详细病害分析 1

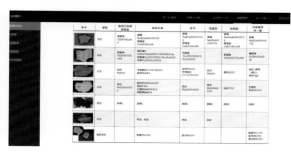

图 10-32　详细病害分析 2

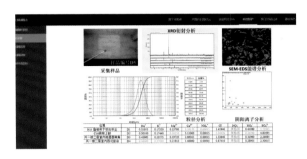
图 10-33　详细病害分析 3

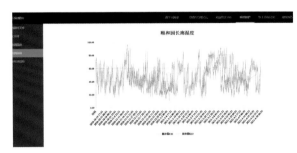
图 10-34　长廊环境监测 1

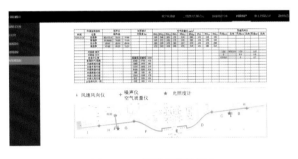
图 10-35　长廊环境监测 2

图 10-36　文本资料以及后期管理登记

### （四）文物三维信息的采集与储存

为更好地利用文物所蕴藏的价值，最重要的一条就是要将文物的信息保留下来，只有保留下文物的信息才能永久使用文物，但是实体文物湮灭的过程在现有的技术条件下是不可能停止的，也是不可逆的。使用三维数字化技术可以将文物的信息以数字化的形式永久保存，永续利用。

以数字化的形式保存文物信息，首先需要采集文物信息。目前主要使用的三维信息采集技术有三维激光扫描技术和近景摄影测量技术。使用这两种技术可以将现有的文物三维几何信息以数字化的形式保存下来。色彩信息可以采用摄影的方式保存下来。

文物信息采集完成后，以 GIS 平台的形式存储，在存储时可以按照质地、形状及年代等去进行归类。管理工作人员利用 GIS 平台所具备的数据管理、展示功能，实现文物信息的自动检索、管理及展示等，减少了文物保护人员的工作量，提高了文物保护质量。

# 四、部分数字化成果

## （一）彩画正射影像图

长廊部分彩画正射影像图见图 10-37 至图 10-40。

图 10-37　长廊部分彩画正射影像图 1

图 10-38　长廊部分彩画正射影像图 2

**379**

图 10-39　长廊部分彩画正射影像图 3

图 10-40　长廊部分彩画正射影像图 4

## （二）三维点云数据

颐和园长廊彩画的点云模型是通过 Surphaser25 三维激光扫描仪扫描的，共扫描 165 站，75 G 数据，点云可达到毫米级精度。在处理完成的长廊高精度三维点云模型中，还原长廊建筑及彩画的几何形态信息，形成长廊彩画数字模型，为下一步长廊彩画病害图纸绘制及其他工作提供依据。三维激光扫描的成果可以直接应用于长廊彩画现状记录、彩画准确尺寸的获取以及病害分析等。

图 10-41 中展示排云门到邀月门之间的点云模型，图 10-42、图 10-43 中展示长廊彩画的真实现状。

图 10-41　长廊整体三维激光点云图

图 10-42　长廊细部三维激光点云 1

图 10-43　长廊细部三维激光点云 2

## （三）三维实景模型

采用摄影测量方式，可以得到具有真实尺寸和色彩的三维实景模型，这使得我们可以直观地查看长廊的每一个细部，迅速发现长廊彩画和古建结构所受病害，使文物保护工作更加智能化、快捷化。

长廊整体的实景模型如图 10-44 所示。长廊细部的实景模型如图 10-45 所示。

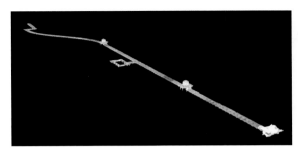

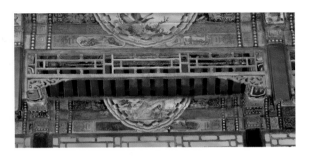

图 10-44 长廊整体的实景模型 　　　　　　　　图 10-45 长廊细部的实景模型

## （四）彩画勘察 CAD 软件

彩画勘察 CAD 软件是基于中国遗产研究院使用的 AutoCAD 这一平台，内置彩画残损标准和样例，针对颐和园彩画病害类型定制开发的软件，它可以帮助彩画残损图绘制人员高效、准确地完成颐和园长廊彩画病害 CAD 图纸的绘制（图 10-46、图 10-47）。

图 10-46 颐和园长廊彩画勘察 CAD 软件界面

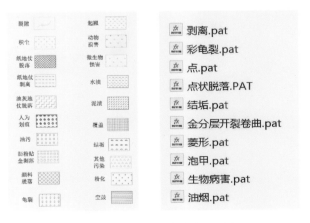

图 10-47 预定义病害种类及图例

## （五）长廊彩画应用系统

长廊彩画应用系统界面见图 10-48 至图 10-52。

图 10-48　点云处理界面

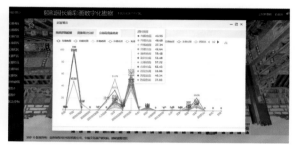

图 10-49　病害统计界面

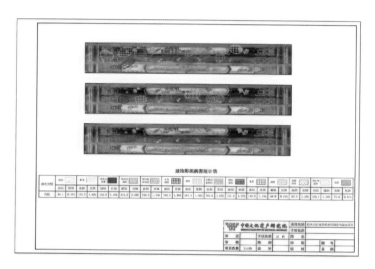

图 10-50　病害展示界面

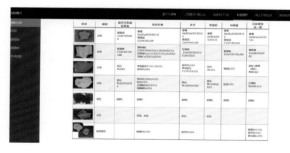

图 10-51　病害分析界面

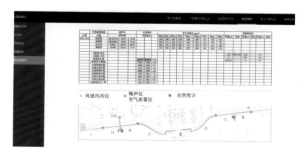

图 10-52　环境数据监测界